青花加紫———

著

U0159199

人间烟火香自来

【上】

重庆出版集团
重庆出版社

图书在版编目（CIP）数据

人间烟火香自来 / 青花加紫著．— 重庆 ： 重庆出版社， 2023.5（2024.7 重印）
ISBN 978-7-229-17517-7

Ⅰ．①人… Ⅱ．①青… Ⅲ．①香料－文化－中国 Ⅳ．① TQ65

中国国家版本馆 CIP 数据核字（2023）第 024815 号

人间烟火香自来
RENJIAN YANHUO XIANG ZI LAI

青花加紫　著

选题策划：刘　嘉　李　子
责任编辑：李　子　陈劲杉
责任校对：杨　媚
封面设计：L&C Studio
版式设计：侯　建

重庆出版集团
重庆出版社　出版

重庆市南岸区南滨路 162 号 1 幢　邮政编码：400061　http：//www.cqph.com
重庆天旭印务有限责任公司印刷
重庆出版集团图书发行有限公司发行
E-MAIL：fxchu@cqph.com　邮购电话：023-61520646
全国新华书店经销

开本：710mm×1000mm　1/16　印张：32.5　字数：730 千
2023 年 5 月第 1 版　2024 年 7 月第 2 次印刷
ISBN 978-7-229-17517-7

定价：148.00 元

如有印装质量问题，请向本集团图书发行有限公司调换：023-61520678

序

　　近年来，随着所谓传统生活美学的传播，很多人都听过宋人"焚香、点茶、挂画、插花"的生活雅趣，但对具体内涵却不甚了了。这四件事，的确都能提升我们的生活趣味和品质，但是又有所不同。四事虽无高下之分，但由焚香、点茶到挂画、插花，其实是由玄奥抽象而至具体显明的顺序，"琴棋书画"亦是遵循这样的顺序，很多人未明就里，随意颠倒次序，乃至如台北故宫这样权威的展览亦会有类似的疏漏，与古人着眼处难免隔阂。

　　四事之中，香事最为玄奥，香气虽然也可作香调的分门别类与比拟，但总体上来说是幽玄难明，只可意会不可言传的，而能静下心来闻香鼻观，无疑也是对修养心境要求更高的，故于四事的传承之中，香事也是困难最大的。我们看南宋之后其他三事相对是缓慢变异乃至衰落，而香道则是快速衰微的。从《香乘》来看宋代的香谱，很多方面已经难以理解了。

　　近年来一直留心于梳理四事的传承流变，是因为其中蕴含着中华文明的核心精神，同时也包含最贴近我们生活日用的智慧。这些我们今日颇觉陌生，但实际上恰是解决时人精神生活种种问题的良药，也是提升生活品质的重要途径。而四事之中又以香文化的传播者最为不易，我也时常希望能为这些同好提供绵薄助力。

　　因由注释《香乘》的因缘，结识晨雨兄，得知他多年来传播香文化知识、实践古香方制法，甚为感佩。借由他香文化著作出版的因缘，置喙此间，聊表我对香文化传承者的敬意。

　　世界各民族大都有用香的传统。香烟直上，可以通达上天，在人类文明的早期就和宗教祭祀有密切关系。就我国而言，《仪礼》"燔柴祭天"的记载可为证明。周穆王西巡之见西王母，一路上亦有焚香告天的记录。世界各大宗教皆有以香供养的仪轨传统，而又以我国佛道二家的合香文化最为丰富精深。

香文化，除了宗教的源流，主要的重心还是在人。人之大欲，饮食男女，东西皆然。以西方而论，落于饮食，便是香料；落于男女，便是香水及化妆品。香料通于养生，无论东西，古来亦为医家所重视。香料在古代生活中所占的比重，今日是难以想象的，一直以来，香料都是东西方贸易的核心货品。而给全球带来天翻地覆变化的大航海时代，其根本肇因，一方面是传播福音的宗教诉求，内在则是香料贸易的利益驱动。

如果说这些方面东西方都是人同此心、心同此理，在中国却发展出了一种完全不同的香文化，既非口腹之欲，也非装点自身，而是单纯的欣赏香气的美好，体会自然的奥妙，乃至由此观心悟道。此一种香学更突显了中国文化的殊特之处，尤以宋代文人为最。实际上，焚香、点茶、挂画、插花，这种对美的欣赏，对更高层次精神生活的追求，是一以贯之的。

经历了明清乃至近代的历史变迁，这样一种美好的生活方式，对于现代人来说，多少是有所隔膜的。有很多朋友虽然心向往之，却不得门径而入，即使拿到了古籍，也很难有耐心仔细认真研读，美好的文化传统很难真正地进入日常生活之中。

这样一本书，正可以帮我们走出这个困境，作者把每一个香方和香文化的典故落实到了具体的历史情境之中，详加解读，让读者可以毫不费力地进入当时的场景，体会香文化的美好，如果感兴趣也可以加以实践，用香为我们的生活增添亮色。

真正的文化传承，并非只是博物馆的展品和专家的研究，更为重要的是融入每个人生活日用，若能有越来越多的朋友了解香文化，喜爱香文化，能真正提升生活的幸福感，那便是真正的文化传承。相信这本兼具知识性和趣味性的书能给大家提供帮助。

癸卯开岁

明洲于白龙潭

自序

　　犹记那个北京的午后，阳光穿过窗花格子，被分成了几道柔和的光束，其中一束洒在桌上，刚好罩住一只古朴的白瓷香炉。炉中燃着香，青烟如发丝般灵动，时而在光芒中婀娜，时而隐没在黑暗里。我出神地望了良久，脑袋里一直回响着李商隐的那句"蓝田日暖玉生烟"……直到主人唤醒我，她笑着对我说，你能耐心观烟，却不急于闻香，这很少见。

　　这就是十几年前，我第一次接触中国香时的情景，从那一天起，我便被这种神秘的美感所吸引，走进了一个未知的、充满了沧桑与新奇的香气世界。

　　接下来的十年，我遍览古籍、研习技法，复原了一个又一个的传世香方，也把怀古之幽思、人生之感悟全都合进了香里。我很享受这个过程，无论是制香时的挥汗如雨，还是品香时的静谧无声，这种沉浸式的深度体验，让这十年恍若须臾。而我从不后悔，哪怕这可能是我一生之中最应该去追逐潮流与风尚的十年。

　　只是在这个过程中，我越发觉得当今社会看待中国香的眼光有失偏颇，它要么被束之高阁成为一种小众文化，要么被放之庙宇沦为求神的工具，嗅觉感知变得无足轻重，香气美学已远远脱离了人们的生活。而回首过去的数千年岁月，香文化又曾给中国人带来过多少的欣喜与满足呢？"绿衣捧砚催题卷，红袖添香伴读书"，"舞鸾镜匣收残黛，睡鸭香炉换夕熏"，美不胜收。

　　如何能为中国香正名？如何能让中国香回归大众的视野？如何能让这门古老的生活美学融入现代的生活？这是我反复思考的问题，而这一切都需要建立在对中国香文化充分的、客观的认知基础上，不是靠天花乱坠的神吹，更不是靠玄之又玄的洗脑。因此我决定来做这件事，以我浅薄且微薄的力量。

2018年3月，在喜马拉雅FM，我创建了一张新的专辑，名曰《人间烟火香自来》，我想用最为通俗的语言，以明代古籍《香乘》为线索，循序渐进、抽丝剥茧，来讲述这门最为"小众"的文化。我知道这很难，但值得一试。

不承想，这一讲就是三年，我再次沉浸其中，再次恍若须臾。

2021年3月，我讲完了整整一百期节目，如释重负，却又流连不舍。最不舍的还是听众朋友们，因为在这一千多个日夜里，我们彼此用心陪伴过。但在这套中国香文化的认知体系构建完成之际，我还是要选择将它封顶，而封顶并不意味着结束，我还要将它精修细改，化为文字，配以插图，用更加直观、易懂、有趣的方式，传播给更多热爱生活的人们。这便是此书的由来了。

全书分上下两册，共计11大章85小节及8篇番外篇，这些内容看似庞大繁杂，实则彼此间有着很强的连贯性，读起来会有一种渐入佳境之感，并不会显得凌乱分散。开篇会纵览数千年的中国香史，让我们对这门陌生的学科产生兴趣并拉近与它的距离，继而讲解"沉檀龙麝"四大名香，这是中国香的核心用材，也是打开香料世界大门的钥匙。有了这些基础，我们开始研读传世香方，进而在香料辨析、香品制法、香气品鉴等方面收获更加深层的认知。最后又会留下一道关于"金颜香"的难解之谜，引领我们进入下一个篇章，去从世界香史中寻找答案。

而下册的内容则更加有趣，我们会通过一尊尊精美的香炉去了解各个时代的香气美学，继而进入香炉内部，看看古人是如何利用炭和灰来焚香的。我们还会插上想象的翅膀飞升九霄云外，从道家文化的视角俯瞰历史上的道家名香，继而引申出精妙绝伦的香气养生。此外还有熏衣香、洗护香、化妆香、饮用香等丰富多彩的内容。

愿我的绵薄之力能为残炉添香，愿此书能唤起读者们对于美好香气的追求，愿中国香文化源远流长，愿"人间烟火"重回人间。

是为序。

2021年3月25日夜
于重庆墨澈斋

目录

第一章

中国香史

人间

烟火

香自来

1. 战国: 香之起源与香草美人

"香"在甲骨文中的写法十分形象,上半部分是一束成熟的稻米,下半部分则是一个盛装食物的器皿,因此最初的"香"是在形容容器内谷物所散发出的气味,它是作为形容词出现的。

甲骨文　　　篆书　　　汉隶

"香"字的演变过程

甲骨文表示"五谷之香";至篆书上部细化为五谷之一的"黍",下部变为"甘";至隶书上部简化为"禾",下部简化为"日"

当"香"变成名词时,我想一定与火有关。可以试想一个场景,在远古时期的某个夏夜,部落里的人们升起篝火,火光也引来了蚊虫,让人不得安宁。恰巧这一天,有人往篝火里投入了一种特殊的植物,焚烧后所散发出来的气味完全不同于呛人的浓烟,而是一种让人感到清凉舒适,似乎可以化解燥热的气味。更可贵的是这种气味很快就驱散了蚊虫,让所有的人在这一夜都得以安心入睡。

往火里投入的新奇植物会是什么呢?也许是艾草,也许是菖蒲,就像它们流传到今天依然会被用于驱蚊、避瘴、消毒一样。但当古人第一次发现它们的时候,想必是万分激动的,古人甚至第一次意识到在这个世界上竟然还有比粮食的甘甜更加美好的气味。于是,他们把这种植物称之为"香"!

"香"被发现之后很快就遇到了一次飞黄腾达的机会,这个机会与古代的祭祀活动有关。古人认为天上是有神灵的,是神在主宰着人间的一切,因此需要通过祭祀来与神灵沟通,以化解灾难或是祈求安康。沟通需要媒介,可天空却是遥不可及的,什么东西才能带着人们的祈愿扶摇九霄云外呢?答案就是升腾的青烟。而青烟的飘忽不定、幻化万千也极大地增强了祭祀的神秘感，让人们不由得心生敬畏。因此青烟成了地上的人与天上的神进行沟通的最佳媒介，《礼记·祭法》中有载，"燔柴于泰坛，祭天也"，"燔柴"即烧柴，早期祭祀的主流方式，被称为"燔柴祭天"。

但"香"出现之后，人们突然想到如果"燔"带有香味的"柴"，让青烟变成香烟的话，岂不是更能表达对神灵的敬重么？神灵当然也会给予更多的福佑了！所以从这一刻开始，"香"正式成为祭品中的上上之品，它的身价也一夜倍增。

时间一晃又过去了好几千年，到了春秋战国时期，"香"已经不再局限于祭祀活动了，它被广泛地应用到了生活之中。我们可以通过两位知名的历史人物来看看这一时期中国香的模样。

第一位是楚怀王，历史上的楚怀王有二，其一熊槐是战国时期楚国的君王；其二熊心是后来楚人反秦时所拥立的楚王后裔。我们要讲的是熊槐。

《战国策·楚策四》中记载了这样一个故事，魏王给楚怀王送去一个美人，楚怀王非常喜欢，却招来了宠妃郑袖的嫉妒，于是郑袖便对美人说："大王虽然很宠你，但却嫌你的鼻子不好看，所以你在大王面前最好把鼻子挡一挡。"美人言听计从，在楚怀王面前总是用手把鼻子遮住。楚怀王感到好奇，郑袖不失时机地回答，"其似恶闻君王之臭也"，意思是她讨厌大王身上的气味呢！楚怀王大怒，立即下令割掉了美人的鼻子，这就是著名的"掩鼻计"。尽管文中并未明说熊槐患有某种引发臭味的疾病，但从他的心虚和恼怒来看，"王臭"是八九不离十的，同时也反映出古代贵族阶层对于体味是相当在意的。

楚怀王会如何来掩盖自己的体味呢？我记得在电视剧《芈月传》中有这样一个桥段，楚怀王与秦王进行了一次会面，秦王调侃道，听闻你有一种难以向世人启齿且无法根治的毛病，那么我送你一样好东西——麝香。只要把麝香做成香囊随身佩带，不但能遮臭还能让男人的威力倍增。

尽管只是一段演绎，但其中却透着几分真实。首先提到了麝香，麝香来自于雄性麝的脐部，那里原本是一个吸引异性的生殖器官，因此它充满了浓郁持久且扩散性极强的动物香气，这种香气会引起中枢神经的兴奋从而产生一定激发情欲的效果，可见剧中所言不虚。此外麝香作为一味名贵药材也很早就被医家所运用，有开窍醒神、活血化瘀等不凡的功效；其次提到了香囊，战国时期香囊的确已经出现了，这堪称是一项重大发明，让曾经弥散在祭台上空的香气变成了可以随身佩带之物，从服务于神进步到了服务于人。当把麝香装入香囊，那种无时无刻不在散发着的浓香，当然会有显著的遮臭效果。

第二位大人物名叫屈原，他的祖先和楚怀王都是芈姓、熊氏，只因被分封到了屈地才以"屈"为氏。"姓"意味着同样的母系血缘，"氏"则指同一母系血缘之下的部族分支，所以屈原和熊槐是血缘关系很近的亲戚。

说到屈原，我就得烧炷高香来拜一拜了，在我看来他可以被称为制香行业的"祖师爷"，就像木匠的祖师爷是鲁班，酿酒业的祖师爷是杜康一样。为什么这么说呢？因为屈原是历史上有确切记载的第一位制香大师。

《离骚》里有一段非常著名的文字，"扈江离与辟芷兮，纫秋兰以为佩"，"扈"指身披，"江离"指川芎，"辟芷"指芷草，两味材料都是气味芳烈的香草。"纫"指缝制，用布料缝成一个布包，也就是香囊了，再将"秋兰"塞进去。

要注意的是，这里的"秋兰"并不是指今天的兰花，"兰"作为香料使用在古籍中通常有两解。一是指唇形科植物毛叶地瓜儿苗，又称"泽兰"（Lycopus lucidus Turcz. vat.hirtus Regel），古人在每年秋季采下它的茎叶自然晾干，多做药用，有活血调经、祛瘀止痛、利水消肿等功效；二是指菊科泽兰属植物佩兰，全株及花果皆有香气。1973年西汉马王堆一号汉墓出土了一只绣花香枕，经科研机构鉴定（见南京药学院、中国科学院植物研究所、中医研究院、马王堆一号汉墓中医中药研究组，共同出具的《药物鉴定报告》，刊载于1978年文物出版社《长沙马王堆一号汉墓·出土动植物标本的研究》一书），其中所装香料为佩兰（Eupatorium fortunei Turcz.）的花及果实。由此可见，佩兰在古代多作香用，其"佩"字应为佩带之意，故屈原所言之"秋兰"应指佩兰。

屈原把川芎和芷草披在身上，又把佩兰缝进香囊系在腰间，这便是他日常生活中的一种装扮。

再来看屈原的饮食，"朝饮木兰之坠露兮，夕餐秋菊之落英"。早上起来先喝一杯从木兰花上收集的露水，到了晚上又要吃菊花落下的花瓣，可以想象一下他已经达到了一种怎样的饮食高度，已经不仅是素食主义，而是"香食主义"了。如果有机会穿越到楚国，迎面走来一位从里到外都散发着香气的男人，我想他多半就是屈原大人。

通过这两个人物我们可以总结一下中国香在战国时期的发展状况。第一，香品走出了祭祀的范畴，开始走进了人们的生活；第二，香品都是以单方香的形式出现，比如麝香、川芎、白芷、秋兰，它们是被单独使用的，并没有被混合，证明合香还没有出现；第三，彼时的香料资源相当匮乏，基本都是本土所产香草，外域香料还没有进入中国；第四，可以随身佩带的香囊出现了，它开创了一种全新的品香方式。

近些年坊间颇有传闻，谈论屈原和楚怀王之间比较隐晦的关系，大约是说他们二人除了君臣关系以外，可能还存在一种恋人的关系。主要的论据有两点，一说屈原在《离骚》里把自己称为"香草美人"，且终日以香气为伴显得不够阳刚，但实际上这只是今人对于古文的一种曲解。首先"美人"这个词在古代并不仅仅指长得好看的女子，也可以指有着高尚情操的君子；其次沉迷于香气的古人有很多，其中也不乏赫赫有名的大贤之人，比如三国的荀彧、北宋的赵抃、苏东坡、黄庭坚等，喜爱香气不但无碍

由荷叶、薄荷、玫瑰、檀香、辛夷、龙脑香等
搭配而成的香囊内袋

于阳刚，反倒是一种洁身自好、
翩翩君子之风的体现。

　　另一论据是楚怀王客死秦
国之后，屈原为他写了著名的
《招魂》，其中回忆二人曾在
云梦泽策马狩猎的情景，屈原
一度担心君王会射中恶兽而生
出祸端，让人感觉似乎有些暧
昧的关系。但如果让我从香学

的角度来做判断的话，这种说法也不攻自破，因为屈原之言行足以证明他多半是一个有香癖的人，出行要披满香草，吃喝也充满香气，如此一个嗜香如命之人怎能容忍和一个身有异味之人在一起呢？这于情理不合。

有香为鉴，以正视听，远离虚妄的猜测，从古人身上看到他们的风雅，再从风雅之中寻到文化的精髓，这才是我们应该做的。

2. 汉代：丝路上的香气盛宴

中国香经历了先秦时期的萌芽，从祭祀用香拓展到了贵族阶层的生活圈里，尽管香的用途增加了很多，但香品种类却依然匮乏，这是因为中国并非香料的主产区，大部分的香料是来自于西亚、印度和南海诸国的。即使秦始皇统一了天下，但这"天下"的版图还不够辽阔，去往西域的陆路受阻，早期航海术也制约了对南海的探索。因此在没有渠道获得外域香料的情况下，中国香的发展也一度停滞不前。直到时光来到了大汉王朝，在这个恢宏而浩大的时代，中国香终于迎来了又一次的辉煌。

中国的主体民族被称为汉族，主流语言被称为汉语，主流文字被称为汉字，主流的民族服饰被称为汉服，这些叫法都并非只是"习俗"，而是因为汉朝带给中国人的骄傲是无可比拟的，这个王朝在两千多年前所创造的辉煌至今都让人叹为观止。拿疆域来说，汉武帝时期的大汉版图已是"东并朝鲜，南吞百越，西征大宛，北破匈奴"，极盛时期的版图面积已近两倍于秦。

为何大汉疆域会在汉武帝时期突然得以扩张呢？除了这位皇帝的英明神武之外，还有两个人值得一提，第一个人叫作张骞，司马迁在《史记》里用了四个字形容他的壮举——凿空西域，所谓"凿空"就是填补空白之意。

先秦时期中国人对于西域的认知类似于今天人类对于火星的了解，他们并不清楚在那片广袤的沙漠中会有什么样的国家和什么样的人事物产，关于那里的一切都是一个谜。这是因为在汉代以前，中国的北方盘踞着一个强大的敌人，阻断了望向西北的视野，这就是匈奴。

当年秦国踏平六国一统天下，秦国的军队可谓是所向披靡，可是面对绵延千里的北方防线和匈奴骑兵的高机动作战，就连雄心勃勃、意气风发的秦始皇也感到防不胜防，无奈之下才选择了以墙挡骑的策略，这才有了万里长城。而在汉初，汉高祖刘邦亦曾率军三十二万迎击匈奴，结果却被打得一败涂地，困于白登山。好在绝境之际刘邦采取了陈平的策略，贿赂了冒顿单于的妻子方才得以逃回长安。归来之后的刘邦锐气大减，再也不敢与匈奴正面冲突了，只能采取诸如"和亲"之类的妥协政策以保北疆平安。

这种局面一直持续到了汉武帝时期，汉武帝听说在西域有一个国家叫大月氏，也是痛恨匈奴已久，于是决定派人出使大月氏以寻求援军夹击匈奴，这位使者就是张骞。

张骞的命很苦，说起来都是眼泪，他率领着使团刚出长安没多久就在河西走廊被匈奴给抓去了。关于河西走廊，我们可以看一下今天甘肃省的地图，像一根骨头，两头大中间细。中间细的区域并不是随意画出来的，而是因为两侧都是崇山峻岭，一侧是青藏高原，一侧是蒙古高原，只留下中间一条窄窄的通道，这条通道就是中原去往西域的唯一路径。如此关键的兵家必争之地，可想而知会有多么凶险！

这一俘就是十年，谁也没想到十年之后张骞逃出来的时候，他竟然没有回头，而是选择了继续西行，他坚定地要完成汉武帝赋予他的使命。可当他穿过沙漠、翻越雪山，历经千辛万苦最终到达大月氏的时候，却发现大月氏过着自己偏安的小日子，早已斗志全无了。失望的张骞只得返程，但不幸再次降临，归途之中他又被匈奴给抓去了，好在这一次他只被关押了一年多就趁着匈奴内乱逃了出来。

张骞的行程漫长而蹉跎，一来一回竟用了十三年的时间，当年风华正茂的青年归来时已是白发苍苍，所以当他回到长安见到汉武帝时，我们不难想象那一刻的汉武帝该有多么惊讶。汉武帝当然不会责怪他没有完成求援的任务，因为他此行的意义已经远远超越了任务本身。当张骞把这些年在西域的见闻都一一回禀之后，这位帝王的视野立即变得辽阔、清晰起来，汉武帝开始意识到在他的帝国以西还有如此富饶的土地和物产等待着他去征服。

于是汉武帝的野心迅速膨胀，大汉的军事力量开始向外扩张，此时我们要讲的第二个人也闪亮登场，他叫霍去病。记得我曾看过一则新闻，在某个旅游区有一尊霍去病的雕像，导游会让游客们都去摸一摸，说法是摸霍去病就可以"去病"长寿，结果把雕像摸得锃光瓦亮。这个倒是很好笑，因为霍去病仅仅活了二十四年就去世了。

这位英年早逝的将军到底有多神勇呢？他十七岁时就奉旨迎击匈奴并获得大胜，汉武帝一高兴封他为"冠军侯"，两年后他再次率军接连攻破了匈奴盘踞多年的两个大本营，一是祁连山，一是焉支山。这两个区域一旦被收复就意味着前往西域的通道被打开了，河西走廊正式被纳入了大汉版图。而那个一度无可匹敌、不可一世的匈奴，终于被霍去病赶去了北方，他们在懊恼之际还留下了一句歌谣："失我祁连山，使我六畜不安息，失我焉支山，使我妇女无颜色。"这后半句说的是焉支山丢了，让匈奴的妇女们都失去了颜色，因为焉支山上长着一种药草，叫作红蓝花。

红蓝花是菊科植物，因"其花红色，叶颇似蓝"而得名，在今天通常被称为"红花"，有活血化瘀之效，主治跌打损伤，比如"红花油"就是用红蓝花制作的。红蓝

红蓝花

菊科桔梗目植物红花（*Carthamus*
tinctorius L.）干品，橙红色的管状花从
花苞顶端喷薄而出

花的另一重妙用来自它的染色性，可以用来染衣服，也可以用来制作胭脂之类的化妆品，所以没了红蓝花，也让匈奴妇女的脸上没了颜色。

　　此战之后，十九岁的霍去病并没有停下征战的脚步，继续向北追击匈奴，一直把匈奴赶到了今天的蒙古国境内，那里有一座狼居胥山，他在那座山上举行了一次祭天大典，向世人宣告这里是大汉的王土，于是有了"封狼居胥"这个成语。

　　然而天妒英才，这位千年难遇的将军二十四岁就撒手人寰了，史记中仅用了一个"卒"字草草收尾也让他的死因显得扑朔迷离。霍去病虽然走了，但他收复的河西走廊却为张骞先生留下了重要的伏笔，张骞第二次出使西域就跟第一次完全不同了。第一次是求援，十分落魄，而这一次则带着"牛羊以万数，赍金币帛直数千巨万"（《汉书·张骞李广利传》），已然属于友好访问、宣扬国威的行程了，这也让他去到了更

藏红花

鸢尾科番红花属植物番红花（*Crocus sativus* L.）的花柱上部及柱头，色泽深红，顶端呈喇叭口状。古时产于波斯地区经西藏高原进入中原，故称"藏红花"，易与红花混淆

多的西域国家。

如果把张骞的第一次出使称为"凿空西域"，第二次出使就应该叫作"开通丝路"了。通常我们说到丝路，首先会想到丝路是向外输出茶叶、丝绸、瓷器等中国特产的，很少会去思考通过丝路传入中国的会是什么。其实在传入的物产里，香料占了很大的比例。

在西域曾有一个国家叫安息国，安息国特产一种香料叫安息香，它是一种树脂香料，这种香料会散发出如丝绸般柔软、滑腻的香甜气息，这种香气在当时完全超出了中国人的认知，中国人惊讶地发现异域的香气竟然可以如此美好。除此之外，安息香还"能发众香"，即可以让其他香料都变得更加好闻，并促进不同的香气彼此融合，因此安息香在后来的合香之中起到了重要的作用，这就是丝绸之路带给我们的惊喜之一。

大量外域香料的持续输入推动中国香文化开始了又一次腾飞，而这场香气盛宴最显著的特征就是"合香"登上了历史舞台。所谓"合香"即"和合众香"之意，指把各种不同的香料通过配比、制作最终糅合在一起，从而产生千变万化的新香气。比如《香乘》中所记载的第一则合香方就来自于汉代宫廷，它的名字叫"汉建宁宫中香"，"建宁"是汉灵帝的年号，因此这款香毫无疑问就是东汉皇宫里所熏焚的香品。

"黄熟香四斤，白附子二斤，丁香皮五两，藿香叶四两，零陵香四两，檀香四两，白芷四两，茅香一斤，茴香二两，甘松半斤，乳香一两另研，生结香四两，枣半斤焙干，苏合油一两"，以上是这款香的材料清单，可见其中用到了多达十四种不同的香料，且用量甚巨，其中还不乏有从海外进贡而来的珍稀品种。比如沉香（黄熟香、生结香）、檀香、丁香都是来自于南海诸国，而乳香、苏合香则是来自于西亚，这些都足以证明汉代香料的来源相比于先秦时期已经大大丰富了。如此众多的香料即使在今天我们收集起来都依然颇费力气，更不要说是在两千多年前的汉代了，的确只有皇家可以为之，也从侧面印证了其"宫中香"之名。

接下来是制法，"右为细末，炼蜜匀和，窨月余，作丸或饼爇之"。意为将上述材料磨成细粉，再用炼蜜进行混合，得到香泥之后，再经窨藏月余而后取出捏成香丸或香饼，方可上炉熏焚。由此可见，虽是"年纪最大"的一款古香，但其制法已经相当考究了，且令后世合香之法皆以此为据。如果材料与制法得当，这款香的香气是极具气势的，犹如一幅巨大的画卷缓缓铺开，其中所绘的天、地、神、人都各自散发着不同的气韵，而当这些气韵融合一体之后又更显得神秘和深邃了。

我每每做这款合香都会感触良多，惊叹于汉人卓越的智慧，叹怅于那个恢宏的时代，于是也给"汉建宁宫中香"写下了一段文字，与君共赏：

> 岁月的风尘，
> 将大汉王朝埋没千年，
> 当年长安城的金砖碧瓦，
> 已是断壁残垣。
> 汉宫里舞动的折腰翘袖，
> 早也灰飞烟灭。
> 谁也没听过青铜编钟的奏乐，
> 谁也没见过倾城的昭君飞燕。
> 所幸的，还有一纸香方流传下来，
> 记载的，正是博山炉中的袅袅青烟，
> 我们还能闻到汉宫里弥漫的香气，

"汉建宁宫中香"香丸及部分制作用材

感受大汉遗风，
从千古袭来。

3. 南北朝：佛与香的渊源

香烟始生萌于先秦，博山炉暖成于秦汉，丝绸之路的开通让中国香进入了新的纪元，尽管香料的品种变得十分丰富，却并没能让香文化全面普及开来，除了宫廷和贵族阶层可以享用以外，普通老百姓根本无缘接触。如果一种文化无法被广泛传播，

则势必成为一种小众文化，往往随着文明的进步、审美的改变很容易就被时代的洪流所淹没了。好在中国香是幸运的，在如此关键的历史节点上迎来了一个让它得以迅速普及的事件，那就是佛教传入中国。

公元前6世纪，释迦牟尼在古印度创立佛教，佛教的传播并非一帆风顺，一如任何新思潮的诞生都会受到传统思想的阻挠一样，在很长的时间里佛教仅仅流行于中印度的恒河流域。直到佛陀涅槃一百多年之后，一位崇信佛法的君王出现了，佛教才迎来了一轮世界性的传播，他就是阿育王。

阿育王是印度史上最强大的"孔雀王朝"的帝王，长年的南征北战、杀伐无数让他在统一之后萌生了赎清自己罪孽的愿望，而佛教最基本的生命观就是轮回说，强调这一世的罪业都会让人在下一世得到报应，只有行善积德、布施传法才能够消除罪业。于是阿育王皈依了佛教，并把佛教定为国教，立即停止所有的征战，并劝说周边的国家共同维护和平。因此在佛光普照之下，阿育王和一众杀戮成性的统治者俨然化身成了和平的使者，放下屠刀立地成佛了。与此同时阿育王还做了另外一件重要的事情，他把佛陀的舍利分为八万多份，然后派出大量僧侣前往世界各国分发舍利并建塔供养。

古代的交通是缓慢而艰难的，就连到了清朝如果被流放宁古塔（位于今黑龙江省牡丹江市）也多半是九死一生、有去无回的，更莫说是两千多年前的跨国之行了，所以我认为在古代只有两种力量可以支撑远行，一种是国家的力量，一种是信仰的力量。国家的力量很好理解，装备齐全、兵强马壮，当然可以走得很远。还有一种就是信仰的力量，西行求法的玄奘、东渡日本的鉴真等就属于信仰的力量在支撑着他们，而佛教这轮世界性的传播就同时兼具了这两种力量，因此佛教的传播速度和范围都是空前的。比如宝鸡法门寺塔，塔基之下所供奉的就是被送入中国的一枚佛

鎏金银阿育王塔，杭州雷峰塔地宫出土，高35.6厘米，塔内有安放"佛螺髻发"的金棺

指舍利；比如杭州雷峰塔下压着的也并非白蛇，而是"佛螺髻发"舍利，埋藏佛舍利的棺椁就被称为"阿育王塔"。

汉代初年佛教传入了中国，只可惜在汉武帝"独尊儒术，罢黜百家"的政策之下并未立即得到推广，一直到三百年以后的东汉，才出现了一个偶然的契机。相传汉明帝做了一个梦，梦见一尊高大的金人在梦里召唤他，可当汉明帝想跟金人对话时金人却腾空而起向西飞去了。汉明帝惊醒后便召大臣前来，追问梦里金人究竟是何方神圣。其中一位大臣回答说这是来自西域的一位神仙，名叫"佛"。于是汉明帝立即派遣官员前往西域求法，最终在大月氏找到了两位从天竺来的佛法大师——摄摩腾与竺法兰。

大师请回来后，汉明帝在洛阳为他们修建了一座"白马寺"，这便是中国的寺庙之祖了，两位大师就在这里开始了译经的工作。他们所译出的第一本经书就是《四十二章经》，金庸先生曾在《鹿鼎记》中借用了它的大名。

这就是东汉末年佛法初现时的景象，但此时距离佛教在中国的兴盛

洛阳龙门石窟"大卢舍那像龛"，主佛是武则天根据自己的容貌雕刻而成的，阿难、迦叶分列两旁，右侧为文殊菩萨

还十分遥远，接下来的中国历史又再次进入了一个大分裂的时代——魏晋南北朝。

西晋末年，匈奴再一次崛起，曾经被汉武帝赶到远方的他们又杀了一记回马枪，且这一枪锐利无比，直接攻陷了首都洛阳，西晋被迫南渡，东晋登上历史舞台，而北方则被胡人重新占领。《晋书》中如此描述戎狄屠戮之下的北方大地："宗庙焚为灰烬，千里无烟爨之气，华夏无冠带之人。"

而这遍野的尸骸也让北魏的统治者产生了与当年阿育王同样的负罪感，他们开始感到恐惧，他们害怕来世会堕入十八层地狱，因此在北魏的都城洛阳，佛法被迅速推崇到了前所未有的高度。据《洛阳伽蓝记》记载，北魏时期整个洛阳"寺有一千三百六十七所"，大量的僧侣从四面八方云集而来，还有大量的石窟造像诸如洛阳龙门石窟等被纷纷营建，洛阳一度被誉为"佛国"。

相对北朝佛教的盛行，南朝也并未拜于下风，杜牧就曾写下"南朝四百八十寺，多少楼台烟雨中"的名句。尽管杜牧之所见已隔南朝三百多个春秋了，可南朝修建的数百座寺庙依然在缥缈的江南烟雨中若隐若现。

君主们心安了，但人民的生活却依然艰苦卓绝，由于政权的快速更迭，今天还活着的人也许明天就要死于战乱，一时间人们感到未来无望、万念俱灰。而佛法是可以修来世的，顺应时势便成为了苦难百姓们的精神寄托，今生已然如此了，只愿来世能够平平安安。

因此在南北朝这样一个空前分裂和动乱的时代，崇信佛教成了百姓求来世、君主求心安的最佳途径。随之而来的就是供奉圣品"佛香"的迅速普及了，而佛与香究竟有着怎样的关系呢？

如果追根溯源的话，其实最根本的联系是因为佛教的发源地印度本身就是这个世界上最重要的香料产区，早在两千多年前，古印度人已经开始与阿拉伯人进行频繁的香料贸易了，以至于后来的大航海时代，西方的船队不远万里要苦苦追寻的也正是盛产东方香料的印度。而对于印度本土的贵族来说，香料更是早早就融入了他们的生活，深深地感染着他们的衣食起居，这其中自然就包括了贵为迦毗罗卫国太子的乔达摩·悉达多。

据《佛本行经》记载，"尔时太子即初就学，将好最妙牛头旃檀作于书板，纯用七宝庄严四缘，以天种种殊特妙香涂其背上。"

手持莲花长柄香炉的番王

"牛头旃檀"是一种产自印度南部摩罗耶山的名贵檀香，因山似牛头而得名。相传此香有种种神力，以香涂身则火不能灼、有伤即愈。因此太子初上学时就用牛头旃檀作为书板，并用"七宝"（金、银、琉璃、珊瑚、砗磲、赤珠、玛瑙等）进行镶嵌，同时还要用各种奇妙的香油涂在书板背面。可以想象，年轻的太子是在何种美妙的香气氛围里精进学修的，而这仅仅是他与香气万千缘分中的一小段而已。

因此在后来佛教的经典中，香的身影无处不在。比如佛经的开篇通常会有一首题

北宋·赵光辅，《番王礼佛图》局部，身着异域服饰的诸番王手持莲花长柄香炉、行炉等礼佛香器正在朝拜佛祖，美国克利夫兰艺术博物馆藏

为《炉香赞》的诗文："炉香乍爇，法界蒙薰。诸佛海会悉遥闻，随处结祥云。诚意方殷，诸佛现全身。南无香云盖菩萨摩诃萨。"意思是在诵经之前，要先焚上一炉香来表达对佛的敬意，这样佛才会感应到你的诚心并现出真身。这就是我们常说的"香为佛使"，香是佛的使徒，是众生与佛沟通的媒介。

《贤愚经》里还记载了另一个故事，说佛陀在舍卫国祇园时，有一位长者叫富奇那，

他修了一座佛堂名为"旃檀堂"。有一次他在旃檀堂礼佛，当他手持香炉，遥望祇园，焚香敬礼时，炉中的香烟袅袅升起，渐渐地朝祇园飘过去了，最后这团香烟在佛陀的头顶聚成了一朵香云，而佛陀也感受到了，便起身向旃檀堂走去。这便是香的第一重妙用，礼佛之圣品。

其次，香除了有净化空气、预防疾病、醒神、安眠等显著的功效之外，还能让人心生清静，摒除杂念和烦恼，而这正是修佛之人最为追求的一种境界，所以香的第二重妙用是修佛之圣品。

再次，香还可以帮助修佛之人领悟佛法。在《香乘》"佛藏诸香"的章节里，有一则摘自《楞严经》的故事，说的是香严童子在见到诸比丘烧沉水香时，对扑鼻而来香气的一种感受。他如此形容："我观此气：非木、非空、非烟、非火，去无所著，来无所从，由是意销，发明无漏。如来印我得香严号。尘气倏灭，妙香密圆。我从香严，得阿罗汉。"意思是这缕香气出入无常，不见其相，是在不知不觉中寂然入鼻的。它并非是普通香木那样自然发香，也并非如"空性"一般香气恒常，而是需要在火的加持之下才能散发香气，因此它"非木非空"。火烧之后散发出青烟，但却并非有烟才有香，香气是无形的，同时香气也并非是因火而生，火本身并没有香气，因此它"非烟非火"。所以香气是不住相的，就像"如来"的名号一般，"无所从来，亦无所去"，这便是佛法中"空"的真正含义。香严童子通过观烟、品香顿获觉悟，因香悟道，故名"香严"。这便是香的第三重妙用了，悟道之圣品。

除此三重妙用之外，香与佛的缘分实在太深，不可言尽，也无法道破，品一炉香，念一遍佛，我想你也会终有所悟。

但无论如何，香文化借着佛教兴盛的东风，在南北朝时期从局限的宫廷里走了出来，开始被世人广泛了解，这是佛之幸，亦是香之幸。

我曾制过一款香，制香的灵感源于释迦牟尼成佛的故事，于是我给它取了一个名字叫"如是·成佛"，而与香共同诞生的还有一段文字，与君共赏：

> 我走出那座金色的宫殿，
> 将身后的繁华化为青烟。
> 我卸下满身的珍珠宝玉，
> 亦斩断世间所有的思念。
>
> 我赤脚登上雪山之巅，
> 开始刺骨的修炼，
> 任凭寒冷将每一寸肌肤瓦解，

意念始终强如冰坚。

我裸身穿越茂林深山，
暴雨如注，我却心无波澜，
任毒蛇虫蚁吸干鲜血，
却无法让我的脚步沦陷。

渐渐地，
我形容枯槁，步履蹒跚，
可仍无法看清生死的界限，
弥留之际，我还在凡间。

忽然一股甘甜，是牧羊女的乳汁，
将我的魂魄回旋，
美好和温暖让我开始重新思考。

终点，
是有一棵巨大菩提树的鹿野苑，
我在树下盘腿而坐，心无杂念。

阳光穿过绿叶，
像通往佛国的天阶，
我逆光而上，
彻悟，就在一瞬之间，
无所从来，亦无所去，
我，便是如来。

番外篇：供奉用香的"真假"之辨

不止一个朋友问过我同样的问题："为何佛香不香？"

起初我没明白是什么意思，后来才知道问的是为什么寺庙里烧的香不但不香，反而烟熏火燎，甚至有种刺鼻的感觉。想必这也是很多人的心中所惑。尽管这种"庙里的味道"不太好闻，却很少有人会去评价佛香的好坏，也许是出于对佛的敬畏之心吧。是否自古以来中国人就对礼佛的香气不做要求，仅仅满足于这种烟火升腾的形式感呢？关于这个问题，我来给大家做出解答。

首先要走出一个认知上的误区，我们今天在寺庙里烧的香都是笔直的圆柱形，有粗的也有细的，这种香被统称为"线香"，有的香里面还裹有一根竹签，也被称为"竹签香"或"拜拜香"。线香出现得很晚，元代古籍中曾有些零星的记载，正式的记载则是在明代《本草纲目》之中，"今人合香之法甚多，唯线香可入疮科用……成条如线也"，意思是在明人所制的各色香品之中，只有线香可以用来治疗疮类疾病。故而我们可以认为线香被发明的时间大约在宋元之际，明代才开始逐渐流行，但大多也只是作为一种计时工具而已，一直到明代晚期才有僧人把线香引入到了日本，进而成为了日本风靡至今的主流香品。

因此从理论上来说，宋元以后中国人才有可能在烧香的时候手捏三支香，而后举香齐眉，虔诚地许一个心愿，最后把点燃的香插入香炉里。但在很多影视剧中，秦汉、隋唐时期就已经如此烧香皆属谬误。

宋元以前的中国人又是如何拜佛烧香的呢？答案是在香炉中利用炭火来焚香，比如使用铜炉、铁炉或是各种陶制香炉，必须要用一种可以承载香料、炭火和香灰的容器。但香炉毕竟沉重，不可能每个人都抱着香炉来寺庙礼佛，所以信徒们通常会带一些香料来，比如香蒿、艾叶、檀香等，或做成香饼、香丸，再投入到寺庙的香炉里。由于香料自古以来就价格高昂，并非所有信徒都有能力烧香礼佛，因此多数人还是会选择给寺庙送些香油、白面或捐些钱财，绝不会像今天这样人人焚香，自然寺庙里也就不会有太过浓郁的烟火气了。

再往后，随着宋元的三教合一，寺庙、道观的香火是越来越旺盛，烧香渐渐成了一种刚需，民间对于香料的需求也越来越大。然而香料的来源主要是舶来品，本来就数量有限，大量的需求不但不会让价格下降，反而水涨船高。

既要烧香，又要烧大家都能烧得起的香，就只能采取烧线香这种形式了。一方面线香便携易用，另一方面线香是香料和粘粉的合成之物，比起纯粹的香料来说仅是材料成本就降低了很多，所以很快被推广开来。

但实际上真正的线香制作是相当复杂的，这里可以简单讲讲我平日里制作古法线香的步骤和流程。首先要把各种炮制好的香料按比例混合在一起，让它们彼此协调各自的气味，这个过程被称为"配伍"；第二步把香料打磨成粉，再用细筛筛出极细的香粉，这个过程称为"磨粉过筛"；第三步就要准备黏合剂了，即可以把香粉粘在一起的材料。

古代传统的黏合剂主要有四种。一是石斛，这是一种名贵的中药材，它富含胶质具有黏性，但由于价格昂贵，民间用得较少；二是白芨，也是一种传统药材，干燥的白芨粉遇水后就会具有黏性；三是蜂蜜，但蜂蜜含糖分高，不易干燥，多用于制作香丸，线香中只能微量加入；四是榆木粉或楠木粉，这两种木粉本身没有什么味道，不会与香料产生冲突，且价格低廉、来源广泛，是线香中用得最多的黏合剂。最后用水把黏合剂跟香粉进行混合，再搓揉成团，这个过程被称为"揉香团"。

线香

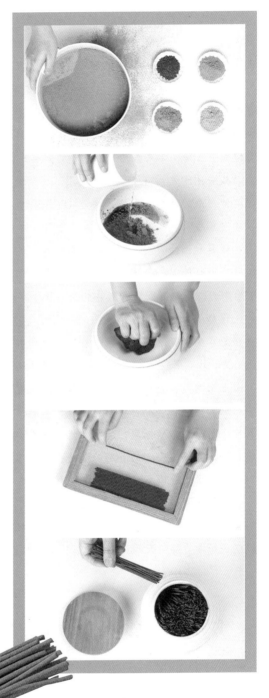

线香制作流程

自上而下分别为筛粉、混合、揉捏香泥、理香、窖藏

香团成型之后，要用挤香机把香团挤成一根根的条状，这个过程称为"挤香"。但挤出的香并不是笔直的，还需要一根根地把它理直，这个过程被称为"理香"。理香完成之后，还得用刀片把香的两端裁切整齐，称为"切香"。切香之后，要把潮湿的线香放在香笤上，香笤是一种上下皆可透气的晾晒工具。晾晒需要在避光干燥的地方进行，让香品自然阴干而不可暴晒，在这个过程当中还得找一些重物压在香笤上面，否则线香干燥以后会因为缩水而再次变得弯曲。同时重量还需要控制好，如果太重了会把线香压扁，如果太轻了则起不到固定的作用，这个步骤被称为"晾香"。

线香阴干之后并不能直接使用，要放进一个密闭容器在恒温环境中存放，这个过程类似白酒的窖藏，用岁月去催化它的香气，有些特别的香甚至需要存放很多年才可以拿出来品闻，这个漫长的过程被称为香的"窖藏"。

于是我们会发现，一根小小的线香，它的诞生过程竟是如此复杂，多达十几步的工序，没有任何一个环节是可以跳过的。而面对寺庙里每天需要焚烧的浩如烟海的用香需求，如果按照正规的线香制法去制作的话，显然是很难完成的。

但如此庞大的市场，聪明的中国商人自然不会放过，于是就有人开始造假。首先香料是肯定不能用的，只能用一些草木粉甚至草木灰来做基础材料，黏合剂也不能用天然的，只能用胶水。但草木灰属于无机物很难点燃怎么办呢？那就加一些助燃剂吧！可做出来的颜色黑乎乎的不好看又怎么办呢？那就加点工业染料吧！所以最终出现在寺庙里的拜佛香外观色彩鲜艳，又因为胶水黏合得非常坚固，不易折断，更主要的就是价格超乎想象的低廉，这些特性实在是太迎合寺庙场景的消费市场了。但这些香点燃后的效果我们都心知肚明，如此多的化工品所合成的香它又怎么可能好闻呢？燃烧时的气味当然是刺鼻的、有害健康的。

所幸的是，今天有很多地区的相关部门、宗教协会都开始对寺庙用香进行管理和规范了，可以预见数年之后，曾经浑厚悠扬、有益身心的香气又将重回佛门净土，让我们一起期待那一天的到来。

4. 隋唐: 盛世下的奢靡之香

"天下大事，合久必分，分久必合"，在经历了南北朝这个中国历史上最为黑暗动荡的时代之后，隋唐盛世终于到来了。

《香乘》第一卷沉香篇里就记载了一个故事，题为"沉香火山"：

隋炀帝每至除夜，殿前诸院设火山数十，尽沉香木根也。每一山焚沉
香数车，以甲煎沃之，焰起数丈，香闻数十里。一夜之中用沉香二百余乘，
甲煎二百余石，房中不燃篝火，悬宝珠一百二十以照之，光比白日。

《本草纲目》记载："甲煎，以甲香同沉麝诸药花物治成，可作口脂及焚爇也。"
其中的甲香是合香中一味重要的催化材料，可以凝聚香烟，让香气持久不散，后文我
们会详细探讨它。若将甲香与沉香、麝香、药草、花朵等诸多香料共同炮制，再加以
蜂蜡或油脂，便制成了脂膏状态的甲煎，可以当唇脂用，也可以上炉熏焚。

因此当隋炀帝命人把甲煎倒进沉香火山时，由于脂蜡的存在，立即让火焰腾起了
数丈之高，而后散发出了空前浓郁的香气，让数十里外都香气弥漫。这一夜用了两百
多乘马车的沉香，还有两百余石（约两万多斤）甲煎，可以想象消耗之巨。与此同时
大殿里也不燃火烛，而是放置一百二十颗夜明珠，照得如同白昼。

关于沉香暂且不提，后面会有专题来讲述它，这里我们只要知道沉香是一种极其
昂贵的香材即可。前文讲到丝绸之路把中原与西域联系在了一起，大量的异域香料涌
入进来，但在这些香料里却是没有沉香的，因为沉香不是来自西域，而是来自"海南"，
古人所说的"海南"并不仅指中国的海南岛，而是南海上的诸多国家。这就从另一个
方面印证了在隋代，海上丝绸之路也已经开通了，而且它的重要性正越来越显著，对
外贸易重心开始从西域转向南海，从陆运转向海运。

因此到了唐代，在《明皇杂录》里有了这样的记载："明皇时，宫内有沉香亭，
明皇与贵妃在庭上赏木芍药。"唐明皇即唐玄宗李隆基，他的宫里有一座沉香做的亭子，
他常与杨贵妃在亭里赏牡丹花。这里要注意的是，芍药不是牡丹，但"木芍药"特指
牡丹花，一字之差。

用沉香来做建筑材料，这又是一个皇家的大手笔。我们今天很难想象这到底需要
多么大、多么完整的沉香才可以实现，因为沉香是很少有大料的，以碎小者居多，这
是基于它形成的原因，但也由此可见玄宗在位时大唐的国力之强盛。

既然说到亭子和杨贵妃，我们可以聊聊另外一件事，那就是"贵妃醉酒"，说的
是杨贵妃在百花亭设下一桌宴席，等着皇上跟她一起赏花饮酒，这个"百花亭"大约
就是源于"沉香亭"。但左等右等也不见人影，一问之下才得知皇上已经去了别的妃
子宫中。这一下便惹得杨贵妃醋海翻波，酒入愁肠，三杯亦醉。虽然这一幕并非史实，
仅是京剧中的桥段，但我们依然可以想象在千年前的那个夜晚，在沉香亭前、牡丹花下，
丰腴的杨贵妃在酒醉嗔怒之时，是何等香艳迷人！

关于"沉香亭"的故事还没结束，《香乘》中另有一则摘自《开元天宝遗事》的记载：
"唐明皇与杨贵妃于沉香亭赏木芍药，不用旧乐府，召李白为新词，白献清平调三章。"

有一天，玄宗与杨贵妃又来沉香亭中赏牡丹，却不想再听陈词滥调了，就让李白来填新的歌词，李白果然不负众望，洋洋洒洒写出了千古名篇《清平调》。这三首诗中最负盛名的就是第一首："云想衣裳花想容，春风拂槛露华浓。若非群玉山头见，会向瑶台月下逢。"而在第三首的末尾也再次印证了这则记载的真实性："解释春风无限恨，沈香亭北倚阑干。"

但是到了晚唐，同样是修建沉香亭这件事却又有了不同的结局，《香乘》另有记载，名曰"沉香亭子材"：

> 长庆四年，敬宗初嗣位，九月丁未，波斯大商李苏沙进沉香亭子材。
> 拾遗李汉谏云："沉香为亭子，不异瑶台琼室。"上怒，优容之。

这则故事的主人翁是唐敬宗李湛，他登基时大唐国力已经日益衰败，藩镇割据也愈演愈烈，可偏偏他又不是一个励精图治的君主，而是一个资深的玩主，整天沉迷于玩乐不理朝政。他才刚刚登基，众人便投其所好，送来各路珍玩，其中就有一位波斯的大商人名叫李苏沙，主营外域香料。一个外国人竟然姓李，很可能是先主赐了他这个御姓，也侧面说明他与大唐皇室一直保持着很好的关系。这一次李苏沙又携礼前来了，他向新皇帝进献了修建亭子的沉香材料。谁知谏官李汉立马说道："用沉香来建亭子，这与建造瑶台、琼室有什么区别呢？！"言下之意就是太过铺张浪费，当此内忧外患之际是不应有如此奢靡之举的。唐敬宗心中大怒，却强忍着没有去责怪李汉，这倒是比较符合唐敬宗的人设，他的确就是一个表里不一的人。将这则故事与玄宗的故事对比，就能看出朝廷对于昂贵香料的态度已经转变了，也折射出了大唐国力的由盛转衰。

再来看唐人陈鸿于《华清汤池记》中的另一段记述：

> 玄宗幸华清宫，新广汤池，制作宏丽……又尝于宫中置长汤数十，门屋环回，甃以文石，为银楼谷船及白香木船，致于其中。至于楫橹，皆饰以珠玉。又于汤中垒瑟瑟及沉香为山，以状瀛洲、方丈。

在唐代，"华清宫"并非只有一个华清池，而是一个庞大的行宫，也被称为"汤泉宫"。里面又设数十个汤池用来泡澡，今天的日本依然会把温泉称为"汤"，便是源于唐代的叫法。汤池中不仅有温泉水，还有诸多装饰之物，比如贴了一圈精美的刻石，水面上有用白银为饰的楼船和白檀香雕刻的木船，就连船桨也都嵌满了珍珠宝玉。水中还用瑟瑟和沉香堆成山状。

这里的"瑟瑟"有两解，一解是指今天阿富汗地区所出产的青金石，通体湛蓝，

其中又有点点洒金，高贵不凡。另一解是一种蓝色玻璃珠，用来模仿真正的青金石。正是由于"瑟瑟"独特而深邃的蓝色，它也被用在了唐代的诗文当中，白居易就是一位善用"瑟瑟"的诗人，《琵琶行》中的"浔阳江头夜送客，枫叶荻花秋瑟瑟"，他用"瑟瑟"形容江水碧波；《北窗石竹》中的"一片瑟瑟石，数竿青青竹"，他用"瑟瑟"形容青石苔衣等。因此"瑟瑟"最初并没有发抖的意思，就是在形容一种色彩。

清代青金石山水摆件，可见蓝色中的金色斑点熠熠生辉，金色源于所含黄铁矿成分，纽约大都会博物馆藏

　　这两座分别用瑟瑟和沉香堆砌而成的山，一座让温泉水浮现出潋滟的波光，一座让空气中充满诱人的香气，再加上热汤蒸腾的云霭，真的如同东海之外的"瀛洲""方丈"两座仙山一般神秘玄幻，而当贵妃畅游其间时，俨然就是山中的仙子啊！这不禁又让人想到《长恨歌》中"忽闻海上有仙山，山在虚无缥缈间。楼阁玲珑五云起，其中绰约多仙子"之句，白居易的灵感多半也与这些想象有关。

　　虽然杨贵妃集万千宠爱于一身，结局却十分悲惨。安史之乱中玄宗在逃亡的路上赐死了她，把她埋在了马嵬坡下。一年多以后，当玄宗回到长安，他又

开始怀念起贵妃来，于是命人去为贵妃迁坟厚葬。宫人回来后报告了墓葬里贵妃的情况，称其"肌肤已坏，而香囊犹在"。可以想见玄宗闻见那缕无比熟悉的香气时，他该有多么痛不欲生，而这里所说的香囊，是指在唐代贵族中流行的一种金属球形香囊，其设计异常精妙，我会在"中国香具发展史"的专题中来详细讲述。

聊完杨贵妃的香事，再来聊聊她的哥哥杨国忠。杨国忠是一个"兄凭妹贵"的人，依靠妹妹杨玉环才登上了宰相之位，一统朝政大权，在《香乘》中也收录了一则他的故事，题为《四香阁》：

> 用沉香为阁，檀香为栏，以麝香、乳香筛土和为泥饰壁。每至春时，木芍药盛开之际，聚宾客于阁上赏花，禁中沉香亭远不侔此壮丽也。

显然杨国忠在自己的宅子里也建了一座沉香阁楼，而"阁"比"亭"的规模更大，"亭"只有一层，"阁"通常却有两三层。杨国忠不但用沉香做阁楼主体，还要用檀香做栏杆，又把麝香、乳香与泥土混合用以刷墙。春暖花开之时，他邀请众多宾客前来观赏牡丹，而大家来了之后也纷纷赞叹，这座沉香阁楼远比宫中的那座沉香亭更加壮丽。

由此可见彼时的奢靡之风、腐败之气已经到了何种程度。而这样的臣子也注定会引来灾祸，所以后来的安史之乱就是打着讨伐杨国忠、"清君侧"的旗号，占领了长安，杨国忠也终在逃亡的路上被斩杀。

通过隋唐时代的这些香事，我们可以得出几点结论，一是在隋唐时期，海上丝路已经形成，当时南方的大港诸如广州、泉州、宁波等，停泊的商船每天都有数万之巨，香料贸易极其兴盛，再加上国力强盛、万邦来朝，南海各国也进贡了大量的名贵香料。这些都让中国香文化有了进一步发展的肥沃土壤。

二是香料的涌入，自然也带来了价格的下降，香料价格逐渐变得亲民起来。这一时期宗教的兴盛程度比起南北朝更是有过之而无不及，鼎盛的香火再次加速了香文化向民间普及，这就为接下来中国香的巅峰时刻埋下了伏笔。

5. 宋：苏东坡的香气人生（上）

从先秦的萌芽到大唐的盛况，中国香文化终于在宋代迎来了它的巅峰时刻。如果我们仔细去看张择端的《清明上河图》，会发现繁华市井里有大大小小的香铺林立，有卖沉香的，有卖檀香的，还有卖合香以及各色香料的。而《清明上河图》是一幅写实的作品，反映的就是北宋汴梁的城市面貌，这说明在北宋，中国香已经完完全全地走入了民间，并成为了一种非常普遍的商品。

除了寻常市井，朝廷也在沿海的各大港口设立了市舶司，职能类似于今天的海关，对进出口的香料、香药征收税费，一度成为当时宋政府主要的税收来源之一。尤其到了南宋，香料的税收甚至达到了全国总税收的四分之一，香料行业已经成为了大宋的支柱型产业。

《东京梦华录》中有一段描写东京御街的文字：

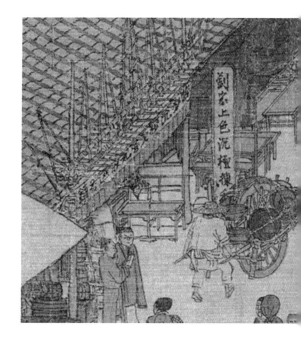

《清明上河图》中的"刘家上色沉檀拣香铺"

御街一直南去，过州桥，两边皆居民。街东车家炭、张家酒店，次则王楼山洞梅花包子、李家香铺、曹婆婆肉饼、李四分茶……向西去皆妓馆舍，都人谓之"院街"。御廊西即鹿家包子，余皆羹店、分茶、酒店、香药铺、居民。

从这些描述可以看出，北宋首都核心区域的主要商业类型，除了茶坊酒肆、大小饭店、药店和妓院之外，香铺也是其中不可或缺的重要组成。

因此无论从国家的层面还是从民间的层面来看，中国香的鼎盛都在宋代达到了未曾企及的高度，而如果要尽数宋代的香事，可能几天几夜都讲不完，所以接下来我们只讲一个人，如果读懂了他，也就读懂了大宋，也就读懂了这个看似弱不禁风，却温文尔雅、素简柔美，同时又充满着香气的大宋时代。

"明月几时有，把酒问青天，不知天上宫阙，今夕是何年"，这首词可谓是流芳千载、脍炙人口，但其实在这首词的开篇还有一个小序，序曰："丙辰中秋，欢饮达旦，大醉作此篇，兼怀子由。"意思是在一个中秋之夜，苏轼喝了一夜的酒，酒酣之际泼墨挥毫写下了这首词，写词自然是为了抒怀，但同时也是为了思念远方的弟弟子由。

我个人很喜欢这个小序，甚至认为它比正文还要精彩，如此简简单单的十七个字，就让苏轼率性洒脱的个性跃然纸上，而在这种狂放的性格里，又能看出他温暖细腻的情感。我们今天就从香文化这个独特的视角来看看他除了是一代文豪巨匠之外，还有着怎样的香气故事。

首先抛出一个问题，苏轼和苏东坡是一个人吗？这个问题似乎有些好笑，他们当然是一个人！但我却认为，这两个人有着完全不同的人生，至少从精神层面上来讲，苏轼并不是苏东坡。

苏轼二十一岁进京考试，最终取得了第二名的傲人成绩，名列曾巩之后。

在欧阳修的提携下，苏轼很快就被安排到重要的部门去历练了，如果没有什么意外的话，他的确很有可能平步青云，成为朱紫满身的高官重臣。可人生总有坎坷，世事总有不顺，苏轼的生活很快就起了一些波澜。

先是结发妻子早早地去世了，年方二十七，苏轼自然是伤痛欲绝。在殡仪结束之后，他挥泪写下了一首思念亡妻的《翻香令》：

金炉犹暖麝煤残。惜香更把宝钗翻。重闻处，余熏在，这一番，气味胜从前。

背人偷盖小蓬山，更将沈水暗同然。且图得，氤氲久，为情深，嫌怕断头烟。

上半阕，苏轼想起了妻子曾为他红袖添香的一段过往。那是一个深夜，书房之中炉温尚暖，但炉里的香料已经烧得所剩无几，妻子是个惜香之人，她并未直接添加新的香料，而是把宝钗摘下，将炉中剩余的残料重新翻了翻，好让它们充分燃烧。不承想这残料之香竟然比之前更好闻了。

下半阕回到了现实，在妻子的殡仪上苏轼背过众人，悄悄掀开炉盖，重新添加了香料，而且用的是最为珍贵的沉水香。他这么做，是为了让香烟不要断掉，好让他可以继续借由香气来思念亡妻。

我读了这首词十分为之动容，当年唐玄宗命人挖开杨玉环的坟墓，听闻"肌肤已坏，而香囊犹存"时悲痛不已，因为这缕残存的香气便是她在世间唯一的留存了。此时的苏轼亦是如此，斯人已逝，只有香气可以永恒。的确，香气是有记忆的，它可以帮助我们记住一个场景，记住一段过往，记住一个人。

妻子故去之后，很快他的父亲也病逝了，对于古代君子来说，"孝"永远都是头等大事，远胜功名利禄，所以他和弟弟苏辙立即带着父亲的灵柩回四川老家守孝三年。如果抛开孝道不谈，宝贵的三年就这样被耽误掉了。

三年以后苏轼回朝，政局却已然生变，轰轰烈烈的"王安石变法"排山倒海般汹涌而来。由于苏轼的一众师友皆与新法不合，他也未能独善其身，很快就受到排挤被迫离京。最终"乌台诗案"发，苏轼勉强留得性命，被贬黄州。

黄州即今天的湖北黄冈，他所任黄州团练副使就是个毫无实权的芝麻小官，且朝廷有规定，对于此类被贬官员，当地政府不能给予援助，所以苏轼到了黄州以后可谓是穷困潦倒，他形容自己的处境是："小屋如渔舟，蒙蒙水云里。空庖煮寒菜，破灶烧湿苇。"如诗所云，他当时的住处就是江边的一个废弃驿站，大约是建在悬崖之上，脚下八十步的地方就是滚滚长江水，所以他才说小屋像渔舟一样，终日笼罩在水雾之中。吃的喝的也很差，就连烧灶也没有像样的柴，全是潮湿的芦苇，这得多大的烟啊！

可就在如此恶劣的生活环境里，苏轼却表现出了完全异于常人的豁达与快乐。他在另一首诗中如此写道："扫地焚香闭阁眠，簟纹如水帐如烟。客来梦觉知何处，挂起西窗浪接天。"意思是我把小屋好好地打扫干净，而后焚起一炉香，在香气中静坐，不久便沉沉睡去了。竹席上细密的纹理像水波一样，头顶的纱帐也曼妙地垂下来，一切犹如烟雾缥缈、似幻似真。这时突然有客人来访，把我从梦中惊醒，恍惚之中我竟然不知身在何处，走到窗边掀起窗帘，看见的竟然是滚滚江水浪浪滔天。

我们可以通过这首诗洞彻当时苏轼的心境，他并没有被苦难的生活所击倒，他依然保持着往常的生活习惯，生活依然是充满了美好的，扫地、焚香、静坐、安眠，一如常法。而香气在他的生活当中显然已不可或缺，现状越是窘迫，曾经熟悉的香气就越会成为最好的慰藉，而恍惚间他早已不知身在何处，是因为香气让他回到了那些无比眷念的过往之中。

苏轼好饮酒，可好酒喝不起，乡村的酒又觉得难以下咽，于是他就自己来酿酒。他用蜂蜜酿蜜酒，用肉桂酿肉桂酒，用柑橘酿柑橘酒，用麦子酿麦曲酒，用松花酿松花酒等。酿了很多酒自己又喝不完，便把酒送给朋友们分享，其中就有一个对他而言十分重要的好友——黄州通判马正卿。

马正卿与苏轼是旧相识了，两人可谓是患难之交，一路走来相互扶持，彼此也很欣赏对方的才华品德，巧的是两人又是同年同月出生，看来上天早已注定了这段奇妙的缘分，让他们又在黄州重逢。

马正卿素来清贫，但仍以一己之力在黄州城东的一处坡地上寻得数十亩土地，让苏轼离开废弃的驿站，到这里来居住耕作、自给自足。后来苏轼在《东坡八首并序》中记录："余至黄州二年，日以困匮。故人马正卿哀余乏食，为余郡中请故营地数十亩，使得躬耕其中。"

苏轼又在马正卿的帮助下于坡地之上搭起草屋五间，当草屋落成之时恰逢天降瑞雪，苏轼便给他的草屋起名为"东坡雪堂"，他后来还写了专门的文章《雪堂记》。

苏轼在坡地上养牛耕地、种花植树，小日子开始过得舒心起来了，他也给自己起了一个称号叫作"东坡居士",而从这一刻开始,苏东坡正式接替了苏轼的人生。

6. 宋:苏东坡的香气人生(下)

人的一生,有时会遇到难以翻越的坎坷,有的人最终翻过去了,便飞黄腾达、万事无忧,有的人没翻过去,便从此一蹶不振、荒废半生。苏轼在经历了牢狱之灾险些命丧黄泉之后,紧接着又被贬往他乡,对于一个名满天下的大才子,又曾在朝堂上昂首鹤立的重臣来说,这路途显得凶险异常。然而苏轼并没有选择常规的结局,他走出了一条属于自己的道路,并且在这条道路上渐渐地发现内心深处的自己并不应该是争夺于权力、口舌于朝堂、献身于社稷的苏轼,而应该是躬耕于田间、焚香于草堂、畅饮于山野的苏东坡。因此苏轼在黄州完成了向苏东坡的蜕变,变成了真正为自己而活,追求生命真谛的东坡居士。

在蜕变的过程当中,他得到了诸多好友的帮助,比如马正卿帮助他远离了江风的侵袭、涛声的惊扰,从此远离喧嚣。如果把这些算作肉体上的帮助,那么在精神上则另有一人与他无比契合,在孤独寂寞的岁月里给了他莫大的慰藉,这个人就是黄庭坚。

黄庭坚与苏东坡可谓是"相识何必曾相逢",两人自元丰元年以书信结交以来,直到苏东坡离开黄州回京赴任时也未曾谋面,多年之间两人虽远隔万水千山却如同亲密无间的挚友一般互赠诗词、互寄名香、切磋书法、鉴赏书画,这让苏东坡找到了精神上的依靠,可以想见彼时黄庭坚的每一封来信都会让苏东坡激动不已。所以当八年之后两人共赴京师上任时,这第一次见面已然成了故人重逢,接下来的数年苏黄二人便几乎没有分开过,黄庭坚也成了"苏门四学士"之一,与苏东坡又多了一重亦师亦友的感情。

除了文学、书法、绘画以外,二人还有另一个共同的爱好,并在这个领域里都堪称巨匠级的大师,这就是中国香。历史上苏东坡和黄庭坚有过一次非常著名的对诗,当时是黄庭坚先写给苏轼的,诗的名字叫《有惠江南帐中香者戏答六言二首》。

先说这个"江南帐中香"。大部分人听到"江南"这个词,第一反应就是长江以南的江南地区,但在香学领域"江南"这个词特有所指,即五代十国时期的南唐,因为南唐臣服于后周之后,便改称江南国。而江南国的后主李煜,就是史上制作帐中香的第一高手。关于李煜和他的帐中香我会在后面的章节里浓墨重彩地来讲述,在这里我们只要知道黄庭坚诗里所谓的"江南帐中香"就是指根据李煜香方所制成的合香。

"百炼香螺沈水，宝薰近出江南。一穟黄云绕几，深禅想对同参。"第一句很好理解，前文说隋炀帝用"甲煎沃沉香火山"时提过，甲香经过反复的煎煮炮制，最后可以与沉香一起产生更加绝妙的香气效果。这里的"百炼香螺沉水"是指这款香中的主要材料是沉香，但用"百炼"的螺甲催化过。第二句的"宝薰"可理解为绝妙的香气，意思是这种香气是出自南唐李煜之手。后面两句的意思是，一缕青烟从香炉中袅袅升起，在空中盘旋不去，而我突然有了这样一个疑问，我们应该如何参透这香气中的禅意呢？这就是黄庭坚等待苏东坡回答的问题，当然他的等待很快就有了回音。

苏东坡在回复的诗文《和黄鲁直烧香二首》中这样写道："四句烧香偈子，随香遍满东南。不是闻思所及，且令鼻观先参。"第一句苏东坡用"偈子"来形容黄庭坚的诗句。"偈子"是个佛教用语，类似于世俗中的警示名言，又可以作为唱诵词，通常四句为一偈。苏东坡的言下之意是，你既然向我问禅，那你的诗就不是诗了，应该是佛偈才对。接着开始回答黄庭坚的问题，帐中香的香气如此绝妙，但你若问我闻到这种香气会想到什么，又会有怎样的感悟，我觉得并没有这个思考的过程，因为我只需要关注于鼻子的感受就已经足够了。

他在这里用到了"鼻观"两个字，"鼻观"是一种高超的品香境界，不受外界的干扰，排除一切的杂念，以鼻为眼，观察深层次的香气世界，看似简单，实则很难做到，前文所说的香严童子就是在鼻观的过程中悟得了佛法真意。也由此可见苏黄二人的修为境界早已超脱普通的香气层面了。

除品鉴之外，亲手制香也是两位大师的绝活，比如《香乘》中所收录的"黄太史四香"就是黄庭坚一生中最爱的四则香方，分别是"意和香""意可香""深静香""小宗香"，每一款都各具特色，后文有专题来讲。在今天的台北故宫，还收藏有黄庭坚亲笔写下的一个香方，叫作《制婴香方帖》。

离开黄州的苏东坡，虽然并未结束漂泊的生活，但此时的他已不再迫切地要去施展自己的政治才华，而是以一种悠闲自在的心境，把调任、被贬都当成了游历天下的机会。他过得最舒心的几年，应该是在杭州，"上有天堂，下有苏杭"，这种风景绝美的城市实在是太适合苏东坡的雅兴了。当然在杭州任职期间，他并没有荒废政务，他曾组织民众二十余万去疏浚西湖，把西湖里的淤泥挖出来，又把淤泥与茭白根混在一起堆成了堤坝，堤坝上又种上杨柳，这才有了今天的西湖十景之一"苏堤春晓"。西湖清澈了，老百姓也有了洁净的水源，苏东坡自然是心情大好，所以他提笔为西湖作了一首"水光潋滟晴方好"诗，西湖也从此多了一个"西子湖"的美称。

在如此灵气非凡的城市，苏东坡当然也不会荒废他的合香技艺，于是一款传世的梅花香也在杭州应运而生。

寒冬时节，天地间一片萧瑟，没有任何生机，结束了一年农耕的中国古人大多都待在屋子里，有条件的生起炭火，没条件的只有蜷缩一团，这就是最令古人感到寂寞，也是难熬过的漫长冬季。但就在苍茫之间，却忽然有一株梅花迎风绽放，越是冰冷刺骨，它就越是开得惊艳。于是这种唯一的色彩、唯一的生机、唯一的香气，就给予了古人莫大的慰藉与欣喜，让煎熬中的人们看到了春的希望，看到了生命的勃发，所以才有了文人雅士踏雪寻梅的故事。

有一种梅，被称为"腊梅"，因"色黄如蜂蜡"而得名，除了傲骨以外，它的香气也与其他花香不同，是极具扩香性的一种，不需要靠得很近，百步开外就会有一丝动人心弦的香气钻入你的鼻孔。红梅、白梅等亦有同样的香气效果，虽然不如腊梅香犀利，却酸甜有加，在萧瑟的冬天依然是一道难得的风景。只是很可惜，不论是腊梅还是红梅、白梅，它们的花香都很难留存，花期也很短暂，春风一来便化作春泥了，因此梅花香是令古人万分珍惜的一种香气。当然从植物学的角度来说，腊梅属于腊梅科腊梅属，而梅花则属于蔷薇科李属，是两种不同的植物。

梅花凋零，古人想要留存这短暂而美好的香气只有唯一的方法，那就是制作梅花香了，于是梅花香成了历代制香师们的共同追求。中国古人没有西方的提纯、萃取技术，因此制梅花香的原料并不是梅花本身，而是要用其他各种不同的香料来合出类似梅花的味道，这也是为什么《香乘》中会出现大量梅花香方的原因。

苏东坡自然也有他心目中的梅花香，只是他对于香气的要求更高，他想要打造出在第一场的初雪当中，当梅花第一次绽放时的那种极其寒凉却又极其鲜活的香气。所以在苏东坡预设的香方里，有一味重要的原料叫作"梅心之雪"，即恰好落在梅花花蕊中的积雪，他认为只有用这种雪的雪水入香，才能充分获得梅花的香气，且同时这场雪必须是一场初雪。

苏东坡等了好几年，终于在杭州等到了这场天公作美的雪。那天的初雪飘散而至，又恰巧院中的老梅迎风绽放，暗香涌动。于是他赶紧拿出一只玉碗，吩咐手下的奴婢们去院子里采集梅心之雪。他说"此雪为纯阳至真之物，此碗盛之可使花气不散"。

在众人的努力下，终在雪化之前把九百九十九朵梅心雪采集下来，而此时雪水已经融化了大半，水面上荡漾着一层金色的梅花花粉。接着苏东坡开始用雪水制香，如此难得的机缘当然要配上他私藏的珍贵香材了，故而"沉檀龙麝"四大名香在此香方之中一应俱全。又经细致的磨粉、融合，最终制成了香丸。制成之后他迫不及待地取出一丸上炉熏焚，当时便作了这样一句评价，"冷香之中可嗅得万梅花开"。他终于得偿所愿了。

苏东坡为它起一个很好听的名字叫作"雪中春信"，意思是香气就像大雪中春天的信使一般飘然而至。可以想见，那一年杭州的寒冬很冷，但有梅香为伴的苏东坡心中却是无比欣慰和温暖的。

冬去春来，遇到绝佳的好天气，苏东坡还会跑到山林野外去独自小酌一杯，自然也少不了香的陪伴。比如他在某一年的十月十四日这一天，向单位请了个假，谎称自己生病了，独自跑去郊外的山林里喝酒，同时写下一首"铜炉烧柏子，石鼎煮山药。一杯赏月露，万象纷醺酣"。于是我们又可以想象当年的场景，他的身旁有一尊铜炉，里面燃烧着木炭，而他并没有随身携带什么香品，便随手从树上采下一把柏子丢进了炉中。

柏子即柏树的果实，如果把它破开，会看见黏黏的汁液和富含油脂的柏子仁，清冽的香气也会扑鼻而来。由于油脂的存在，香气郁烈的柏子是可以单焚的，在《香乘》中就记载了一款"柏子香"，是以"带青色未破开"的柏子经酒蜜炮制后阴干而成，深受文人雅士们的喜爱。而相比经过炮制的柏子香，苏东坡的用香方式就更为豪迈了，他随手摘下一把青柏子，直接丢进了铜炉，然后听到柏子遇热"噼里啪啦"的破裂声，香气也随之腾空而起。

铜炉旁边还有一个石鼎，里面咕嘟咕嘟煮着山药，热气腾腾。烟雾缥缈之中，他举起酒杯，独自饮下，这一瞬间他觉得自己并不是一个人在饮酒，这山野里的万物，这些树木、花草、阳光雨露，都像是陪他喝酒的人一样，原来自己并不孤独。

这首诗不仅仅体现了苏东坡独酌的场景，它更可贵的地方在于告诉了我们一个道理，真正的好香不在于它的材料有多么昂贵，哪怕这种材料是大自然中随手可得的，只要它的香气应景，只要它的香气能够让品香的人感到舒适，那它就是香中极品。

这种"大道至简"的用香观念，可以说是颠覆了之前数千年的用香之道了，既可以看作是苏东坡内在性格的体现，也可以看作是宋代香文化的一个显著特征，那就是越来越多的普通香料被取用，以昂贵、稀缺香料为尊的固有思想被打破，香品开始变得亲民和普世，这也标志着中国香自此由皇室贵族开始走向民间。

在《香乘》中记载了一款"四和香"，是用"沉檀龙麝"四大名香制成的合香，自然是昂贵至极的。但在宋代就出现了与"四和香"形成鲜明对比的另一种制法，被称为"小四和香"。小四和香也用到了四种材料，一是陈皮，二是荔枝壳，这两种都是吃剩的果皮，三是梨渣即吃梨剩下的渣滓，四是甘蔗渣即榨取了甘蔗汁后剩下的残渣。这种配香的方式在以前是不可想象的，贵族们无论如何不会用这些垃圾来制作高贵的香品，但这种观念在宋代开始转变了，"小四和香"被体面地载入香谱，丝毫没有不登大雅之堂的怯懦，勇敢地与"大四和香"分庭抗礼。这就是时代的进步，也是香文化的又一次飞跃！

苏东坡六十一岁高龄时，被贬去了海南，可怜一代文豪到了晚年依然没有摆脱在新旧党争之中起起落落的境况。宋代的海南岛远非今天的旅游胜地，而是最为艰苦卓绝的边疆，"流放海南"这个刑罚在当时只比满门抄斩略低一等。但"山穷水尽疑无路，柳暗花明又一村"，苏东坡竟然在这里又开始了他与香的另一段缘分。

自古以来，沉香之中最上乘者非海南沉香莫属。《香乘》记载："香出占城者不若真腊，真腊不若海南黎峒。"意思是说越南沉香没有柬埔寨的好，柬埔寨的没有海南的好。到了明代，一片海南沉香已经价值一万钱了，故有"一片万钱"之称，可见它的稀有程度。而正是这难得的海南沉香，让流落海岛的东坡居士找到了无比的慰藉。他在海南的日子虽然艰苦，但却可以品到这世上最好的香，也算是苦中作乐，乐得其所了。

这里我们可以简单提到另外一个人，他叫丁谓，在北宋真宗时期官至宰相，同样被贬海南，只不过他的被贬是因为作恶太多、罪有应得。奸相归奸相，丁谓在海南也做了一件大事，那就是写下了一篇《天香传》，这段文字对于中国香文化，尤其是沉香文化的影响极大，时至今日我们都在沿用他所提出的"四名十二状"沉香

新鲜未破开的青柏子与柏子香丸

"二苏旧局"香丸及用材，分别为沉香、檀香、乳香、琥珀、茉莉花。此香方为陈云君先生自创，载于《燕居香语》一书。初闻有茉莉芳香，久之花香渐淡寒意愈浓，清冽中透出隐隐甘甜，似深秋萧瑟，又似雪后初晴，个中滋味极为多变，将"二苏"儒雅之风、书卷之气、文豪之情怀、兄弟之情谊蕴含其中

分级法。而究其原因便与苏东坡一样，都是在香气四溢的海南获得了别样的收获。

彼时苏辙也被流放到了雷州即今天的湛江，与哥哥一海之隔。两兄弟的感情向来深厚，因此当苏辙过生日的时候，苏东坡也专门从海南给他捎来一份礼物，这份礼物就是海南沉香山子，同时还作了一篇《沉香山子赋》赠予苏辙。所谓"沉香山子"就是用沉香制作的假山摆件。苏辙收到礼物后也立即提笔作了一篇《和子瞻沉香山子赋》，其间尽诉衷肠，令人感怀，如赋的最

后一句所写："奉持仙山，稽首仙释。永与东坡，俱证道术。"可见落难之际两人依然相濡以沫、生死与共，依然坚持着共同的理想与初心，而这块海南沉香山子就是兄弟情深的见证者。

苏东坡在海南待了几年，又被宋徽宗召唤回京，奈何高龄体弱，归途遥远，走到常州时便驾鹤西去了。而此时再来回望东坡先生的一生，其实就可以发现他为什么会对合香如此挚爱了。其实每一味香材，就跟这大千世界中的每一个人一样，都有着各自的秉性和脾气。而合香之"合"，就是要让众多的香气合而为一、交融一体，而且互相映衬、不起冲突，最终让每一味香材都能在香方中找到适合自己的位置，此为合香之精髓。因此合香技艺与东坡先生的人生哲学是不谋而合的，寻找最合适的香气，追寻最真实的自我，在世事纷争中心静如水，在起伏跌宕中不喜不悲，这就是苏东坡的绝美人生。

东坡已逝，而西湖犹存，香气犹存，只可惜中国香文化也随着宋代文化巨匠们的溘然长逝，开始从巅峰骤然坠落。

7. 元明：宣德炉中的香火复燃

巅峰之后的中国香文化将何去何从？让我们从一个历史的瞬间开始讲起。

那是七百多年前的一天，南海上艳阳高照，风平浪静，但平静的水波之下却是暗流涌动，空气中也弥漫着令人窒息的紧张气息。海面上数千只战船分列两边，船上旌旗舞动，一边的旗上写着"宋"，一边写着"元"。平静并没有持续多久，一声战鼓响起，元军的战船左右散开，从东南西北四个方向围攻而来，顿时喊杀震天，箭如雨下。紧接而来的是怒吼、惨叫和哀嚎，还有兵刃相撞时刺耳的声音。很快，湛蓝的海水变得鲜红，海面上除了破碎的船身，还浮起了大量的尸体。

激战一直持续到日落时分，宋军终于寡不敌众，被敌方突破了所有的防线。而在防线之后是一艘龙船，船首上的一位将军正凄凉地望着残阳，他的怀里还抱着一个瑟瑟发抖的八岁男孩。就在元军即将靠近龙船的时刻，悲壮的一幕发生了，将军抱着孩子突然跳进了海里，船上所有的人也紧随其后，相继投入海中。刹那之间，猩红的海水像是经历了一场暴雨，浪花飞溅，骤然沸腾。

翌日清晨，海滩上堆满了数十万具投海殉国的尸体，其中有宫女、官员、士兵，还有大量的普通百姓。那个男孩的尸体也被发现了，他面目清秀，身披金蟒龙袍，腰间还系着一块御玺，他就是南宋最后一位皇帝赵昺，抱着他殉国的将军其实也并非是一介武夫，而是大宋最后一位丞相陆秀夫。

这场战斗发生在今天的广东江门，古称"崖山"，正是南宋与元的生死决战，史称"崖山之战"。此战之后，南宋灭亡。这场战役如果仅仅是一个王朝的覆灭之战，如果仅仅代表一次朝代更迭的话，便不值得我们来深入探讨，但此战却非同一般，它同时也让中国文化从巅峰坠落，形成了一个巨大的"文化断崖"。

人们印象里的宋代总是一副谦谦君子、弱不禁风的模样，似乎总是要靠不断地议和、纳贡来苟且偷生。可真实的情况却并非如此，宋代除了军事上比较羸弱以外，其他各个方面，无论是政治、经济、文化艺术还是科学技术，几乎都达到了当时世界的巅峰水平。

经济方面，仅仅是香料的进出口贸易额就大得令人咋舌，此外北宋还出现了世界历史上的第一套纸币"交子"。在什么情况下才会发行纸币呢？当金、银、铜这些传统货币已经不能承载巨大的交易需求时，足可见彼时经济之强盛。到了南宋，尽管北方失去了大片的土地，但整个国家的经济水平依然名列全球第一。

文化艺术方面更不用多说了，宋词、宋瓷、书法、绘画、制香、制茶等，无不堪称空前绝后，而宋徽宗也当仁不让地领衔了最高级别的艺术表演，令后世的君王们纵有才情也只能望其项背。

科技上，我们引以为傲的四大发明，其中的两项都属于宋人，指南针让航海术突飞猛进，活字印刷让知识的传播更加迅速，包括火药被真正用于战争也是在抗金的战场上。此外还有大量先进的科技，冶金术、土木工程等，不胜枚举。

而宋代的军事，尤其是南宋的军事实力也是不弱的，最直接的一个证据就是蒙元横扫亚欧大陆，但是元灭宋却用了四十多年的时间，最后一直打到崖山都还遭遇了顽强的抵抗。所以宋代军事所谓的"弱"更多是弱在人心，弱在统治者的左右摇摆、飘忽不定，整个南宋几乎都是在主战与主和无休止的争论中度过的。

再来看看蒙元，这个纯正的游牧民族当时自身的文明进程还处于奴隶社会，却凭着长枪烈马一举征服了大宋，这看起来似乎有些不可思议，但冷兵器时代的战争往往考量的只有暴力与杀戮。这种情况在历史上也曾出现过，比如公元4~5世纪，欧洲蛮族的入侵直接导致了西罗马的灭亡，让整个西欧进入了长达十个世纪的黑暗时期，而这一次同样如此。

首先整个宋元战争期间，汉人减少了70%，剩下的30%又有很大一部分被充当了奴隶。当时"南人"最贱，"南人"就是南边的人，泛指汉人。除此之外又按职业把人划分了九等，其中读书人，也就是知识分子位列第九，"臭老九"这个词就是由元代而来，由此可见元代的统治者对于知识文化是有多么不屑。

官员就更不能用汉人了，大量的贤能之人全都沦为了贱民。结果知识分子们无事可做，只能写写诗词、编编小曲，讽刺一下朝廷，发泄一下心中的不满。甚至有的人为了谋生，不得不放下笔墨纸砚，走进瓦舍勾栏去表演小曲杂耍，在这样的状况下才诞生了元曲，才有了诸如关汉卿、马致远这样的戏曲大家。

文人雅士没了，那还有谁来继承和发展延续了几千年的中华文化呢？所以说，"文化断崖"的"断崖"，不是渐渐走向衰落，而是直接从山巅坠入谷底的意思。覆巢之下焉有完卵？香文化也从巅峰骤然坠落，整个元代几乎无香可陈。

当然元代后期，统治者也逐渐开始学习汉文化，同时广阔的疆域也促进了各个民族的融合，虽然在文化上停滞严重，但也有一些中西合璧的新艺术出现，比如大名鼎鼎的元青花就是中国瓷器与波斯地区苏麻离青颜料的结合。

明朝建立，朱元璋登基后很快制定了《大明集礼》，要求在全国"复衣冠如唐制，废胡跪"，同时恢复汉礼，比如传统的稽首、顿首、拜等礼仪。自此香文化也随着复兴的潮流得以重生。

在大明宣德年间，暹罗（今泰国）进贡了一批特殊的铜矿，被称为"风磨铜"。"风磨铜"实际上是一种铜锌共生的矿石，经过冶炼就可以得到黄铜，而在此之前，中国人常见的铜大多是铜锡合金的青铜或是红色的纯铜，从未见过这般灿若黄金的黄铜。"风磨铜"被宣德皇帝视若奇珍，下令全部用来制作香炉，并且特别要求对这批铜矿石进行反复精炼。

金属的每一次精炼都会造成一定的损耗，由于风磨铜太过贵重，大臣们都建议少炼几次，但宣德皇帝坚决不同意，结果一共炼了十二次，还在炼铜的过程中加入了金、银等贵金属，使得原本就已经金光灿灿的风磨铜更加宝气内蕴。

铜炼好之后，还要确定做什么样的香炉。宣德皇帝翻出了《宣和博古图录》，这是大艺术家宋徽宗亲自参与编纂的历代宫藏青铜器图谱，从这里面来一一甄选，又结合宋代"汝官哥钧定"五大名窑的经典样式，最后一共制作了三千只香炉，又在炉底铸下"大明宣德年制"等文字，这就是大名鼎鼎的宣德炉。宣德炉之妙，首先是铜质精良，又因金银的加入，更加沉稳压手、光彩熠熠，叩之有声，清脆悦耳，回响不绝；其次是工艺精湛至极，由于采用失蜡法铸造，整体线条流畅，浑然一体，找不到任何拼接的痕迹；最后是造型的优美，提炼了数千年中式审美的精髓，将质朴、简约之美发挥到了极致，堪称是香炉中的登顶之作。宣德炉大部分被摆放在了宫廷各个重要的位置上，用于熏香或是祭祀，少部分被送去了著名的寺庙道观或是赏赐给了六部的尚书们，流入民间的极少。自明代中叶至今，宣德炉一直都在被仿制，今天的"宣德炉"已经成为了铜制香炉的总称，依然是最受欢迎的熏香用具。

除了顶尖的宣德炉，大明一代还有非常流行的"炉瓶三事"，"三事"是指三种器物——香炉、香盒、香瓶。这种叫法类似于中华人民共和国成立以后的"三转一响"，

清代狮耳炉，"大明宣德年制"款，狮头威猛有力，口衔铜环，叩之清脆作响。炉身遍布雪花金，似有金片嵌入铜中，实为斑铜工艺的一种，多次精炼的铜质方能呈现。狮乃百兽之王，宣德皇帝曾御赐狮耳炉于兵部尚书、大都督等军职人员。又因狮乃文殊菩萨坐骑，亦可用于供奉

清代天鸡耳法盏炉，"大明宣德年制"款，法盏是道家
施法时所用的法器，宣德年间此类法盏炉用以御赐道教
宫观，见闻香堂藏

"三转"就是自行车、缝纫机和手表，"一响"就是收音机，这四样东西在今天看来再普通不过了，但在过去，"三转一响"堪称是一个小康家庭的标志，甚至成为了一种择偶的标准。那么在明代，"炉瓶三事"也基本上属于这个地位。

在明以前，炉、瓶、盒的组合也时常出现，但并未形成一个固定的搭配模式，比如瓶中也会用来插一些花草用于摆设。但明代的"炉瓶三事"将这三种器物的用法固定了下来，香炉用来焚香，香盒用来装香料，香瓶用来放香具，而香具通常就是两种，一曰香箸，一曰香匙。

"炉瓶三事"各种材质都有，普通家庭有个瓷质的就很好了，好一点的会用铜铸的，更好的则用玉的、翡翠的，甚至黄金的，因此它既是实用器又是陈设器，摆在家里很显眼的位置，一方面显得有文化底蕴，另一方面也是身份财力的象征，这种做法一直流行到了晚清民国。《红楼梦》里第五十三回说道："贾母花厅上摆了十来席酒，每席旁边设一几，几上设炉瓶三事，焚着御赐百合宫香。"这就是一个贵族圈层宴请的场面，每一桌酒席旁边都要摆放一套炉瓶三事，里面焚着御赐的百合宫香。这里的百合，不是百合花，而是指由多种材料制成的合香。

可以看出，随着明代的到来，中国香文化也随之复兴，而这次复兴可以看作是对宋代香文化的一种延续和发展。宋代香文化从宫廷大内走向了民间的文人雅士,明代则更进一步,全民用香已渐渐成为潮流。同时在明代,随着线香的普及,用香开始趋于简单和便携,这也极大地促进了民间用香和宗教用香的发展。

当然最值得一提的还是《香乘》这部巨著也在明代完成了,它把自汉代以来几乎所有的传世香方和关于香的经典故事汇聚一堂,同时将宋代的几大香谱,以及明代的《墨娥小录》《晦斋香谱》等典籍也都尽数收录,这也是明代香文化复兴的一个重要佐证。

8. 明末清初:香艳风流秦淮河

大明一代无论是礼乐诗书,还是曲艺香茶,皆以唐宋为楷模,可以说是一次中国版的文艺复兴。尽管这三百年间中华文化有了很多进步和创新,终究在造诣和境界上离曾经的巅峰水平还差了一些距离。但其中有一个门类却是例外,那就是戏曲。元亡之后,戏曲继续快速发展并诞生出了更多新的唱腔,比如江南地区就有一种新唱腔叫作昆山腔,而昆山腔的流行便开启了昆曲的全盛时期。

有人说昆曲是最具东方美感、最符合东方人审美的戏曲,对此我亦有同感。有一个词叫"吴侬软语",指的就是苏州方言,昆曲的发源地昆山就在苏州,而之所以称"软",是因为这种方言的声调非常多变,且清浊分明、高低婉转,说起话来就像哼唱小调一样。用在戏曲上,女子唱来会显得格外灵秀柔美,男子唱来则多了几分儒雅风流,所以很多知名的昆曲曲目都是在唱才子佳人的故事。

当然我喜欢昆曲还有我个人的原因。我觉得昆曲的唱腔非常类似于焚香时所散发出来的青烟,极其细腻,又变化无常,看似有形却无形,前一秒还在游龙戏凤,后一秒就消散无踪了,只留下悠长的香韵让人回味无穷。前段时间,我去听了一出昆曲的经典剧目《桃花扇》,这部戏的背景就是明末清初,正是我们今天要讲的时代。故事比较复杂,整部戏唱了足足三个半小时,我们简短解说。

那年崇祯皇帝殉国,北方陷入了满清的统治之下,而南明只是一个几乎没有防御能力的流亡政府,相比曾经的南宋,滚滚江淮之水只能挡得住一时,却无法再一次地南北而治了。随着政府一起逃亡而来的还有北方众多的达官显贵、富豪巨贾,一时间竟让这座古都热闹非凡,成为了亡国之前最后的繁华之地。南京有条秦淮河,自古以来就是江南胜景,同时也是出了名的风月场所,而《桃花扇》的女主角就是秦淮名妓之一李香君。

古代妓女大体上分为娼妓与艺妓两种，艺妓又分"清倌人"与"红倌人"。古代女子读过书的已是极少，而艺妓却是经过专业训练的，不但能够识文断字，有的还能写得一手好诗词，同时像琴棋书画等风雅的技艺也总能精通个一两样，若能得到她们的青睐反而是一件很有面子的事情。宋徽宗与李师师的一段佳话就曾传唱千年。

李香君就是秦淮八艳之一，爱慕追求之人数不胜数，但有那么一天她就碰上了她的命中桃花，那是一位从北边来的青年才俊，名叫侯方域。侯方域的背景很复杂，我们不去细说，总之是个大才子，且满怀政治抱负，擅写一些针砭时事、激昂澎湃的文章。

侯方域逃难而来，囊中羞涩，不但没办法替李香君赎身，就连个拿得出手的定情信物也没有。焦急万分之间，李香君说，你手里的折扇就挺好，干脆你在扇面上题诗一首，便可做定情之物了。当时正值初春，青楼周围桃花绽放，侯方域便在扇面上即兴写下一首诗文："夹道朱楼一径斜，王孙初御富平车。青溪尽是辛夷树，不及东风桃李花。"李香君大爱。

然而不久灾祸即至，侯方域被奸人陷害被迫离开了南京，热恋中的两人生生分离。留在南京的李香君被权臣逼婚，可她却誓死不从，无奈之下只得一头撞向柱子，鲜血就溅在了那柄定情的折扇上，染得素白扇面点点殷红。

恰好此时，李香君打听到了侯方域的下落，侯方域在千里之外的城市有了音讯。于是她叫来身边的老仆，让老仆连夜出发一定要找到侯方域。而情急之下竟也没有别的物件可做信物，就把定情折扇拿了出来。李香君取出笔墨，在血迹之中勾勒出桃树桃枝，让那些鲜血变成了朵朵怒放的桃花，这一下诗文定情扇就变成了血色桃花扇。

只可惜结局依然是个悲剧，当侯方域看到扇子时泣不成声，却无奈战火阻隔不得相见，最后他怀抱着思念郁郁而终。而李香君，有人说她出家为尼，也有人说她追随侯方域而去，总之生死茫茫不得而知。这就是桃花扇的结局，在昆曲柔美的唱腔之中，桃花漫天，泪水横飞。

秦淮八艳位列第一的是柳如是，原名柳隐，因为喜欢辛弃疾的那句"我见青山多妩媚，料青山见我应如是"而改名。柳如是的前半生命运多舛，很小就流落青楼，十三岁时被一老翁买去做妾，却又受其妻妾忌妒在老翁死后被逐出家门，重归了青楼。十六岁时遇到了大才子陈子龙，两人情投意合、互生爱慕，可惜又再次受到了陈子龙妻子的强烈反对，不得不生生分离，而陈子龙也在后来的抗清斗争中投水殉国。

这段沉痛的经历给了柳如是很大的打击，在相当长的一段时间里她都对爱情失了信心，而陈子龙带给她的这段记忆也在后来的岁月中让她屡屡触景生情。她曾填了一首《金明池·咏寒柳》，也是我个人认为在她诸多作品中十分优秀的一篇。我每每读到这首词时都像是在看一张黑白的老照片，尽管里面的一景一物都是寻常所见，但它们全都是没有色彩的，纷纷透着刺骨的寒意。虽然通篇她只字未提陈子龙，却写下了"总有一种凄凉，十分憔悴，尚有燕台佳句"，"燕台"其实是战国时期燕昭王所筑的招贤台。而彼时的柳如是也曾女扮男装在松江与乱世之中的才子们一起吟诗作赋、纵谈时事，也就是在那里她认识了陈子龙。仅此一点便可看出柳如是的文笔功力之深，仅是很自然地用一个典故就让往事历历在目了。

终于在她二十三岁的时候，她嫁给了一位值得她托付后半生的男人，他就是明末的文坛巨匠、东林党的领袖钱谦益。

钱谦益身为明朝大员，地位显赫，却要光明正大地迎娶一个青楼女子，一时间让朝野哗然。可钱谦益对柳如是的爱至真至切，不但不被流言所动，还在家中处处维护柳如是的地位，并在原配死后将柳如是扶为正室。因此原本这桩可笑的风流韵事硬是让钱谦益扭转成了一段爱情佳话，也让受尽磨难的柳如是沉浸在了前所未有的温暖之中。

而后清军南下，眼看就要逼近南京，钱谦益见大势已去遂生归降之心，可柳如是却毫无一丝的动摇，她对钱谦益说："你我夫妻二人就此投河殉国以全节气如何？"钱谦益听闻心里一阵发虚，可碍于颜面只能假装沉思片刻，又走到水边伸手摸了一下，回答道："水太冷，不可下。"柳如是无语至极，"奋身欲沉池水中"，所幸被钱谦益拉住未果。

虽然这段故事取自清人小说《柳如是别传》，多半为杜撰的江湖传闻，但不论如何钱谦益最终还是独自北上降清去了，只留下了坚定不移的柳如是，她宁可孤独终老，也不愿背负摇尾乞降的恶名。这就是我们所说的气节，至少在这件事上

《河东君初访半野堂小影》，原为钱谦益门生顾苓所作，被认为最接近柳如是真人之相，惜失传，后有清人余集凭记忆重摹。此图为高络园先生临摹余集之作，刊载于1981年浙江图书馆影印之《柳如是诗集·湖上草》

柳如是为青楼女子这个饱受睥睨的群体争了口气，巾帼完胜须眉！

在八艳之中最懂生活，能在乱世之中把生活过成诗的却另有其人，她就是董小宛。

董小宛能被列为八艳之一，美貌才华自是不用多说，但她的特别之处就是擅长把琐碎的日常生活过得浪漫美丽且极富情致。我个人觉得如果要选出一位女版苏东坡的话应该就是她了，且不说其他，仅是董小宛发明的美食"董肉"（虎皮肉）就是"东坡肉"的不二对手。

董小宛的另一半也不简单，姓冒名襄，字辟疆，江苏如皋人，如皋冒氏，自宋以来就是当地的名门望族。冒襄腹有诗书，十四岁就刊刻了诗集《香俪园偶存》，且由时任礼部尚书董其昌为其作序，董其昌还大赞他有"点缀盛明一代诗文之景运"的才华。只可惜他生逢朝纲腐朽，屡次科举无果，便也参加了复社，成了一名热血青年，针砭时政，抨击阉党，与侯方域、陈贞慧、方以智三人并称"明末四公子"。

冒襄家世显赫，才华横溢，再加上"姿仪天出"的俊朗相貌，自然也成了风月场上颇有名气的翩翩公子，无数女子对其一见倾心、思慕不已，董小宛就是其中一个。两人从相逢一笑到曲终人散，这其间的过程十分曲折，尽管董小宛痴心一片，倾其所有，但冒襄却始终对她若即若离，不付真心。直至那一年逃难的途中，冒襄身患重病，董小宛舍命服侍却让自己积劳成疾，最终花落成泥。这段情缘悲歌，每每提及，总是让后人唏嘘不已。

好在这世间事都是公平的，冒襄在接受世人千夫所指的同时，也深感佳人难得，自叹与小宛相伴的这九年已是"折尽一生清福"了，孤单冷寂之下，追悔亦成追忆。于是他写下了一本《影梅庵忆语》，回忆他和董小宛曾经的点点滴滴，也正是因为这些文字，我们方才得知在他们的二人世界中也曾有过短暂却无比的美好，方才见闻董小宛的才情和萦绕在她周围的绝妙香气。

董小宛有一门独特的手艺是擅制香露。古代有很多知名的香露，比如《红楼梦》中就提到了"玫瑰清露"和"木犀清露"，都是进贡给皇家的江南贡品，珍贵非凡。在清人顾仲记述饮食烹饪方法的《养小录》中也有这样的记载："凡诸花及诸叶香者，俱可蒸露。入汤代茶，种种益人。入酒增味，调汁制饵，无所不宜。"可见香露是通过类似"蒸馏"的方式制作而成，它的用法也很多，既可以作为茶饮，也可以用来酿造美酒，对身体还有很多好处。

除了玫瑰和木犀，还有梅花、野蔷薇、茉莉、甘菊等都是制作香露的上品材料，其中还有一种名曰"秋海棠香露"，虽然"海棠无香"，但用秋海棠制成的香露喝到嘴里却芳香无比，相传董小宛就极善酿制此物。《影梅庵忆语》也写道，每每冒襄饮宴归来，董小宛就会手捧小案几奉上，几上置数十小盏，将各色花露盛于其间。且不用喝，仅是这花露上浮动着的五色花粉就让人倍感清新，冒襄的酒便也醒了大半。

让冒襄陷入回忆的，还有他与董小宛的志趣相投，其中最特别的共同爱好就是品香。冒襄每次从南边归来都要带回各色上等沉香，等到夜深人静二人便于雅室对坐品闻，《影梅庵忆语》中有云："寒夜小室，玉帏四垂，氍毹重叠，烧二尺许绛蜡二三枝，陈设参差，堂几错列大小数宣炉，宿火常热，色如液金粟玉。"仅从这香室一隅精心的布置，便可感受到那夜的温暖馨香和情投意合了。

"历半夜，一香凝然，不焦不竭，郁勃氤氲，纯是糖结。热香间有梅英半舒，荷鹅梨蜜脾之气，静参鼻观"。这里描写的则是二人品闻沉香时的情状。好的沉香，在熏闻时会有如同合香一样的层次变化，比如梅花的清寒、鹅梨的酸甜、蜂蜜的温暖等，这种在鼻尖上交织变幻的感受甚为奇妙。

除了品沉香，董小宛还是一位合香高手，她曾寻得大内宫廷所用的秘制香方，与冒襄共同制作了上百丸并一起品鉴。《影梅庵忆语》里也有关于他们品香方式的记录，"细拨活灰一寸，灰上隔砂选香蒸之"，这就是传统的隔火熏香手法，把炭点燃后埋在香灰里，灰上面再放一枚"隔火砂"，这里的隔火砂是指粗陶片，冒襄就曾把砂锅底打磨成片状用于隔火，最后将香品置于其上热熏，这种熏香的方法一来没有烟气，二来香气循序渐进，极富层次感。

简易蒸馏法

取花瓣置清水中，水中央置一盏，倒扣锅盖，盖钮朝下，加热时锅盖上方置冰块加速蒸汽冷凝，即可制取花露

只可惜香消玉殒，小宛的离开也将这些美好的香气一并带走了，只空留了冒襄在《影梅庵忆语》中的悲叹："今人与香气俱散矣，安得返魂一粒，起于幽房局室中也！"

这就是明末清初那个夹缝中的时代，充满了江山破碎的悲怆，又有着无比动人的情怀。我们透过这些香艳美人的一颦一笑，能感受到整个中华文化的精魂无处不在，而中国香的气韵也依然在各个美好的角落里蔓延流传。

文末便以我所写的一首《桃花扇》小诗来作为结束吧，请君共赏：

秦淮河的波光似繁星闪烁，
灯火深处飘然一叶轻舟，
你怀抱琵琶孤立舟头，
将吴侬软语轻轻吟诵。

初见你的眸如深邃夜空，
星眼含悲流落几许哀愁，
我痴痴遥望斐然心动，
将一阕素扇寄情相送。

金陵城的街头有你侬我侬，
十里红妆摇曳情深义重，
你凤冠霞帔美若神明，
用一方红绸浅藏笑容。

梦破碎的时刻像命运捉弄，
权贵逼婚你却誓死不从，
你宁为玉碎血溅素扇，
那一抹殷红如桃花重重。

含冤的监牢里我泪眼朦胧，
执扇轻摇凝望漫天花舞，
我孑然一身翘首以盼，
待来世桃花开处欢喜相逢。

——【见闻·桃花扇】

9. 清：清宫轶事与鹅梨帐中香

崇祯皇帝殉国之后，南明小朝廷步步败退，在苦撑了十七年之后，最终还是灭亡了。

满清是起源于东北大兴安岭、长白山一带的渔猎民族，他们与农耕文明之间彼此有着很多交融互通的地方，因此在满清的统治之下，逐渐出现了康乾盛世。按理说，香文化也理应延续明朝的复兴之势，重现宋明时期全民用香的盛况才对，可实际情况却不是这样，这其中很大的一个原因就是"海禁"。

海禁从元朝就开始了，明朝也跟着搞了好几次，原因有很多，比如战争的需要、贸易的保护、抵挡倭寇的侵扰等，但总体上还算是张弛有度，持续性并不强。但到了清朝，海禁变得异常严格，从顺治朝开始就规定"无许片帆入海，违者立置重典"。尽管康熙年间曾有过三十年的开放，但很快又因西方的干扰重新收紧，最后干脆就闭关锁国了。

海禁对于香文化的影响同样是巨大的，由于大多数的香料并非国产，隋唐以来基本上都是依靠海上丝路的贸易进口，因此海禁就把大量的香料阻挡在国门之外，使得香料价格急剧攀升、香料品种急剧减少，民间一度陷入了无香可用的局面，这让全民用香的盛况并未在清朝重现。

虽然香文化在民间的发展乏善可陈，但贵族阶层却并未受到影响，因为他们对于价格永远是不敏感的，于是在朱门青楼之内、深宫大院之中，香文化的复兴继续呈加速之势，对前人的香学成果又有了进一步的巩固与开发。

这些年清宫戏十分火爆，一出出阴谋算尽的宫斗场面看得人步步惊心，只是谁也不承想，中国香竟然化身为了种种宫斗利器，可以在温柔娇媚之间"杀人"于无形，不得不说这一设计足够吸睛，也让很多朋友留下了对中国香的初印象。虽说戏是假的，可戏中的香品却并非虚构，它们或多或少都有些真实的来历，尽管为了配合剧情它们的功效被夸大了很多，但也能从侧面反映出一些清代贵族的用香情况。

在其中一部《甄嬛传》中，宫中第一调香高手安陵容善制"鹅梨帐中香"，此香可以激发皇帝的情欲，安陵容便以此来获得宠爱。但这款香其实并非她的原创，而是来自于南唐李煜的传世香方，我们可以通过《香乘》上的记载来解读一下它的真面目。

《香乘》卷十四"江南李主帐中香"一则中有云：

> 沉香末一两，檀香末一钱，鹅梨十枚。右以鹅梨刻去瓤核，如瓮子状，入香末，仍将梨顶签盖，蒸三溜，去梨皮，研和令匀，久窨可爇。

楒梓掏空，填入香粉用牙签封住顶盖，再上笼熏蒸

　　此香使用的材料并不复杂，只有三种：沉香、檀香、鹅梨。制法相对繁琐一些，先把鹅梨削去顶盖，取出梨核形成一个中空，把沉香、檀香磨成细末填充进去，再用竹签将顶盖复原，接着上笼隔水蒸，让梨汁与香料充分融合。重点在最后的步骤，在梨被蒸得皮酥肉烂之前关火，小心地撕掉梨皮，将梨肉与香粉同捣为泥。古方之中以梨汁入香的有很多，但直接用梨肉入香的比较少见，这也是此香的奇特之处。

　　这款香从专业角度看有一个难点，即鹅梨的选择，因为不是所有的梨都叫鹅梨，也不是越甜的梨就越好。《东京梦华录》中有这样的记载："又有托小盘卖干果子，乃旋炒银杏、栗子、河北鹅梨……西京雪梨、夫梨、甘棠梨、凤栖梨、镇府浊梨……沙苑楒梓……"这让我们知道在北宋有很多梨的品种，而正宗的鹅梨是河北产的。再有苏轼的《与欧阳知晦四首》中曾提到用鹅梨合药："合药须鹅梨，岭外固无有，但得凡梨稍佳者，

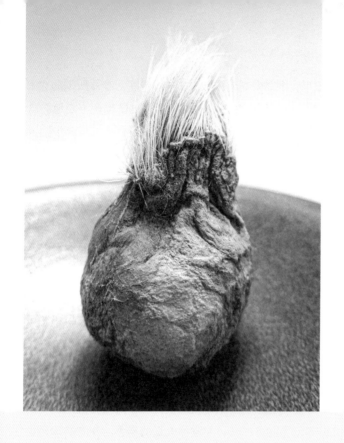

麝香囊标本

有毛一面为麝腹部，中心有孔，内装麝香仁。今天合法开办的林麝养殖场通常采用活体取麝香，即从麝香囊中掏取，并不危害麝的性命。图中标本为麝自然死亡后割取

亦可用。"言下之意就是鹅梨在南方是没有的，也可以佐证鹅梨的产地在北方。

今天我们很少会听说鹅梨，一般都说鸭梨。所谓鸭梨，就是梨顶端连接梨梗的那个凸起像鸭头一样，而鸭头和鹅头的区别，显然就是后者更加突兀一些，所以古人所称"鹅梨"应为今天河北一带鸭梨的前身，这种古老的、未经杂交培植的品种，它虽然不一定好吃，但香气一定是馥郁芬芳的，而像今天的雪梨、香梨、酥梨之类尽管很好吃但却不堪入香。

古老的鹅梨如今已很难寻得，因此我们可以用另外一种水果——沙苑榅桲——来代替。榅桲同样古老，只因其食用时口味不如鹅梨，反而没有被人为地改良，千年之后依然保留了原始的状态。香气方面，榅桲虽然在甜度上略逊鹅梨，但果香味却可与之比肩，清爽酸甜之中带着浓郁的花香气，用在鹅梨帐中香里也别有一番特色。

再看香方的配比，沉香占比最多，而沉香的主要功效就是镇定、安神，可以很快让人去除烦躁、放松舒缓。梨汁，自然是甜蜜无比的，而甜味往往可以让人感觉到温暖和安全。让我们试想一下，安神镇定的沉香和甜蜜温暖的梨汁结合在一起，能达到怎样的效果呢？当然是有助睡眠的，故而"帐中香"的本意就是用于寝室之中，它的功效也与寝中之事息息相关。

这款香到底有没有催情的效果呢？我个人认为，香甜的味道本身就会营造一种浪漫温馨的氛围，这种暧昧的环境对两情相悦或多或少会有些增进作用。但如果想让"鹅

梨帐中香"真正具有激发情欲的效果，则需要额外添加更多的材料了。李煜所创的"帐中香"可不止一款，"鹅梨帐中香"只是其中之一，这说明李煜自己也在不断地尝试和调整配方，其中就有用到了蔷薇水的，按今天的话来说就是玫瑰香水。当年中国人还没有掌握玫瑰的提纯工艺，蔷薇水都是从大食国一带进口而来，极其珍贵。而玫瑰的花香气被公认为有助情欲，所以加了蔷薇水的"鹅梨帐中香"又比原方多了一层催情效果。

安陵容还制有另一款催情香，里面有依兰和蛇床子的成分。依兰是东南亚的一种花，在今天通常被提炼出精油，滴在浴缸里或用来热熏，这种花香就有一定的催情作用。而蛇床子则是古老的中药材了，由于含有一些激素类成分，自古就用来治疗性方面的一些疾病，所以连名字也起得十分妖娆。

剧中甄嬛暗地里把催情香放在了安陵容的百合花里，再加上房间里同时点着鹅梨帐中香，使得药力大盛，让皇帝纵情过度，最终导致了安陵容小产。这个情节自然是杜撰的了，将香气的威力夸大了许多，但有一点是毋庸置疑的，香品中诸如依兰、蛇床子、麝香等成分，它们的确扮演着推波助澜的角色。

说到麝香，华妃最得意的事情就是皇上赐了她专属的欢宜香，只可惜皇上真实的目的却是让她避孕。假设此事属实，欢宜香中就必须添加大量的麝香，注意必须是大量的。

麝香是一种动物香料，这一点很不寻常。我们平常接触的香料大部分都是来自于植物，比如花朵、草本、树脂、木质之类，来自于动物的却很少，主要就是麝香、龙涎香、灵猫香、海狸香、甲香五种。麝香来自于一种叫麝的动物，而且必须是雄性麝。麝很像鹿，但又不是鹿，更不是什么獐子之类，它是一种独一无二的具有极其芳烈体香的动物。体香来源于雄性麝的肚脐和生殖器之间的一个囊，这个囊原本就是发情时吸引异性的一个生理构造。

人们发现囊里装着一种特别香的物质，黑色的颗粒状，俗语称为"当门子"，其香尤为郁烈持久、世间难得。这一下麝可就倒霉了，在疯狂的捕杀之下，麝的数量急剧下降。再加上麝香只有在雄性麝性成熟以后才能长出来，一只十岁的麝最多只能取四五十克的麝香，这就更加导致了麝香的稀缺。因此麝香的昂贵程度，不论古今都远超黄金的价值，不是谁都能用得起的。

麝香在中医学中的功效十分显著，开窍、辟秽、通络、散淤等，能治疗很多疾病。而麝香对孕妇的伤害主要是来源于它活血化瘀这一功效，因为中医认为怀孕本身就是一种血气凝聚的现象。当然后来的西医发现麝香里含有一种叫"麝香酮"的成分，可以让子宫产生收缩从而引发流产。但不论是中医还是西医观点，产生伤害都有一个前提，就是使用大量的、高剂量的麝香，甚至需要注射麝香提取物。所以电视剧里那些闻一闻或是在皮肤上搽一搽就能导致流产的情节是绝不可信的，我们也不必因为所用的香品里含有少量的麝香成分就惶恐不已，这完全是杞人忧天。如今的人工合成麝香也早已广泛用于各种香水之中，对健康无害，同时又能起到很好的发香、定香效果。

除此之外，古代还有文人墨客把麝香加在墨里制成"麝香墨"来写字绘画，作品就具有了天然的防蛀性，且画卷一展开就芳香扑鼻，更添了几分雅致。

麝香的香气是与众不同的，属于非常浓烈的动物香气。因此合香当中只需要用一点点就足够了，如果放得太多，那就不是香气而是腥臊之气了。所以华妃的欢宜香如果真有避孕功效，大量的麝香必不可少，那她想必早已闻出来了，又或是早被熏得头昏脑涨了。

尽管清宫戏的杜撰远非真实的历史，但也充分反映出了在大清的盛世年间，香文化依然是风靡宫廷的，其中还出现了诸多中西合璧的新创造。比如鼻烟就是康熙时期从欧洲传进来的，最初就是把烟叶打粉然后吸食，但中国人偏爱往里面添加各种香料，康熙皇帝就尤其喜欢加了茉莉花香的鼻烟。

在宫廷之外，清代贵族阶层的用香盛况可以通过《红楼梦》中的一些描述反映出来，曹雪芹笔下的香气世界想必是来自于他年少时的耳濡目染。比如第十八回中对大观园的描写，"园内各处，帐舞蟠龙，帘飞彩凤，金银焕彩，珠宝争辉，鼎焚百合之香，瓶插长春之蕊"；进入园中，"只见园中香烟缭绕，花彩缤纷……说不尽这太平气象，富贵风流"；进入行宫，"但见庭燎烧空，香屑布地，火树琪花，金窗玉槛。说不尽帘卷虾须，毯铺鱼獭，鼎飘麝脑之香，屏列雉尾之扇。真是：金门玉户神仙府，桂殿兰宫妃子家。"甚至于大观园内干脆有一个所在就叫"暖香坞"，"打起猩红毡帘，已觉温香拂脸"，可见这人间繁华地、温柔富贵乡，果然是香气处处、连绵不绝。

可惜好景不长，大清的盛世也很快就过去了，鸦片战争把整个中国再一次拖入无尽的黑暗之中，而这一次对于中国文化的冲击几乎是毁灭性的。我们突然发现再强的弩也打不过火枪，再大的木船也打不过铁甲舰，再快的千里马也跑不过蒸汽火车。西方世界突然冲破了数百年海禁所筑起的高墙，像一头猛兽一样，瞬间就以另一个高度的文明把我们给吞噬了，割地赔款、丧权辱国，泱泱中华转眼变成了人人得以践踏的"东亚病夫"。

于是在西方文化面前，我们第一次失去了文化自信，我们甚至开始质疑自己的文化是不是有问题，是不是不值得再去坚守了，甚至于我们的人种是不是真的就比洋人要低上一等。接下来，我们开始学习西方的文化，仰慕西方人的生活，全力追赶西方的步伐，而对于自己的汉文化，我们竟然一度认为丢了也是无所谓的，因为这就是历史的车轮啊，淘汰的就应该被碾压。而香文化，自然也被淹没在了这场毁灭性的洪流之中，近一百多年来，可以说整个中国寸香难觅。

日月轮转，今天的中国终于再次富强起来了，但同时我们也发现了一个问题，就是一个民族要想真正强大，并不是依靠船坚炮利就可以做到的。为什么我们要崇洋媚外，以西方文化马首是瞻呢？我们要将自己的文化输出出去，在更大的范围里影响这个世界，这才是真正的中华之崛起。

这个时候，我们又想起了香文化，可蓦然回首，灯火阑珊处早已变成了灯红酒绿、纸醉金迷，除了寺庙道观里缭绕的烟火气，哪里还有中国香的踪迹？

但正所谓天无绝人之路，香无湮灭之时，远在东海之侧的日本，竟然还保存有汉唐香文化的印迹。

10. 日本香道的传承与变革

自鸦片战争伊始，列强入侵，至清末民国，又是常年的军阀割据，接着还有抗日战争、解放战争等，百年来泱泱中华始终处于连绵不休的动乱与战火之中，直到中华人民共和国成立，久违的和平才再次到来。

而在这一百多年里，伴随中国的大多是屈辱和无奈，屈辱是因为别人的船坚炮利让我们无法抵挡，无奈则是因为在西方文化的冲击之下，传统文化已被视为落后、腐朽的文明。以至于在很长的时间里，我们说到中国香都会觉得无比陌生。因为司空见惯的香薰用品，通常就是西方的香水、香精、精油之类，中国香于我们而言，除了寺庙里的拜佛香以外，几乎没有任何存在感。但有一个词却是例外，我们或多或少会在一些场合听到过它，那就是"香道"！

与香道匹配的通常是这样一个画面，在幽静的小室里，几名香客身着素服，围桌而坐，左手持一个香炉，右手遮掩在炉口，然后把鼻子凑近深吸一口，再把头偏向一侧，将气吐出。没错，这种极具仪式感的品香流程就是典型的香道，而大部分人也认为香道就是中国的香文化。但细心的读者会发现，前文中我从未提到过"香道"这个词，而是用的"中国香"这三个字，显然这两者之间是有区别的。那么"香道"这个词是从哪里来的？它的背后又隐藏着怎样的异域文化？它与中国本土的香文化之间又有哪些区别呢？让我们先把时间调回到一千七百多年前。

在东海之侧，有一片大大小小的岛屿，岛上有人居住，又组成了一些大大小小的国家。据《后汉书·东夷列传》记载，"建武中元二年，倭奴国奉贡朝贺……光武赐以印绶"，意思是早在东汉初年，岛上就有使者前来朝贺，光武帝赐以印章绶带，表示承认这个"倭奴国"的存在。1784 年，日本北九州地区出土了一枚金印，上书五个金字"汉委奴国王"。经过考证，初步断定这枚金印就是汉代帝王所授，也从实物上证明了史书的记载。

又据《三国志·魏志·倭人传》记载，公元 239 年又有一个邪马台国的女王名叫卑弥呼，再次派遣使臣来到中国，面见魏明帝曹睿。曹睿以大国之姿册封卑弥呼为"亲魏倭王"，并赏倭王金印和铜镜百枚。尽管当时的中国人并不清楚沧海彼岸究竟有多少个国家，但可以确定的是"倭"这个字自东汉开始就成了整个日本的统称。

时间一晃就到了大唐盛世，天朝上国、万邦来朝，而在这

日本香道品香动作示范

万邦之中，倭国自然不会缺席，跟其他国家一样忙着向大唐称臣、纳贡、朝贺。但倭国要比其他国家聪明很多，或者说更有心机，倭王深知自己与大唐的差距，便借着朝贺纳贡的机会，抓紧学习唐朝先进的文明，并大量地将学习成果带回国去，而他们派出的这支学习团队就是遣唐使。

遣唐使不是一个两个的使臣，而是一支几百人的大型队伍。这支队伍的构成极其复杂，涵盖了各种各样的职业，有医师、画师、乐师、译语、史生、船师、船匠、木工、铸工、锻工、玉工、阴阳师以及大量的僧侣等，而自诩上邦的大唐也完全没有知识产权保护的意识，所有遣唐使都会被允许进入长安学习。在遣唐使学习的科目之中，与生活美学相关的主要有茶文化和香文化。

唐朝的茶跟今天的茶完全不一样，如果用今天的话来讲就是一道"黑暗料理"。首先茶叶需要磨碎，再加葱、姜、胡椒等香料，一起放在器皿里烹煮，还要加点盐甚至是一些油脂，所以喝到嘴里的味道可以想象一下，五味杂陈、酸甜苦辣。但正是这种茶，在唐代非常流行，而且只在上层社会流行，不是一般人可以喝到的。同

南宋·刘松年，《撵茶图》复制品局部，再现宋人点茶所用的器具、流程，原作为台北故宫博物院藏

时还有一种叫作"斗茶"的娱乐活动在唐朝开始出现，并在宋朝达到顶峰。斗茶主要斗两个方面，一是汤色，二是汤花。汤色就是茶水的颜色，以白色最佳，类似于鱼汤的奶白色，低于这个成色，比如黄了、红了，都算输。然后是汤花，汤花类似于啤酒沫，但不是冲茶时自然形成的，而是通过"击拂"，即用一种竹制的器具不断击打茶汤而成，打出泡沫后再观察泡沫的挂杯情况，持续

时间久的就算赢。

遣唐使们带回日本的就是我们唐宋时期的茶文化。日本的抹茶就源于中国，至今仍是将茶叶磨粉冲水并打沫之后一起喝下去；再看宋代斗茶的"神器"，在中国叫作建盏，即建窑烧造的一种茶杯，因为釉色肥厚、通体黝黑，非常适合观察汤花的挂杯情况。当年遣唐使们就是从今天浙江天目山一带把这种茶盏带了回去，视为饮茶至宝，称之为"天目盏"。但日本人有一个特点，他们除了继承别人的文化之外，还要加以改革，创造出一种属于大和民族独特的形式来，比如茶传到日本以后，很快就出现了新的形式——茶道。

有人认为茶道就是功夫茶，实际上二者相差甚远。比如中国的功夫茶，如果今天去福建沿海一带的老街，可以看到很多人家的门前都摆着一个小小的茶海、一把壶和几个杯子，闲来无事就坐下沏一壶茶，挨个斟满，一边聊天一边与朋友们分享，整个过程并不复杂，且非常悠闲。但日本茶道却把这个并不复杂的过程变得极其复杂，也把这种悠闲变得十分庄严。

首先需要一个茶师来主持整个茶道仪式，茶师按规定动作点炭火、煮开水、冲茶，然后依次献给宾客。客人按规定须恭敬地双手接茶，先致谢，尔后三转茶碗，轻品、慢饮、奉还。茶师的每一个规定动作都需要经过专门的训练，喝茶的人也需要按照规定来完成步骤。因此整个过程看起来更像是一个仪式，所有的人都正襟危坐，绝不会有人跷着二郎腿，绝不会有人玩手机，甚至不会有人说话。这就是日本对中国茶艺的改革，使它摇身一变，变成了日本"茶道"。

茶道如此，香道亦然。

日本本土是没有香的，不要说什么沉香、檀香了，就连普通的中草药都极少，物产非常贫乏，据日本史料记载，日本人所见过的第一块沉香是从海上漂来的。我曾专程去了一趟奈良的东大寺，那里有一个皇家宝库叫正仓院，里面收藏的一块沉香是日本的国宝，它有个很好听的名字——兰奢待，被誉为"天下第一名香"，我便是慕名而来。

结果那是一块什么香呢？黄熟香。所谓黄熟香，即入水不能沉，浮于水面的沉香，因所含油脂较少，熏焚时香气也不持久，也被称为"速香"。黄熟香在沉香中若按价格论，自然算不得上品，当然江湖也有传闻，说"兰奢待"其实是一块极其稀少的奇楠香……至于真相如何，我也无缘上炉品闻，不得而知。

但在日本历史上，品闻过它的却有三个人。

"兰奢待"上面有三个整齐的切口，每个切口处都贴着一张小纸条，上面

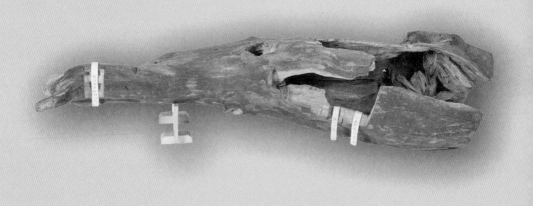

"天下第一名香"兰奢待，日本奈良东大寺正仓院藏

写着取香人的名字。起初我还没在意，仔细一看却吓了一跳，足利义政、织田信长和明治天皇！

很难想象，此等身份的三位大人物，取一点沉香闻闻竟然这般小心翼翼，每个人割取的分量不到掌心大小不说，还要做严谨的记录，这在中国人看来似乎是无法理解的。想当年在隋炀帝眼里，沉香就是要拿来当柴烧的，在杨国忠眼里，沉香不过是用来搭建阁楼的木料罢了，就连民间巨富石崇家的厕所里还摆着用沉香制成的"洗手液"……这是多么鲜明的对比啊！由此可见，日本香料资源的匮乏程度以及日本人节俭自律的民族秉性，可谓是一海之隔，霄壤之别啊！

爱香却无香可爱的日本人，对大唐的香文化早已仰慕已久了，于是香文化便成了遣唐使要学习的重要内容之一。只是香文化传入日本，除了遣唐使的功劳以外，还要感谢的一个人就是鉴真和尚。

鉴真在唐开元年间已是名扬天下的佛学大师之一，常年在扬州大明寺说法。遣唐使里就有日本僧人受日本政府和佛教界的委托，想邀请大明寺的高僧去日本传法，为日本的佛教徒受戒。但大明寺的高僧一听说要去日本，都吓得没人敢吱声了，只有鉴真站出来说："是为法事，何惜身命！"

东渡日本，这是一件很可怕的事情！在唐代，航海术还没有发展起来，日本这个在今天几个小时飞机就能到达的地方，在古人的眼中却堪称"世界的尽头"。即使运气好能渡过沧海，往往也是九死一生。比如为秦始皇寻找仙药的徐福，我认为大概率是葬身海底了，虽然现在有很多资料显示徐福在日本留下了种种蛛丝马迹，但也只是推测而已。因为一千年后的唐代，遣唐使每次来唐乘坐的大船，都还需要沿着海岸线一点一点摸索过来，稍有不慎就是有去无回，更莫说是秦朝了。故而大明寺的高僧们才会谈海色变。

鉴真义无反顾地东渡了，那一年他五十五岁，在古代已是位高龄老人了。结果花了十年时间一共东渡了五次，全部失败，尤其是第五次，船在大风浪中失去了方向，像无头苍蝇一样在海上漂泊了整整十四天，而最后到达的陆地竟然是海南岛。因此我们可以想见古人迷失在大海中时该有多么无助，而这次漂泊也让鉴真双目失明，他的大弟子也死在了归途之中。但是鉴真依然没有放弃，他毅然决定进行第六次东渡，功夫不负有心人，

"兰奢待"上的切口与取用者姓名

这一次他终于成功了。鉴真就在日本奈良开始了说法讲学，这一讲又是十年。

鉴真为日本带去的不仅仅是佛法，还有大量汉唐文化的精髓，比如书法、建筑、雕塑、医学等，其中就包括我们的中国香文化。据《唐大和尚东征传》记载，天宝二载（743）十二月东下时，携带麝香廿脐、沉香、甲香、甘松香、龙脑香、胆唐香、安息香、檀香、零陵香、青木香、薰陆香都有八百余斤；又有毕拔、诃梨勒、胡椒、阿魏、石蜜、蔗糖等五百余斤，蜂蜜十斛，甘蔗八十束；天宝七载（748）又拟东行，"买香药、备办百物，一如天宝二载所备"。

可见鉴真每一次东渡日本时都携带了大量的香药，这些材料中不乏名贵的麝香、龙脑香、檀香等，品种之全、数量之多足可见其用心之良苦。更为难得的是，当这些珍贵的香药沉入海底，再次出行的时候他依然会一丝不苟地重新准备，誓要将这大唐的香气传至彼岸。这是信念，亦是信仰！

鉴真精通医术，熟悉各类药材的药理药性，让日本人了解了大量关于中医医术的知识，以至于很久以后，日本药店的手提袋上还印着鉴真的头像。而自古"药香同源"，他同时也十分精通合香之术，这就把中国的合香文化也一并传进了日本。但在香文化进入日本之后发生了和茶文化同样的事情，日本人很快对中国香进行了改革，变成了另外一种和茶道一样，同样极具仪式感，同样需要正襟危坐，同样讲究各种礼仪规范的用香形式，这就是"香道"了。

香道借鉴了唐宋时期隔火熏香的方式方法，但内在的追求和熏香的过程则完全不同，香道更多地是在追求一种形式，注重操作的过程和过程中意念上的感受。这就让焚香变得十分复杂了，仅仅是整理炉子里的香灰、把香料切成碎屑这样的准备工作就需要花费很长时间。一次完整的香道流程下来，没有几个小时是不行的，而且这几个小时里除了品香，其他什么事情也不能做，必须要将意念一直集中在鼻端。

现在让我们回想一下前文提及的中国古人，苏东坡是怎么用香的呢？他焚着香、喝着酒、吃着煮山药，醉卧在山林之中；杨贵妃是怎么用香的呢？她把沉香堆砌在华清池里，状如仙山，一边泡澡一边品香；董小宛又是怎么用香的呢？她与冒襄一起，红烛纱帐、月下小酌，在香气氤氲之中，二人情意绵绵。可见中国古人是不会像日本人那样品香的，我们讲究的是随意随性，追求的是自然释放，品香绝不会干扰到其他的事情，该读书的读书，该睡觉的睡觉，该喝酒的喝酒，该泡澡的泡澡，香气永远都是生活中小而美的辅助，永远都是一种美好的背景，而不是需要花费大量时间来专门做的一件事情。

"人间烟火香自来"，何谓人间烟火呢？其实就是寻常的美好，不刻意、不做作的美好。因此我认为这也是中国香文化与日本香道最本质的区别所在。当然我并不是说香道不好，不值得去学习，相反了解和学习香道对于反哺失落的中国香文化有很大的帮助。同时学习香道，也能够深入地了解日本人的民族性格和历史文化。

总之日本人很喜欢这个"道"字，不仅仅是茶道、香道，还有花道、武士道、空手道、阴阳道等，而这些"道"大多都是由汉唐文化逐渐演变而来的，也都具有很强烈的仪式感和规范性，就像是笔直的"道路"一样，其边界是不可逾越的。所以今天我们常见的香道，但凡是过程复杂的，实际上都已经脱离了中国文化的本性，与"大道至简"的中国之道已渐行渐远。

如今，令人叹息的是，在香文化的发源地，根本见不到任何香铺的踪影，大部分人对于中国香是一无所知的，小部分人的了解也被局限在了日本香道里，中国香的复兴之路可谓是任重而道远。

希望在未来的某一天，中国人的香铺可以像《清明上河图》中所描绘的那样，再次林立于市井，芳香百姓的生活。

番外篇：来之不易的《香乘》古籍

在对中国香文化的发展历史做了整体性的梳理之后，我们可以正式来翻阅《香乘》这部古籍了。

"乘"，读作shèng，在古文中"乘"有历史的意思，比如春秋战国时期晋国的国史就被称为《乘》，如此翻译，《香乘》就是"香的历史"了。事实上也的确如此，《香乘》就是收集了自先秦以来直到明朝末年，历朝历代关于各色香料、香品记载的一部著作。

但我也有一点自己的理解，因为"乘"这个字还是一个专属名词。有个词语叫"千乘之国"，形容一个国家的军事实力非常雄厚，这个"乘"就是马车的意思。再比如佛教中的"大乘"与"小乘"，对应到梵语中的意思就是"车乘"，同样是指一种交通工具，也应该读作shèng。而所谓"大乘佛教"，就是说佛法足够伟大，能够把众生都装载在佛法这辆车里，然后渡到彼岸去，它有一个装载、容纳、输送、传递的意思在里面。

因此《香乘》的"乘"也应有这样一层含义，它就像一辆满载着香文化的马车一样，把历史上精彩绝伦、芳香扑鼻的人文和经典传递给后世的人们。否则直接叫香史、香记、香鉴好了，作者又何必去咬文嚼字呢？

《香乘》究竟是一本什么书呢？有一个人总结得比任何人都要好，他就是为此书作序的人李维桢。李维桢生于明末，湖北京山人，隆庆二年（1568）及第，天启四年（1624）

日本街头的香铺，摄于京都

官至礼部尚书。

在序的开头，李尚书就写道："吾友周江左为《香乘》，所载天文地理、人事物产，囊括古今，殆尽矣，余无复可措一辞。"意思是书中所载的内容已经万分详尽了，我没有任何需要添加修改的地方了。这句话就很全面地概括了《香乘》，也颠覆了很多人对于这部古籍的理解。大部分人都认为它只是一本香谱，记载了各种香的制作方法，是一本枯燥乏味的资料书、参考书。实际上并非如此，正如李维桢所说，《香乘》更像是一部百科全书，它浓缩的不仅仅是香气，还有数千年的华夏文明。

周嘉胄，字江左，算是一个比较神秘的人，关于他的生平事迹，历史中并没有留下太多的痕迹。他是江苏扬州人，扬州自隋唐以来就是中国手工艺的极盛之地，在诸如玉器、漆器、雕刻、刺绣、盆景、剪纸等领域都拥有着全国首屈一指的匠人，而他显然也在这座人杰地灵的城市里继承了历代名匠的风骨。他除了《香乘》之外还留有另外一部著作《装潢志》，这里的"装潢"不是指装修房子，而是指书画装裱，说明他同时还是一位装裱大师。

当然最终成就他的还是对于中国香的痴迷，在《香乘》的自序里他是这样来评价自己的："余好睡嗜香，性习成癖，有生之乐在兹，遁世之情弥笃。"意思是我平生的最大爱好就是两件事，一是睡觉，二是玩香，已成为了一种癖好，人生能拥有如此大的乐趣，幸甚至哉！甚至让我内心深处那种逃离俗世、独自隐居的想法也日渐浓厚了。

"每谓霜里佩黄金者不贵于枕上黑甜，马首拥红尘者不乐于炉中碧篆"。这句话写得也很有意思，霜都没化说明天色尚早，太阳还未升起，但有些人就已经衣冠整齐、穿金戴银地准备出发了。这都是些什么人呢？当然就是大官们了，他们这是要赶着去上朝呢！然而我却觉得，为了功名起个大早，还不如在香气之中美美地睡个懒觉。而那些乐于在红尘中追求繁华热闹的人，他们的快乐还不如我这一炉香的快乐呢！

这段自序活灵活现地把周嘉胄的形象给刻画了出来，一个睡神，一个香痴，其他一切俗事对于他来说丝毫没有吸引力。当然周嘉胄的这种所谓"遁世之情"，跟历史上很多仕途不顺、在政治上受到排挤，又或者因为种种不如意而选择逃避俗世、归隐山林的人是完全不一样的。连礼部尚书都可以为《香乘》作序，说明周嘉胄的朋友圈级别很高，他虽然看不上这些"霜里佩黄金"的人，但也并不反感，只是纯粹觉得起早贪黑不如睡个懒觉舒服而已。

其次由于香料从来都是极其昂贵的，能够成为香学大师，没有雄厚的财力支持也无法做到，这听起来似乎很世俗、很残酷，但现实就是如此，所以历史上的制香名家基本没有平民百姓，都是些非富即贵的人。因此周嘉胄对于功名利禄的不屑一顾，绝非因为清高，而是他早就实现"财务自由"了，对赚钱这等俗事没有兴趣。

用今天的话来说，周嘉胄不是一个很能"装"的人，而是一个直截了当、干脆利落、敢于把真实的想法公之于众的人。而我们读这种人所整理的著作，尤其是他穿插在其间的一些点评，会感到十分通达畅快，没有那些隐藏在文字背后的桀骜不驯或是委屈不堪，就是很简单、很专业、很纯粹地在做学问。

更加难能可贵的是周嘉胄虽然家境殷实，却完全没有纨绔子弟游手好闲的坏毛病，他倾尽了毕生的精力，编撰了《香乘》这部巨著。自序中记录了他的整个创作过程，大体上分为三个阶段。第一个阶段是大量收集和整理历代关于香的经典，一共写成了十三卷。这里特别要说明的是，周嘉胄本身并不是文学家，《香乘》也不是一部文学性很强的著作，而是以收集、整理为主的香学专集，或者可以这样说，《香乘》里的大部分文字都不是周嘉胄原创，而是由他整理出来的。可能有人要说，那不是抄袭么！错了，要知道在古代，并没有今天的网络、搜索引擎，查阅资料是一件非常困难的事情，要把这数千年来的相关知识点筛选、汇总起来，无异于大海捞针。尤其是香文化，相关的记载本来就零零散散，不像《梦溪笔谈》《天工开物》《齐民要术》之类都是在收集主流的科技、农业方面的知识，所以仅第一阶段完成的这十三卷，周嘉胄就花了十年时间。

李维桢在给《香乘》写序的时候，《香乘》也只有这十三卷，但仅仅如此就给予了高度的评价，可见这十三卷的内容实际上已经非常全面了。但十三卷写成之后，周嘉胄正准备叫人去刻版刊印，他又忽然觉得还是有些疏漏，又或是他在其他的典籍里发现了新的线索。于是第二阶段的补漏拾遗开始了，这一补又是好几年的时间，终于把十三卷扩充到了二十八卷。

这下总可以了吧？还是不行！他又发现洪刍、颜博文、沈立、叶廷珪所著的四大香谱之间有很多重复和冲突的地方，尤其是在合香部分。于是又经过一番辩证和审核，对其中有争议的合香香谱进行了校正。同时又借鉴了明代出现的新作品，比如《墨娥小录》《晦斋香谱》等，把其中的精华部分也提炼到了《香乘》之中，这就是他的第三阶段，不知不觉又是十几年过去了。

因此从《香乘》开始编纂到最终成书，前前后后总共花了三十年的时间。三十年是什么概念呢？明朝的十六位皇帝，能活过四十岁的也只有六位，所以这三十年几乎就是周嘉胄的一生。何为穷尽毕生精力？此为穷尽！

自序的最后，周嘉胄还表达了自己对于挚友李维桢的思念："李先生所为序，正在一十三卷之时，今先生下世二十年，惜不得余全书而为之快读，不胜高山仰止之思焉。"意思是李先生为我写序的时候，《香乘》还只有十三卷，如今先生去世已经二十年了（实际应为十五年），《香乘》也终于完成。我多么希望能把完整的《香乘》读给李先生听啊！而斯人已逝，一声叹息，我只能思念着先生，寄托我的仰慕之情了。

自序的落款处写着："崇祯十四年，书于鼎足斋，周嘉胄。"鼎足斋是他的书房，恰好有明代诗人范景文的一篇诗作，向我们展现了当年鼎足斋内的模样：

《题周江左鼎足斋斋中所贮书画古法物》

结庐人外意萧然，香国翻成小有天。

四壁忽生空翠湿，千秋如见墨痕鲜。

摩挲金石人俱古，寝处缥缃梦亦仙。

共我于中成鼎足，坐来谁美米家船。

举目可见，斋内古意盎然，金石字画收藏颇丰，令人流连忘返。香炉之中青烟缥缈，探鼻轻嗅，恍若穿梭时空，似幻似仙一般。

成书的时间是崇祯十四年（1641），但在后续的刻板刊印过程中却又风波四起，周嘉胄在后记中记录了诸如印刷工人死于瘟疫、书籍刻板遭遇火灾、资金欠缺等不顺之事，直至崇祯十六年（1643）秋，《香乘》才终得问世。而更加令人后怕的是，仅仅不到一年之后，崇祯皇帝便于北京殉国，大明王朝也随之土崩瓦解，两年后，在周嘉胄的家乡扬州，"扬州十日"后，大约有八十万人死去。

众所周知，诸如品香、制香、著书立作之事，都需要一个安宁的环境，且不要说战火纷飞、颠沛流离了，就算是在市井的喧嚣中也难以完成。因此周嘉胄但凡稍稍耽误一些的话，也许就再也没有这部旷世巨著了，又假如周嘉胄也未能逃离扬州，那么他和他的著作或许都将毁于战火。

我们的历史有过太多的惨剧，流过太多的鲜血，也留下了太多的遗憾，但在那些夹缝之中却存留了无比的幸运，比如《香乘》的诞生就是一件万幸之事。这种幸运一直延续到了今天，仍在源源不断地影响着每一个读到它的人们，因此能够遇见《香乘》，品读《香乘》，这本身就是一件极幸运的事情。

第二章

四大名香

香自来

烟火

人间

11. 沉香的伤痛与诞生

沉香的鼎鼎大名无论古今都如雷贯耳，一听就知道是一种"高大上"的香材。前文讲过很多关于沉香的故事，可知在古代中国沉香一直都是皇室和贵族的最爱，后来传入日本更是受到了日本香道的极大推崇，并很快成为日本香道的核心用材。以至于在日本香文化反哺之后，沉香更是越来越受到追捧，价格也一路水涨船高。

沉香究竟是什么呢？这个问题我问过很多人，绝大部分人都会一脸的不屑，觉得问题太简单了，沉香就是沉香木啊，一种有香味的木头！实际上这个回答从根本上就错了，这个世界上从来没有过一种木头叫沉香木，也没有任何一种树叫沉香树。

如果从植物学的角度来看，世界上只有一个科目的植物可以结出沉香，那就是瑞香科植物。瑞香科下又可分出超过五十个属，其中又只有两个属之下的部分品种才可以结出沉香，所以沉香的难得仅从这里就可见一斑了，如此庞大的植物体系，抽丝剥茧到最后能结香的竟然所剩无几。由于植物学太过复杂，我们还是要从传统的视角来解读一下沉香的母体树，通常可以分为三种。

第一种叫莞香树，主要分布在福建、两广以及海南岛，也就是古人所说的岭南地区。继续往南就到了东南亚半岛，半岛上有泰国、缅甸、老挝、柬埔寨、越南等国家，第二种树就生长在这里，名叫蜜香树。再往南，已经越来越接近赤道了，在大洋中星星点点的岛屿上，诸如印度尼西亚、马来西亚、文莱等，就生长着第三种树叫鹰香树。莞香树、蜜香树、鹰香树，就是我们目前认为能够结出沉香的三大树种。

那么是不是把这三种树给砍倒，它的木材就是沉香呢？非也！虽然大部分木质香料，比如檀香、崖柏之类，它们的确就是檀香树、崖柏树的木质部分，砍下来就是香，但沉香却是个例外！

方才我用了一个"结"字，这个结并不是结果的意思，而是凝结、聚集的意思。让我们试想一个场景，在一千年前的东南亚热带雨林中，有一天风雨大作、电闪雷鸣，一阵狂风就把蜜香树上一根粗壮的枝条给吹断了。风雨过后这棵蜜香树并没有死，于是开始分泌出一种油脂，不断输送到枝条的断口处来帮助伤口愈合。油脂越聚越多，最终在伤口处形成了一块充满了油脂的物质，把伤口完全封闭住了。这种油脂具有百虫不侵的特性，没有任何虫蚁可以通过伤口再来损害树木了。这个过程就是沉香形成的最初阶段。

继续回到那片雨林，让我们将目光锁定那棵已经伤愈的蜜香树。又是几百年过去，雨林里突发了一场洪水，这一次蜜香树没能再次幸免，它被完全冲倒了，最后被冲进了大河，沉入河床。

时间继续推移，蜜香树的木质部分渐渐腐烂了，但那块伤口处的油脂却不会因为水的浸泡而腐烂。它会静静地沉睡在水底，等待重见天日的一天。

在水底的漫长时光里，这块油脂也不是毫无变化的，水里的微生物、泥土里的矿物质等元素，都在潜移默化地改变着它，在香学领域我们称这种自然的、缓慢的变化过程为"醇化"。

终于有一天，它被某个幸运的人给打捞起来了，在阳光的照耀下它没有丝毫的胆怯与羞涩，尽情挥洒出压抑了数百年的精华，那一瞬间，香气四溢！这个时候，它才有了一个正式的名字——水沉香！

现在让我们来总结一下，沉香最初的形成就是一场意外，而且是一场意外伤害。除了刚刚所说的大风，还有各种各样的天灾人祸，比如猛兽撕咬、虫蚁啃食、人为砍伐等。因此沉香的诞生一定伴随着树木的伤痛，所以才有了那句话，"燃我一生忧伤，换你一丝感悟"。之后的油脂分泌就是树木自我保护的过程，和人体受伤之后伤口的结痂一样，而最终我们所看见的沉香，实际上就是这种油脂与木质的融合体。

新结出的沉香就像一个刚出生的婴儿，还没有长大成人，接下来又有各种不同的命运在等待着它。比如一场洪水，可以形成浸泡百年的水沉香；比如

从水底打捞而出，依然保持树木外形的水沉香

树木倒地，被泥土掩埋，最终就会形成土沉香。因此沉香的形成不是一天两天的事情，而是需要经过漫长的醇化过程。

总之沉香的诞生伴随着树木的伤痛，在树木枯死腐朽之后，如同青莲出淤泥一般，从朽木之中蜕变而出。在《悟性论》中，达摩祖师就借沉香来讲佛心，他做了一个非常贴切的比喻：

> 佛在心中，如香在树中。烦恼若尽，佛从心出，朽腐若尽，香从树出。即知树外无香，心外无佛。若树外有香，即是他香，心外有佛，即是他佛。

12. 沉香的产地与分级

从是否沉水的角度可将沉香划分为三种，浮于水的为黄熟香，半沉半浮的为栈香，沉入水底的为沉水香。因此沉香的这个"沉"字，并不代表只有沉水的才被称为沉香，"沉"不是一个绝对的判断标准，而仅仅是一种分级的尺度。

那么分为这三类，有没有实际的意义呢？当然有。比如黄熟香又称为"速香"，意思是含油量比较少，在热熏或是点燃的过程中油脂成分挥发较快，香气的浓郁程度和持续性自然就比较差。在《香乘》中，对于黄熟香的评价是："轻虚枯朽，不堪爇也，今和香中皆用之。"意为黄熟香通常很轻，如朽木一般，不怎么经得起熏焚，但是在合香之中却用得很多。这就是一个性价比的问题，因为在合香中沉香仅仅是其中的一味香料，没有单品沉香时那么高的要求，由于黄熟香的价格要比沉水香低很多，故而在合香中最受欢迎。

再看《香乘》第一卷"沉水香考证"的部分，古人又进一步把沉香划分成了四种，分别是生结、熟结、虫漏和脱落。

生结即"刀斧砍伐致膏脉结聚者"，也就是外力作用导致树木受伤从而结出的沉香，这里的外力不仅指刀斧砍伐，还包括猛兽侵袭、自然灾害等。但重点在于，这种沉香会很快被从活体树木上采集下来，由于结香不够充分，也没有经过漫长岁月的催化，在品质上属于较低的一种。

熟结则是指树木枯死之后，倒伏在泥土里、水里、沼泽里，木质部分渐渐腐烂，最后剩下的油脂凝聚物，它是从朽木中自然脱出的。因此熟结相对于生结来说，形成的时间更加漫长，品质也相对高出许多。在当今市场上就有很多不良商家把生结香埋入土中过些日子再取出来冒充熟结香的。

虫漏则是虫蚁啃噬导致树木受伤而结出的香。那么虫蚁啃噬难道不属于外力破坏么？它和生结有什么区别呢？这两者是不一样的。生结的破坏力很直接，往往就是一次性的，比如一斧子砍下来，留下一个巨大的伤口；而虫蚁啃噬，则是一个内部破坏的缓慢过程，也许从外观上看树木并没有损伤，但内部已经是千疮百孔了，而树木为了保护被虫蛀的部分，同样要分泌油脂包裹住伤口，最终就形成了虫漏沉香。因此虫漏沉香的造型千奇百怪，有的像波涛层层叠叠，有的像山峰层峦叠嶂，毫无规律可言，但也由此产生了一种独特的美感和香气。

曾筑有蚁穴的海南虫漏沉香

最后是脱落，指树木并没有死去，但结了香的那一小部分却自然脱落了，这实际上也是植物的自然反应，坏死的部分自动剥离母体，所以脱落一般都是碎片状的沉香，少有大块的。

以上就是沉香在《香乘》中根据形成原因划分出的四个品种了，除此之外，还有一种分类方式就是按照产地来划分。

《香乘》中关于沉香产地的第一段记载来自于叶廷珪的《南番香录》。叶廷珪是北宋人，非常痴迷于读书，就和周嘉胄痴迷于睡觉、玩香一样。他曾说，"余幼嗜书，四十余年未尝释卷，食以饴口，息以为枕……士大夫家有异书，无不借，借无不读。读无不终篇而后止。常恨无资，不能尽传写，间作数十大册，择其可用者手抄之，名曰《海录》"。

如此勤奋读书的人，在科举极盛、文强武弱的北宋，注定是不会平凡的，所以叶廷珪的仕途总体上比较顺利，中进士、当知县，再任兵部郎中，一路升入中央。只可惜官场波谲云诡、尔虞我诈，终究不适合他这般醉心于学术的"木讷"之人，结果他就因看不惯秦桧的主张被排挤回了福建老家，任职泉州知府。

这条毫不起眼的小巷的尽头，便是隐藏在泉州老城区的市舶司遗址，如今已成一处香火祈福之地，繁华已逝，唯有附近老者们哼唱的"南音"一如当年

泉州，古代中国海上丝路的起点，被誉为东方第一大港，跟埃及的亚历山大港都是齐名的，北宋元祐二年（1087），福建市舶司这个专门用来管理对外贸易的机构就被设在了泉州港。北宋翰林学士李邴曾有诗云，"涨海声中万国商"，可以想见彼时泉州港船舶绵延千里海面，万国齐聚、商旅纵横的繁华景象。

在对外贸易中，香料贸易又是重中之重，海外舶来的香料登陆福建都必经泉州港，而作为泉州知府的叶廷珪，自然就有了近水楼台先得月的条件。

古代的信息交流是极为不畅的，尤其是对于远方的香料来说，哪怕是知名的香学大师，也很难搞清楚香料的具体来源，要么靠口口相传，要么靠前人的著作进行推测，很难有确凿的证据。但对于叶廷珪来说，这件事就变得很简单了，因为所有的进出口货物都要报关，货物从哪里来，销往哪里去，都有着明确的记录，所以一时间这天下香料都要过叶廷珪的眼。

再加上叶廷珪这个人自幼就对奇闻轶事特别感兴趣，他当然不会放过这样一个千载难逢的机会，于是便有了另一部著作《南番香录》，以一个当时非常博大的世界观，以一种很高的准确性，详细记录了各色宋代舶来香料的真实情况。

其中关于沉香的来源，叶廷珪就在《南番香录》中给予了明确的说明。"沉香所出非一，真腊者为上，占城次之，渤泥最下"，意思是沉香不是从一个地方来的，它来自于很多个不同的国家，在这些国家里，真腊的沉香是最好的。今天我们通常认为真腊就是柬埔寨，但实际上真腊王朝的地域范围要比柬埔寨大得多，彼时近半个东南亚半岛都在它的版图之内；其次是占城的，也就是今天越南中南部的沉香；最差的则是渤泥，也就是今天东马来西亚包括文莱这些地区。这就是叶廷珪对北宋时期海外沉香的一个基本评价。

当然叶廷珪所谓的差和好，更多的是根据舶来沉香的价格、产量以及当时市场对于香气的认可程度来综合评价的，具有时代意义上参考价值，但却并非是绝对的，也就是说我们不能武断地认为越南沉香就一定比柬埔寨沉香差，而所谓"最下"的文莱沉香中其实也有着非常优质的品种，关于这一点我们在研读古籍时需要特别注意。

为何不同产区的沉香会存在品质上的差异呢？因为沉香是热带产物，能结香的最高纬度就是中国的东南沿海一带，这是一个临界点，再往北就没有这个物种了。而临界点上的产量一定是最小的，越往南，越往热的地方去，产量就越大。

可以思考一下，为什么热带雨林里的植物都长得特别茂盛呢？因为那里有充沛的阳光雨露和稳定的温度湿度，没有明显的四季变换，更没有寒冬休眠。而北方山林里的树木则大多是枯瘦型的，为了避免蒸发、保存水分，叶子通常也都很小，养分会首先被用来维持生存，而不是肆意生长。包括水果，热带的水果品种丰富、甜蜜多汁，而北方水果则相对品种单调、口味干涩，譬如"橘生南为橘，橘生北为枳"也是这个道理。

对于沉香来说亦是如此，鹰香树一定比蜜香树长得快长得壮，蜜香树一定比莞香树长得快长得壮，因此结香的速度也不一样，由南向北逐渐递减，导致沉香的产量也是向北递减的。物以稀为贵，产量首先就决定了沉香的稀缺程度，越稀缺的当然价格越高。

除了稀缺性，沉香的品质更是关键所在。由于沉香是慢慢凝结而成的，这个过程类似于白酒的窖藏，酒是陈的香，岁月才是最好的催化剂，因此越慢的结香过程就意味着越长的醇化过程，最终的沉香品质也就越高。

最终，当产量与质量二者叠加，就出现了不同产区沉香之间的差异。

在宋人蔡绦《铁围山丛谈》里，关于沉香的产地又有了进一步的记载。

> 香出占城者不若真腊，真腊不若海南黎峒，黎峒又以万安黎母山东峒者冠绝天下，谓之海南沉，一片万钱。

这段记载把中国海南岛的沉香也列入了比较范围，黎峒是指黎族的聚居地，古代南方的少数民族很多都生活在山洞里，故称为"峒"，到了宋代"峒"就成了一个基础的行政单位。在黎峒之中，又以万安黎母山的沉香最好，书中用了"冠绝天下"四字来形容其品质，又用"一片万钱"来形容其价值，可见它独步天下的地位。

纵观古人对于沉香的分级，大体上跟我们今天对沉香产区的商业分级类似，但这些好与次，似乎只与沉香的价格、产量有关，那么在香气上它们之间真的存在很大的区别么？对于这个问题，我们先来看《香乘》中古人的理解。

《香乘》录入了范成大《桂海虞衡志》中的记载。范成大是南宋名臣，也是一代文豪，他曾在广西任职，而广西是和越南接壤的，彼时的广西钦州就是越南沉香的集散地之一，从那里出来的沉香也被称为"钦香"。类似于叶廷珪的职务之便，范成大也记录了各色香料的情况，其中对于海南沉香他如此说："大抵海南香气皆清淑如莲花、梅英、鹅梨、蜜脾之类，焚博山，投少许，氛翳弥室，翻之四面悉香，至煤烬气不焦。""清淑"就是很清澈，这是一个总体感受，说明几乎没有杂味。细品之下，香气却并不是单一的，其中有莲花和梅花的花香气，也有鹅梨、蜂蜜的香甜气，是一种复合而多变的味道。只需要投入一点点到博山炉里就会芳香满室，且持续性很强。直至最后连炭火都烧尽了，香气依然没有焦煳的味道。这段描述十分准确地描述了海南沉香的香气特征。

那么舶来沉香与海南沉香的香气到底有什么区别呢？范成大继续说："舶香往往腥烈，不甚腥者气味又短，带木性尾烟必焦。"意思是舶来沉香的香气往往不够清澈，过浓且有腥味。当然这里的"腥烈"并非是指鱼腥味，而是指香气不够纯粹、杂味较多之意。此外持久性也不够好，尾烟带有木头燃烧时的焦味，这实际上就是油脂含量不足所导致，油脂挥发完之后炭火自然会开始燃烧木质部分，故而烟火气重。

这里需要特别说明的是，在不同的时代，人们对于香气的嗅觉审美也是不同的。比如宋人普遍认为海南沉香的香气最好，因为"清淑"二字同时也是整个宋代的文化特征；但到了明代，明人又开始转向，认为越南中南部的沉香香气最好，因为更加富有果香蜜意，比宋人的口味明显偏甜了一点。而今天人们对于沉香的喜好则更加分化，有人喜欢清雅的，有人喜欢浓郁的，还有人则对药香气情有独钟。

无论对香气评判的结果如何不同，评判的标准却是亘古未变的，我们依然可以总结一下评判沉香香气的几个标准：一是香气本身是否足够纯正；二是香气是否有足够的变化；三是香气的持久性和扩散性如何；四是香气的尾香部分是否会产生焦煳味。这四点，我们可以在品鉴一款沉香时多多体会。

13. 惠安与星洲的派系之分

沉香被称为众香之王，除了它的结香缓慢、产量稀缺、价格高昂之外，它的香气在众香之中是否真的无与伦比？它被尊为王者，究竟还有没有其他的原因呢？

很多年前我在刚刚接触合香的时候，曾经做过一个试验。我把当时能够收集到的几乎所有的合香材料都集中到了一起，然后把这些香材分门别类，作为单方香料依次点燃，品闻香气并逐一做好记录。这个试验的目的就是我需要知道哪些香材是不适合直接燃烧的，或者说燃烧效果不好的，那么它也就不适合来作线香、盘香、印香等需要明火点燃的香品原料。

我列了一个表格，把试验的结果分为三类：一是好闻；二是有香气但不好闻；三是难闻，这是一个简单明确的香气划分。但试验的结果却大大出乎了我的意料，在一百多种香材里面只有不到二十种的香材可以被归为第一类，也就是单方香材直接点燃就很好闻的。也就是说剩余超过 80% 的香材都不能直接点燃，不是烟味过大，就是杂味过多，或者直接就是呛人、刺鼻。

试验结束后，我认识到一个问题，这大千世界纵然有着无穷无尽的芳香物质，但并非都是可以承受高温的，尤其是明火的燃烧。只有极少数的材料可以在高温的条件下依然保持特有的芳香。

第一类中都有哪些香材呢？简单来说，富含油脂的材料往往可以胜出。比如沉香、檀香、崖柏、降真香之类油脂含量高的木质香料；还有本身就是脂类的香料，像乳香、榄香脂、苏合香等；再有就是富含油脂的果实、草本类，比如柏子、茅香、艾草、鼠尾草等；当然还有极少数的动物香料，像麝香、龙涎香等。而大部分生闻时觉得很好闻的香材却并不适合点燃，举个最简单的例子，玫瑰是十分讨喜的花朵，花香清幽宜人，用玫瑰萃取的精油、纯露在化妆品、洗护用品等各大领域被广泛应用。但是如果把玫瑰直接用明火点燃的话，我们就会发现所有的香气都不见了，剩下的只有烟，而且是呛人的烟。

玫瑰的香气去哪儿了呢？在超高的温度下迅速挥发掉了。因此持久的玫瑰香气是需要依靠提纯萃取技术来获得的，但这项技术在古代中国并不存在。比如在南唐后主李煜的香方中，沉香曾被浸泡在蔷薇水里，而蔷薇水就是玫瑰香水，确切地讲是玫瑰露与玫瑰油的混合物，但中国并无此物，必须由大食国进口而来。

于是极少数可以承受高温、不需要去提纯萃取就能够直接使用的香料，当之无愧地成为了中国古人所追捧的对象，而其中的沉香，无论是从点燃后香气的纯净程度，还是香气的扩散性、留香的持久性来说都是首屈一指的。因此"众香之王"的这个称号古已有之，并不是今人因为稀缺性和高价格而刻意去附会的一个称号。

除了直接点燃，沉香也非常适合热熏。唐宋时期隔火熏香开始流行，人们突然发现沉香热熏起来更加美妙，因为隔火的温度较低，延长了沉香油脂挥发的时间，且完全没有燃烧木质部分的烟气，而在纯净的香气中又有更多层次的气味被辨别了出来，比如范成大所云的"梅英、鹅梨、蜜脾之类"。

在香气的功用方面，沉香也是与众不同的，它的效果很直接，也很易于使用。沉香香气具有非常好的宁神功能，它不像檀香，如果是新料，醇化时间不够就会有燥气存在，需要炮制后才能使用，而沉香是不需要的，它天生可用、自然纯粹；再说驱虫，古代的文人雅士特别担心的一个问题就是他们的书本、木器会被虫蛀损坏，那么最好的办法就是在书房里燃一块沉香，沉香油脂充分挥发之后就会附着在房间的器物上，形成一层香气保护膜，数十年间，百虫莫近。此外沉香还有各种医学方面的疗效，便不再赘述了。

以上就是"众香之王"称号的由来，沉香的地位在古人心中如此，在今人心中亦是如此，亘古未变。

但随着时光前行，总有一些新的东西会陆续出现，比如中国古人对沉香产地的划分在今天来看的确有些太过粗糙了，因为沉香的产地远远不止真腊、渤泥、占城这些国家。当然，对于古人狭小的世界观而言，这已经很不容易了。

由于今天我们对于世界的了解早已细如毫发，沉香的产地已经精确到了某个国家的某个省、某个城市，甚至是汪洋中某个具体的岛屿，这就让聪明的商人们意识到，如果将沉香的产区再次进行细分，然后进行差异化销售，就能获取更大的利润，因此便产生了当今世界的沉香分级，也被称为"商业评级"。

今天的沉香主要被分为两大系，一个叫惠安系，一个叫星洲系。

先说惠安系，惠安（音译，今多译为"会安"）是越南的一个重要港口，也就是今天的会安古镇。这个港口不仅是一个海港，它还是图本河的入海口，图本河流经越南盛产沉香的广南省，大批香农就把采集到的沉香通过这条河送至会安，久而久之就让会安成为了一个沉香的集散地。接下来越南沉香又通过海洋航道从会安流向了全世界，所以会安在古代越南的地位相当于中国的上海，也被称为"大占海口"，这个"占"就是占城的占，所谓"沉香出占城者"就可以理解为从这里输送出去的沉香。

因此从古老的历史来看，惠安系的概念其实很小，就是越南中南部广南省的这个范围，和海南岛的大小差不多，这里的沉香是越南香中的极品。但是随着时间的推移，随着各国之间的交流日趋频繁，惠安系的概念开始扩大了，它所代表的范围远远超出广南省，甚至超出了整个越南。简单来讲，只要是在惠安港集散的沉香，不论它来自哪里都被统一划分为惠安系，比如柬埔寨的、老挝的、泰国的、缅甸的，或是金三角区域的等等都一并归于惠安系。

为什么要这样笼统地划分呢？有人说是因为香味相似，在总体上具有共性，但我不认同这个观点。我们来看看世界地图，惠安港这个地方刚好位于东南亚半岛的中心位置，各国距离这里都很近，而且有水路相连大大减少了运输成本，各路沉香自然不约而同地汇集过来，再加上"占城香"自古以来就鼎鼎大名，不管什么香只要拿到这

祥和安宁的会安古镇

里来卖，售价都要高上一筹，这种"蹭热点"或者叫"贴牌"的销售模式至今都十分好用。因此我们今天所说的惠安系，已经彻底成为了一个地理概念，而不是香味的概念。当然如果你的嗅觉特别发达，经验特别丰富，也是有可能从混杂了各种沉香的所谓"惠安沉香"中辨别出最为古老的广南沉香的。

再说星洲系，星洲就是新加坡。继续来看地图，我们会发现新加坡所处的位置也非常重要，扼守马六甲海峡，控制着东方通往西方最关键的一处航道，堪称"咽喉之地"。因此像马来西亚、印度尼西亚、文莱等这些岛国，想要把产出的沉香输送出去，尤其是要卖到西方世界去，新加坡这个港口就无法被回避，于是它自然成为了沉香的另一个重要集散地。

如果说惠安系沉香主要是指东南亚半岛的沉香，那么星洲系就是指半岛以南，南海诸岛上所产的沉香。因此星洲系和惠安系一样，在今天都代表了一个大的地理范围。

除了"惠安系"和"星洲系"的两大划分以外，其实还有一个派系是独立于两者之外的，那就是中国沉香。中国沉香的产地大约就是两广、海南岛以及云南的部分地区，比如西双版纳与缅甸交界的山区等。在古代中国，这些沉香通常会在东莞进行集散，然后再通过香港输送到世界各地，这也是"香港"得名的原因。

当然如今也有一种观点，把中国沉香也纳入了惠安系之中，但我个人认为这是不太妥当的，因为如果我们继续从港口集散的角度来看，大部分的中国沉香是不需要经过惠安港的，中国沿海有的是贸易昌盛的大港口，尤其像海南沉香这种高端的品种，再转去惠安港集散岂不是自降身价了么？因此把中国沉香单独拿出来做一个独立的派系应当是更加合理的。只是很可惜，由于中国沉香原本就产量极小，再加上历年的采伐无度，今天已经很少有野生的中国沉香了，大部分都是人工种植的。

综上所述，今天所谓"派系之分"的背后依然离不了商业的影子，分门别类多半不是为了学术研究，而是为了让沉香变得更加"标准化"，这样才能差异定价、精准推广和销售。

因此接下来我想聊一聊的是，如果抛开一切价值、价格、商业目的等束缚，仅从一个制香师的角度我们应该如何来看待沉香的分级。

首先，对于一切的香气，我从来不认为有明确的好坏之分，包括沉香。讲一个小故事，我曾经拿一块上好的沉香和一枚合香香丸给不同的朋友去品闻，这些朋友有一个共同点就是完全不懂香，对于沉香也仅仅是有所耳闻，并不知道沉香究竟是什么东西。结果就很戏剧性，有一半的朋友更喜欢香丸的味道，他们觉得沉香并不好闻，这是他们的第一反应。而我认为这种反应是最为真实的，因为当我告诉他们，刚刚你们不喜欢的那块"木头"是沉香，它是众香之王，它有多么昂贵的时候，他们的立场一下子就开始动摇了："哦？！原来那东西就是沉香啊，那得再闻闻……"

而他们最开始选择的香丸，实际上就是前文所说的"小四和香"，是用荔枝皮、甘蔗渣、梨渣做成的香丸，至少从价值的角度上来说，这枚香丸和沉香真是天差地别。

有的人可能要责骂我了，说你给不懂香的人闻沉香，这不是暴殄天物么？他们当然闻不出个好坏了，好香就是要给懂的人闻！

事情真的是这样么？我觉得不是。一款香气的好坏，一定不是建立在你懂或是不懂的基础上，甚至说你越是不懂，越是没有先入为主的概念，你的感受才最为真实。当你被铺天盖地的说法给洗了脑，被动辄几十万、数百万的高价所折服，实际上在潜移默化之中，你已经忘了你鼻子的初衷了。就像苏东坡的"且令鼻观先参"一样，只用鼻子去感受，而不要受到外界的任何影响，这才是品香的最高境界。

因此对于诸如各个产区的沉香香气有什么区别，哪些好，哪些不好，哪些卖得贵，哪些卖得贱等这些问题，我通常都是不予回答的，除非你是沉香行业的从业者，站在历史考证、学术研究的角度去探讨这些问题，那就另当别论了。

而对于普通的香文化爱好者而言，这些所谓的好与坏、贵与贱，根本就不重要。尤其是对于希望学习制香的朋友们来说，最好的材料也不见得就是最好的搭配，所以我常说一句话就是："香气没有好坏之分，香料也没有贵贱之分，你喜欢的，适合你的，就是最好的香。"

14. 沉香野史与传说

《香乘》中的第一个故事就与沉香有关，题为"沉香祭天"，里面就提到了一个很奇葩的皇帝——萧衍。他是南北朝时期，南朝梁的开国皇帝，谥号梁武帝。

> 梁武帝制南郊明堂用沉香，取天之质阳所宜也。北郊用土和香，以地于人亲，宜加杂馥，即合诸香为之。梁武祭天始用沉香，古未有也。

故事说的是萧衍即皇帝位的时候，举行了一次盛大的祭典，仪式分为两部分，祭天与祭地。在京城南郊有一座明堂，明堂又称"天子之庙"，是皇家祭天祈福的地方，比如北京的天坛祈年殿就是古代明堂的形制。明堂修建在南郊是因为南方阳气最盛，适合祭天。按照规矩，仪式之中是一定要焚香的，而萧衍就在所焚香料上有了创新，他认为沉香至阳至纯、高高在上的品性与天十分契合，用沉香来祭天最为合适。接着他又跑到北郊来祭祀大地，他觉得大地与人最亲近，大地上有万物生长，有人间烟火，充满了各种各样的香气，因此他选用掺杂了泥土的合香来祭祀大地，取其混合多样的特性。

这则故事看似简单，地位却很高，因为在梁武帝之前从未有人用沉香来祭过天，萧衍是当之无愧的沉香祭天第一人，所以在《香乘》里萧衍也就跟着众香之王一起率先登场了。

萧衍在中国这么多的皇帝里面，名气不算太大，但是要论能力我想绝对是榜上有名的。首先他是一位开国之君，但凡能开国的皇帝，基本都是超级人精，而他的厉害之处就在于，几乎具备了所有开国之君的优点于一身，综合能力很强。

比如善战，这是第一要素，不然也没法颠覆前朝的统治，萧衍就是凭借一路的战功赫赫获得了前朝的大权，最后取而代之；比如勤政，萧衍吸取了前朝灭亡的教训，日理万机、夙夜不懈，在开国之初就取得了非常显著的政绩；再比如节俭，萧衍常年布衣素食，"一冠三年，一被二年"，对于大酒大肉也没有兴趣，清粥小菜足矣。此外他还十分自律，从五十岁起就不近嫔妃了，一直把禁欲坚持到了寿终。这样的一位皇帝，既不荒淫，也不奢靡，那么除了勤于政务以外，业余时间他都在干吗呢？萧衍就把剩下的时间用在了钻研学术上面，他的一生还留下了众多传世的著作。

只可惜人无完人，越是看似完美的人，往往越是有些怪癖，萧衍到了晚年就做出了一些匪夷所思的事情——出家。

萧衍不只出过一次家，他总是一时兴起就出家当和尚去了，没有征兆，也没有后续的安排。萧衍第一次出家只当了四天和尚就被群臣给请回来了，因为国不可一日无君啊，大家都劝他要以国家大事为重，他才无奈之下还俗回朝。但他一回来就大赦了天下，连国号都改了，仿佛四天之间看破了很多红尘俗事。然而还没安稳多久，他就越想越觉得不对劲。因为按照当时寺庙的规矩，僧人还俗是要给寺庙捐一些钱的，那既然老百姓还俗都要捐钱，皇帝还俗又怎能不捐钱呢？所以他又一次跑去当了和尚，庙还是上次那个庙，只是这次他说什么也不回来了。

大臣们很着急，一起跑到庙里求他回宫，高呼"皇帝菩萨"，但萧衍死活不从。终于有个聪明的大臣猜透了他的心思，这是要给钱才能为皇帝菩萨赎身啊！结果给寺庙捐了一万万钱，也就是一亿钱，这才说动萧衍还朝。

有了第二次就有第三次，没过多久萧衍又一次出家了，这次赎身的费用更高，两亿钱。都说事不过三，但在萧衍这里偏偏还有第四次，这次的赎身费又是一个亿。总之前前后后为了把皇帝菩萨给请回来，捐了四个亿给寺庙，把国库都折腾光了。

当然萧衍对出家并非是持有一种玩世不恭的态度，也并非是闲着无聊想去体验别样的生活。他一生精于学术，对于宗教哲学有着深刻的理解，也写下了许多与佛学相关的著作，而他之所以反复无常地出家与还俗，恐怕正是他身为一国之君的万般无奈了。

萧衍晚年热爱佛教也是有原因的，除了因为杀戮太多想要赎罪以外，还有一个原因就是萧衍发现传统的儒家学说已经在他的心里彻底崩塌了。儒家主要就是倡导忠孝，但他发现自己既不忠也不孝。一是因为他是前朝旧臣，而且还是皇室宗亲，相当于是篡位的，这就是不忠；二是他自己家里还有一堆破事，弟弟、儿子、女儿都在各种纷争之中相继故去了，而在古代没有照顾好家人就是不孝。既然忠孝都没有了，儒家信仰也就没有了，恰逢佛法降临，萧衍便一心归了沙门。

说完萧衍，再说另一个皇帝马希范。马希范名不见经传，他是五代十国时期南楚的君王，在历史中是一个奢靡之君的形象。

《香乘》中记载了一则关于他的故事，题为"沉香为龙"：

> 马希范构九龙殿，以沉香为八龙，各长百尺，抱柱相向，作趋捧势，希范坐其间，自谓一龙也。幞头脚长丈余，以象龙角。凌晨将坐，先使人焚香于龙腹中，烟气郁然而出，若口吐然。近古以来诸侯王奢僭未有如此之盛也。

相传马希范盖了一间九龙殿，门窗是用金银做的，墙壁用朱砂来涂抹，殿内春夏季节用席子铺地，冬天则用棉花铺地。最夸张的是马希范用沉香雕刻了八条龙，每一条都身长百尺，顺着殿内的柱子盘旋而上。

为什么只有八条龙呢，九龙殿不是应该有九条龙么？因为马希范自己坐在了这八条龙的正中间，他就是那第九条龙，暗合"九五之尊"。仅用沉香雕龙还不够，马希范还让人在龙的腹中焚香，说明这些沉香龙还是空心的。香烟穿过龙腹，从龙口中徐徐而出，就像龙在喷吐云雾一般，活灵活现。所以说他虽然奢靡，但要活在今天，应该是个不错的设计师，想法很有创造性。

说完这两个奇葩皇帝，再来说一个土豪，他叫石崇，字季伦，是西晋时期的巨富。《香乘》上关于他的故事题为"屑沉水香末布象床上"：

> 石季伦屑沉水之香如尘末，布象床上，使所爱之姬践之，无迹者赐以珍珠百琲，有迹者节以饮食，令体轻弱故。闺中相戏曰："尔非细骨轻躯，那得百琲珍珠。"

话说石季伦特别会玩，他把沉香削成粉屑撒到象牙床上。古代的象牙床不是直接拿象牙做的床，而是镶嵌了象牙作为装饰的眠床或坐榻。接着他让爱妾们赤脚踩在床上，如果能够不留脚印的，就赏珍珠一百串，如果留下足迹了则要接受惩罚，惩罚的手段就是缩减饮食供应，因为石季伦认为是身体不够轻盈才导致留下了足迹。此事传了出去，一时间闺中女子们皆把这个故事作为调侃的谈资，戏称如果没有细骨轻躯，是得不到那百串珍珠的。

关于石季伦，《香乘》中还记载了另一则故事题为"厕香"：

> 刘寔诣石崇，如厕见有绛纱帐、茵褥甚丽，两婢持锦香囊。寔遽走即谓崇曰："向误入卿室内。"崇曰："是厕耳。"

又王敦至石季伦厕，十余婢侍列，皆丽服藻饰，置甲煎粉、沉香汁之属，无不毕备。

石季伦把家里的厕所装修得极为豪华，在厕所里准备了各种甲煎粉、沉香汁来让客人们洗手，还有十多位衣藻华丽的女仆提着香囊，排成队站在厕所门口，迎接客人们如厕。以至于刘寔走到厕所门前不敢进去，以为走错了地方，回来后还不好意思地对石季伦说，抱歉抱歉，我刚刚误入你的居室了。

而当客人如厕完毕之后，女仆还会将客人的衣服脱下来，让其换上新衣服才准离开，旧衣服就直接丢掉了，因为嫌弃有臭味。由于整个如厕的流程实在是太过隆重，搞得很多客人在石季伦家里都不敢上厕所了。

再说一个关于沉香的民间传说吧，《香乘》上的记载题为"沉香烟结七鹭鸶"：

有浙人下番，以货物不合，时疾疹遗失，尽倾其本，叹息欲死，海容同行慰勉再三，乃始登舟，见水濒朽木一块，大如钵，取而嗅之颇香，谓必香木也，漫取以枕首。抵家，对妻子饮泣，遂再求物力，以为明年图。一日邻家秽气逆鼻，呼妻以朽木爇之，则烟中结作七鹭鸶，飞至数丈乃散，大以为奇，而始珍之。未几，宪宗皇帝命使求奇香，有不次之赏。其人以献，授锦衣百户，赐金百两。识者谓沉香顿水，次七鹭鸶日夕饮宿其上，积久精神晕入，因结成形云。

一个江浙商人出海经商，结果运气不好赔了个血本无归。他执意跳海自杀，好在同行的人再三劝阻，才让他放弃了寻死的念头。正要登船的时候，他突然看见水面上漂来一块朽木，跟钵一样大。他捞起来闻了闻，发现有香气，一定是块香木了，他觉得这个大小如果拿回去当个香木枕头倒也不错。回到家里，他看到妻子便嚎啕大哭，可生活还要继续啊，于是抖擞精神、收拾残局，准备明年东山再起。可是有一天，邻居家不知怎么了，传出阵阵臭味。他就让妻子把香木砍下一块来焚烧，净化一下空气，结果顿时香气四溢。更为神奇的是，燃烧香木冒出的青烟，竟然化作七只鹭鸶盘旋升空，飞到数丈高的地方才缓缓散去。他大为吃惊，方才知道这香木的珍贵。恰好，皇帝正遣使四处寻找奇香，他就把这块香木献了上去，皇帝大喜，授他"锦衣百户，黄金百两"，从此他便飞黄腾达，再也不用做生意了。后来这件事传为佳话，有识者就说，那块香木其实就是一块沉香，常年漂在水上，有七只鹭鸶在沉香上栖息露宿，日子久了，鹭鸶的精魄进入沉香之中，因此燃烧时才幻化出了鹭鸶的形象。

　　这当然是一个虚构的故事，但我们依然可以从中看出，在古代中国，沉香绝不仅是一种香料，对于君王它象征着身份与地位，对于百姓则象征着难以企及的财富，而无论是谁得到它，都是一种无比的幸运。

　　沉香故事何其多，我们点到为止。

"虫漏"沉香，天然形成的沉香山子摆件

番外篇：奇楠"奇"在哪里？

在沉香之中，还有一个绝世而独立的品种叫作"奇楠"。但在学术界，对于"奇楠"究竟该如何定义，至今依然存在很大的争议，而关于它与普通沉香之间的区别也是众说纷纭。

通常我们会认为，奇楠就是一种非常高品质的沉香，富含油脂、香味独特，是沉香中的极品。但这种解释太过宽泛，没有一个具体的标准，加之奇楠的确珍贵，能够上手品鉴的机会也比较少，这就让人们越来越觉得云里雾里、遥不可及。因此先来说说我自己对于奇楠最直接的感受。

先说手感，我经常会切割沉香，用来合香或单独熏焚，切普通沉香的时候，像是在切一种比较软的木料，类似于削铅笔，虽然软，但能够明显感觉到它还是木质的。但在切奇楠的时候，我会觉得是在切蜡烛。可以想象一下这种感受，锋利的刀刃遇到软腻的蜡，油脂一下就把刀锋给包裹住了，随着刀锋的前行，碎片像蜡一样卷曲起来，并不会成为粉末。如果用手去揉捏这些碎片，会发现它们就像橡皮泥一样，可以轻易地改变形状，这就是古书中记载的："削之自卷，咀之柔韧者。"这种真实的触感就证明了奇楠与普通沉香的一个基本区别，奇楠的木质部分已经很少了，绝大部分都是油脂构成的，因此把奇楠碎屑放进嘴里，片刻之间它就会融化掉，除了留下满口的香气以外，几乎没有什么残渣，同时舌尖上还会有些微麻的感觉。

当然这种手感也只能说是在大部分的软丝奇楠上有所体现，还有一些比较特殊的奇楠品种，比如被泥土掩埋的奇楠，在经过千百年的醇化之后已经变得脆硬了，像化石一样不再具有黏性，这种奇楠的香气更是无与伦比。

再来说说香气，奇楠之奇，主要还是奇在它独特的香气。香气是很难用语言去形容的，尤其是沉香这种多变的香气。因此我只能说，第一，奇楠香气的变化要比普通沉香更为复杂，更加难以捉摸，所谓的前中后调往往不足以形容奇楠的变化；第二，奇楠的香气会令人难忘，"难忘"这个词通常在形容嗅觉感受的时候很少用到，但奇楠的香气的确会让人难以忘怀。还有一个词叫"醍醐灌顶"，形容一种清凉感在刹那间直入脑门，让人觉醒，我想这个词用来形容奇楠的香气也非常合适。因此在品闻奇楠很久以后，每当回忆起来，这种嗅觉感受都会在脑海中重现，因为这种记忆实在是太深刻了。

那么是否意味着，只要是有着超高油脂含量和拥有让人难忘香气的沉香，就一定是奇楠？至少在学术界看来，这种感官上的判断并不理性，科学是要讲究证据的。因此学术界对于奇楠的定义有着很多种不同的声音，主流的大概有两种。一种叫树种说，认为奇楠并不是在常规的沉香母体树上结香的，而是结香自另外一种也属于瑞香科的树种，但究竟是什么树，目前暂无定论，也许未来的植物学家会给我们一个确切的答案。

另一种叫菌种说，菌是指真菌，指奇楠的生成过程跟普通沉香不一样，它需要另外一种偶然的力量干预，这种力量可能来自于很多地方。这种说法，实际上并非是今人的研究发现，在《香乘》之中就有摘自《华夷续考》的记载：

奇南香品杂出海上诸山，盖香木枝柯窍露者，木立死而本存者，气性皆温，故为大蚁所穴，蚁食蜜归而遗渍于香中，岁久渐浸，木受蜜香结而坚润，则香成矣。

"削之自卷"的越南芽庄白奇楠碎末

意思是奇楠香大多出产于海外岛屿，母体需要具备两个条件，一是枝干上有孔洞，二是树木看起来已经死了但还没有死透，这里的"本存"可理解为树木的根基还活着。这样的树木显然很适合蚁类来筑造巢穴，蚁类吃了蜂蜜后回到巢穴，又排出了含有蜜糖成分的分泌物，分泌物与结出的沉香混在一起，久而久之就把沉香变成了奇楠香。这就是古人的一种理解。

因此这种受到虫蚁所分泌出的特殊液体或是蜂蜜的浸染，又或是受到某些真菌感染所结出的香，与普通沉香相比它的形成就要更加复杂，也更具偶然性，这就是所谓的"菌种说"。

"树种说"与"菌种说"从生成的角度对奇楠进行了释义，这两种学说也各有各的拥护者，相信在将来的某一天，科学终会给我们一个真相。但就目前而言，对于奇楠的判断我更相信我的嗅觉，因为在多年的品香生涯中，各色沉香的香气我已十分熟悉了，某一天当我闻见一缕不同寻常的沉香香气时，我便会知道是奇楠来了。这种能力没有任何技法可言，仅仅是长期进行嗅觉锻炼的结果。

再来说说奇楠香的分类，今天的商业分级通常会把奇（棋）楠香分为白棋、绿棋、黑棋、黄棋、紫棋等，很显然是按照香的颜色来进行区分的，至于这种种颜色所对应的香气区别，或者说哪种贵一些，哪种便宜一些，也总是公说公有理，婆说婆有理，并无定论。商业分级我们前面讲过，主要还是为了分门别类地卖个好价钱，奇楠香也是一样。

但这种分类的方法实际上也是源于古人的理论，只是古人所考量的并不仅是香的颜色，而是更偏重于香的整体状态。我们可以来看《香乘》中古人对于奇楠香的分类：

> 其香有绿结、糖结、蜜结、生结、金丝结、虎皮结。大略以黑绿色，用指掐有油出，柔韧者为最。

其中"绿结"与今天的意思相同，是整体偏绿或绿多黄少的色泽，其中又以"黑绿者"，也就是墨绿色的，而且用手掐就能掐出油来的最好，今天称之为"绿棋"。

我所见过的绿棋，外观上的确是有些泛绿色的，仔细观察会发现这种绿色来源于油脂的色泽，并非普通的黑色，而是在黄绿之间，因此从表面上看起来似乎结香程度并不是很好。但上炉之后，会有明显的"醍醐灌顶"之感，并掺杂着淡淡药香，是让人一闻难忘的香中极品。由此也可以再次证明，沉香不是外表看着越黑就越好，这是个误区，不同产区、不同品种都会导致这个结论出现错误，比如奇楠就是个例外。从这一点来讲，坊间传闻看起来像是黄熟香的日本国宝"兰奢待"其实是一块奇楠香，

"黑棋"沉香切面

确是有几分可信的。

　　其他的，比如糖结，古人认为是"木死本存，蜜气凝于枯根，润若饧片者"。"木死本存"即树木虽然死了，但根基还在，"蜜气"是指虫蚁排出的含蜜的分泌物，蜜气凝结于枯木根上，结出的香像糖片一样滋润，谓之糖结，这种奇楠属于上品。

　　而像虎皮结、金丝结，古人认为是"岁月既浅，木蜜之气尚未融化，木性多而香味少，斯为下尔"。意为醇化的时间还不够长或木性未褪导致香气不足的，这类奇楠就略次一些。

　　这就是古今对于奇楠的分类了，有共通之处，也各有区别，当然对于普通的香学爱好者而言，是没有必要来钻奇楠这个牛角尖的，作为一种知识储备大体上了解一下就可以了，学术上的问题还是留给术业有专攻的专家们吧。因此接下来我们与其去空洞地探讨奇楠的辨别，倒不如去了解一下奇楠背后的文化故事，反而更有意义。

　　奇楠的这个名字听起来奇怪，写起来更奇怪。在《香乘》中关于奇楠之名有这样的记载："奇蓝香上古无闻，近入中国，故命字有作奇南、茄蓝、伽南、奇南、棋楠等，不一而用，皆无的据。"意思是奇楠香的叫法传入中国是很晚的事情，除了读音类似之外，写法都不一样，也不知有什么根据。但在今天看来其实很容易理解，显然"奇楠"是一个来自外域的音译词，而关于这个外语的意思，我个人有两种推测，当然仅仅是推测而已。

第一种为"伽蓝"，这是一个佛教词语。前文曾说南北朝的时候，一个叫杨衒之的人写过一本《洛阳伽蓝记》，伽蓝就是梵语"僧伽蓝摩"的简写，在佛教里指寺庙，禅宗有一种说法叫"伽蓝七殿"，意思就是一个完整的庙宇应该有七所殿堂，即佛殿、法堂、僧堂、山门、西净、库房、浴室，因此《洛阳伽蓝记》讲的就是关于当年洛阳城中各个寺庙的奇闻异谈。佛教兴盛之后，香文化也跟着进入了高速发展时期，对于信徒来说，以香供佛，香越好心就越诚，就能得到更多的庇佑与指点，因此"伽蓝香"就被视为一种最好的、最珍贵的、最至高无上的礼佛圣品，这与奇楠本身的稀缺性与高品质也是相符合的。

第二种为"迦南"，迦南涉及另一个宗教，那就是基督教。在《圣经》里，迦南是一个经常出现的地名，读作"Canaan"，也和奇楠的发音十分相似。迦南是犹太人的圣地，大约位于今天的以色列、约旦河这片区域，而《圣经》就是犹太人所写的，因此在《旧约全书》中，亚伯拉罕受上帝之命西迁的圣地就是迦南，也叫"应许之地"和"希望之乡"，传说中这里是一片"流着奶和蜜"的富饶之地。

有人会有疑问，沉香明明是亚洲的产物，跟基督教能有什么关系？实际上沉香在西方也有着崇高的地位。沉香被认为是"耶和华所植之树"，也就是神所种下的树，而神的儿子耶稣在诞生的时候，也有来自东方的三位先知带了三件宝物来朝见圣婴，这三件宝物就是沉香、乳香、没药。耶稣死后，也是用细麻布裹上沉香、没药来下葬的，因为信徒们认为沉香和没药的芬芳会让耶稣死而复生。耶稣的生死都与沉香密不可分，所以它不仅是佛教之宝，也是基督教之宝。

于是第二个推论就出现了，一个传教士不远万里从西方来到东方，他遇到了一种沉香，香味十分美妙香甜，让他想起了心中的圣地，流着奶和蜜的"迦南"。实际上这个奶和蜜的香气感受，的确也和某些奇楠非常接近。所以，他把这种极品沉香称为"迦南香"。

此外还有第三种推论，是目前对于奇楠之名由来的主流分析。这种说法认为这个词是来自于一个古代的越南词"Kalambak"，其中"Kalam"来自于梵语，是黑色的意思，这个"bak"是闽南语中"木"的意思（读作mào），组合起来就是一种黑色的木，再音译过来就是"伽蓝木"。

《香乘》上也有一则摘自《陈氏香谱》的记载，名叫"迦阑香"，其中也说"一作迦蓝木，出迦阑国故名，亦占香之类也，或云生南海普陀岩，盖香中至宝，价与金等"。

"占香"就是占城的香，今天的越南中南部，如今这里也的确是越南奇楠香的主产区之一。包括日本香道把顶级沉香称为"伽罗"，"伽罗"在日本"六国五味"的说法中位列六国之首，也是指的占城这个区域。因此，奇楠之名源于古越南词"Kalambak"也是颇有说服力的。

以上便是我对于"奇楠"之名的一些理解和目前主流的分析了，但都还没有形成确凿的证据，所以真相的出现还有待时日，写在这里仅仅作为一种有趣的文化来供大家了解罢了。

由于奇楠香古往今来都是奇珍之物，古人在使用和贮藏方面也十分小心谨慎，在《香乘》中就有奇楠贮藏的相关记载：

> 倘得真奇蓝香者，必须慎护。如作扇坠、念珠等用，遇燥风霉湿时不可出，出数日便藏，防耗香气。藏法用锡匣，内实以本体香末，匣外再套一匣，置少蜜，以蜜滋末，以末养香，香匣方则蜜匣圆，香匣圆则蜜匣方，香匣不用盖，蜜匣以盖总之，斯得藏香三昧矣。

古人用一个锡做的盒子来藏奇楠香，盒子里要事先放入香末，这个香末还必须是奇楠香本身的碎末，比如做念珠剩下的边角料。锡盒的外面还要再套一个盒子，盒子里倒入上好的蜂蜜，用蜜香来滋养香末，再用香末来滋养奇楠，一环套一环。锡盒里层是不用盖子的，便于蜜、香交互，而外层的盒子则是有盖子的，依然是个密封的环境。盒子的造型也讲究天圆地方，香盒方则蜜盒圆，香盒圆则蜜盒方，可谓是用心良苦。

总之，奇楠是珍贵的沉香品种，虽然这层神秘的面纱我们至今尚未彻底揭开，但于香气而言，这种雾里看花、似是而非的神秘感未尝不是一件好事。真相是什么其实并不重要，享受奇楠的芳香，了解奇楠的文化，足矣！

15. 老山檀与新山檀

我小的时候，家里大人们有时会去外地出差，那是二十世纪八十年代末九十年代初，当时几乎没有旅游的概念，外出基本都是公事，出一趟远门很不容易，回来的时候或多或少要带些特产和纪念品，而我就对其中的一样东西印象比较深。

那是一把用很薄的木片做成的折扇，木片上镂刻着精美的花纹，扇子是有香气的，扇起来的时候香风阵阵。当时大人们就说，这是"檀香扇"。这就是我对檀香的初印象，虽然当时完全不清楚檀香是什么，但就是有一种"不明觉厉"的感觉。

后来上了学，在书本里认识了孙中山先生，得知他十来岁的时候就跟随母亲去了一个叫檀香山的地方学习西方文化，长大后又从檀香山回国领导中国革命。我就越发好奇，檀香山究竟是个什么山，是长满了檀香的山么？一番了解之后才知道檀香山远在夏威夷群岛，位于浩瀚的太平洋中心，而夏威夷群岛跟檀香也的确有着非常深厚的渊源。

总之檀香的名气很大，一说起檀香几乎无人不知，但如果深究起来，檀香究竟是什么？它是产自哪里的？如何分辨真假？又该如何使用？恐怕大部分人就难以说得清楚了。

首先檀香之名来源于古印度的梵语，与佛教息息相关。在梵语中，它被称为"旃檀"即梵语"Candana"的音译，其中的"Dana"就是"檀"，"檀"对应中文的意思就是布施。

"布施"一词早在先秦时期就已出现，《庄子·外物》中有这么一句："生不布施，死何含珠为？"这是在教育那些富有的人，活着的时候不去布施，死了以后就算是口中含着宝珠又有什么意义呢？因此"布施"简单来说就是做好事，行善事。

在佛教中，布施是一种非常重要的修行方式，位居"六度"之首，所谓"六度"就是能把众生渡到彼岸去的六种方法。对于我们普通人来说布施主要是财布施，给予有困难的人一些财物上的帮助，而对于出家人来说布施则主要是无畏布施与法布施，也就是为众生宣扬佛法，消除人们心中的畏惧与恐怖。但在佛法中对于布施这种修行方法还有着更高的要求，被称为"不住相布施"，简单来说就是布施的时候不能心有不舍，也不能怀抱着其他任何目的，必须是一种心甘情愿的付出，不求任何回报，牺牲自己成全他人的善举。而像今天社会上一些打着"慈善"的旗号，实则是为了谋求私利、扬名造势的活动，已与真正的"布施"相去甚远了。

因此在佛教中，布施是一种非常纯粹、高尚的行为，而能与它匹配的香气自然也应该是纯净无瑕，让人心生清静的香气。最终，旃檀成为了最好的选择。佛陀本人就非常喜欢旃檀，《香乘》里记载，"释氏呼为旃檀，以为汤沐，犹言离垢也"。

那么檀香到底是一种什么物质呢？我们都知道中国的四大名香"沉檀龙麝"，这四种香里面的龙涎香和麝香是动物香，沉香虽然结在木头上但它实际属于一种凝脂。因此在四大名香之中只有檀香是木质的，我们可以称它为檀香木，它的来源就是檀香树。

需要特别说明的是，檀科在植物学里是一个大的科目，世界上被称为某某檀的植物共有一百多种。比如大家经常佩戴的一些文玩手串，小叶紫檀、大叶紫檀、绿檀、红檀、非洲黑檀等，它们虽然也叫"檀"，但并不在我们所说的檀香范围内。我们所说的檀香，仅仅是针对香文化范畴里可以作为香料来使用的檀香。

檀香树在中国是没有的，中国南方种植檀香树只是近一两百年的事情。檀香树是一种热带树种，它的原产地主要在印度、印尼、澳洲和南太平洋上的一些岛屿。

先来说说印度的檀香，也就是大名鼎鼎的老山檀。这个"老山"是什么意思呢？大家都听说过"深山老林"这个词，放之印度就是原始热带雨林的意思。这与檀香树的植物特性有关，它是一种半寄生植物，幼苗非常脆弱，不是直接种在土里就能成活的，而是需要寄生在其他树上，比如说凤凰树、红豆树等。所以在古代没有人可以种植檀香树，檀香树都是野生的。再加上檀香树的生长也很慢，通常没有十几二十年根本无法成材，所以深山老林里的原始野生檀香至少在几十年内无法再生。这种珍贵的檀香品种就被称为"老山檀"，老山檀就是檀香中最好的，没有之一。

印度老山檀究竟好在哪里呢？首先是它的生长速度。檀香是一种树，树长得快就意味着木料不够紧实，长得越快质地就越是疏松。因此长得慢的檀香树才具有更好的质地以及更高的含油量，香气自然也越发醇厚。比如在印度檀香里又属迈索尔地区的品质最佳，迈索尔是一座古都，位于印度南部德干高原的最南端，也称迈索尔高原，虽然已靠近赤道却依然气候宜人，即使是夏季也较为凉爽。在低温、少雨、热带季风、高海拔等奇特环境因素的共同作用下，这里檀香的生长速度极其缓慢，从而也沉淀出了印度檀香中的最高品质。

老山檀之所以珍贵，还因为檀香木的另一个特点"十檀九空"，意思就是十棵檀香树里面有九棵是空心的。为什么会出现这种情况呢？有人说是虫蛀的，这是无稽之谈，檀香如果都不能防蛀了那还如何称得上四大名香之一呢？实际上这是野生檀香的生长环境恶劣导致的，树心的养分大量供给了其他部位，导致树心的质地越来越疏松，最后就形成了中空。当然这只是针对野生檀香树而言，如果是人工种植的、生长环境优越的、生长快速的檀香树就不存在这种现象了。因此很多老山檀的雕刻作品都喜欢选择水井、笔筒、竹子这一类中空的题材，实际上也是无奈之举了。

"十檀九空"还不算完，檀香的树皮和边材也是不能用的，因为没有香味。檀香木的横切面结构，从外向内一共有四层，树皮、边材、心材、木髓。木髓多半已经空了，树皮和边材又没有香味，那么唯一可用的就只剩下心材了。因此檀香的成材率极低，砍伐下来的檀香树最后能用的连一半都不到。

诸如以上原因，印度老山檀成为了一种极度稀缺的资源，当然印度政府也不傻，早在很多年以前就禁止了老山檀的出口。如果大家去印度旅游就会收到短信提醒，除了要尊重当地的宗教风俗以外，也不要携带超额的檀香制品出境，否则会有不必要的麻烦。

如此一来，印度老山檀从源头上就断了，而且一断就断了好多年，到今天都没有恢复。有的朋友可能要问了，那不对啊！国内市场上不是还有那么多源源不断的老山檀手串、挂件、雕刻么？难道都是假的？我的回答是，是不是檀香咱不能妄加评判，但这么多美其名曰印度老山檀的，十有八九都不正宗，因为在源头上就已经决定了真品出现的概率。

印度老山檀被禁止出口了，但人们对于檀香的需求却并没有减弱，因此必然要去寻找新的替代品，这里就要说到另外几个产区的檀香了。

首先是仅次于老山檀，也是最容易跟老山檀混淆的一种，它的名字叫东加檀香。"东加"是"Tonga"的音译，全称为"The Kingdom of Tonga"——汤加王国。这个王国位于南太平洋中的一片群岛上，由173个岛屿组成，其中只有36个岛屿有人居住。这里的檀香品质也很好，仅次于老山檀，但毕竟是海岛上的植物，生长速度较快，香气虽与老山檀相仿，但缺少了老山檀独有的清香和奶香，所以东加檀香排行第二。

排第三的应该是澳檀。澳檀是指澳洲本土的檀香，西边的叫西澳檀香，东边的叫东澳檀香。澳檀就比老山檀差得远了，无论是质地还是含油量，又或是香气方面，都有明显的区别。虽然澳檀用来制作一些入门级的檀香饰品性价比还算不错，但在古法合香当中却几乎不用，因其香气燥性很大，且不容易通过炮制来去除。

在澳洲还有一部分檀香叫"雪梨香"，并不是说檀香的味道闻着像雪梨，而是因为悉尼港，悉尼被音译为"雪梨"而已。大量澳洲的檀香以及南太平洋岛屿上的檀香，像汤加、斐济、帝汶岛等，这些在悉尼港集散、贸易的檀香都可以被称为雪梨香，这和前文所说惠安系、星洲系沉香是同样的道理。

最后就剩下印尼檀香了，这种檀品质很差，我个人认为虽然属于檀香，但基本已经脱离了可以入香的范畴了，香味几乎没有，做文玩饰品尚可。因此市面上价格很便宜的，木料的纹理界限很明显的，颜色很浅的，香气不突出的，基本是印尼檀香。以上就是檀香的一个基本的分类。

最后我们来讲讲关于夏威夷檀香山的故事。夏威夷是一个火山群岛，几乎位于太平洋的正中心，无论是距离澳洲、美洲，还是亚洲，都是差不多的距离。因此这个位置很重要，尤其对于航海来说，来往于各大洲的商船几乎都要从这里经过，补充淡水、物资，并把这里作为商品贸易的中转站，这让原本默默无闻的夏威夷在大航海时代开启之后便一鸣惊人了。这样的地理位置对于军事而言更加重要，所以美国早早就把夏威夷纳入了版图。但在1898年之前，夏威夷并不属于美国，它是一个独立的王国。当大航海时代来临之时，恰好这个王国也出现了一个聪明的国王，名叫卡米哈米。

卡米哈米通过来往的商旅得知了很多关于中国的信息，发现中国的有钱人对于奢侈品兴趣极高，象牙、香料、宝石、贵金属之类在中国都十分畅销，且利润可观，这其中就包括檀香。他敏锐地察觉到，檀香这种在夏威夷遍地都是的香木会为他带来享用不尽的财富。

印度老山檀雕成的一对佛手

　　夏威夷开始全力砍伐檀香，再将檀香大量运往中国，于是巨大的利润滚滚而来，从中国那片遥远的大陆涌向这些弹丸大小的岛屿。而岛上的土著们从来没有见过如此多的财富，瞬间就被冲昏了头。他们开始了非常奢靡的生活，据说在岛上建了很多仓库，用来堆放美元和来自全球的各色商品。到后来更加夸张，甚至买了很多军火，想要组建军队来称霸南太平洋，这是多么荒唐的想法。总之整个王国都沉浸在这种空前富足的生活里不能自拔，而支撑他们的就是不断被砍伐的檀香树。但可惜的是，檀香树的生长速度完全跟不上土著们的挥霍速度，没过几年整个岛上就没有檀香树了，而多年砍树导致田地早已荒芜，一旦檀香贸易接济不上，饥荒跟着就来了，死了很多很多人。这一下，夏威夷等于是一夜回到了解放前，王国也迅速衰落了。

　　最后，卡米哈米驾崩，政权开始动乱，在后来的第二次世界大战中夏威夷又因为珍珠港成为了万众瞩目的焦点。总之几经辗转，夏威夷最终成了美国的一部分，名曰夏威夷州。

檀香山之名就是因为这段故事成了华人对夏威夷州首府的通称，但实际上如今这里已经少有檀香了，无节制的砍伐、恶性的破坏，让曾经美好的香气永远成为了历史。

16. 檀香的炮制与特性

深藏于印度深山里的老山檀，由于需求太大、砍伐过度，印度政府实施了常年的禁运，导致这个品种几乎断了来源。于是人们开始寻找老山檀的替代品，诸如东加檀、澳檀、印尼檀等，而这些替代品就笼统地被称为"新山檀"。新与老，只是一个简单的界限，用以区分印度和印度以外的檀香品种，仅此而已。

但在这里我们要探讨的，却是另一个关于新老的问题，那就是檀香的新料和老料。此新老，非彼新老，它与檀香的香气有关。

中医里出现最为频繁的一种症状就是"上火"，诸如咽喉疼痛、嘴巴溃疡、眼睛红肿，类似这样的症状都可以归为上火。上火简单来说就是人体阴阳失衡、内火旺盛，而导致上火的诸多原因之中，除了季节、饮食、作息等方面的问题，呼吸问题也是其一。辛烈的气味，干呛的气味，燥热的气味，也会导致上火，所以制香师们把这类易导致上火的气味称之为"燥气"，而檀香就是天然带有燥气的香料之一。

檀香是直接从树上砍下来的，新砍下来的檀香会带有很明显的燥气。如果用这类新檀香来做成香品，尤其是做线香、盘香、塔香等需要点燃的香品时，燥气就会非常明显，虽然谈不上冲鼻，但它一定不是一种平和、温润、宜人的香气。这种香气闻得多了就会产生一些负面的作用，比如影响睡眠、火旺之症等。

因此燥气是必须要去除掉的，否则再好的檀香品种，哪怕是新砍下来的正宗印度老山檀，也同样不能入香。去除燥气的方法有两种，一种是自然除燥，一种是人工除燥。自然除燥非常简单，找个干燥、阴凉、避光的地方，把新檀香放置在那里就好了，其他什么都不用做，把剩下的一切都交给时间。对于大部分香料的醇化而言，岁月永远是最好的催化剂，它要比其他任何手法都来得天然，因为它不会破坏香料原始的气韵，而是在漫长的时间里，让香料本身发生一些潜移默化的改变。就像沼泽下深埋的沉香一样，那种微妙而又持续的变化是任何人为的手法都无法效仿的。对于檀香亦是如此，时光会让它的燥气逐渐消散于无形。

在经过二十年、三十年，甚至更为久远的自然放置之后，老山檀才会完成它的蜕变，成为我们所说的老山檀老料。新山檀也可以用这种放置的方法来去除燥气，经过这种处理的新山檀则称为新山檀老料，但由于新山檀本身就是一种弥补市场空缺的替代品，一般都不会在它的身上去花费大量时间，因为时间才是最为高昂的成本。

但如果制香师们都用自然醇化的老山檀老料来入香的话，做出来的香就是天价了，这是极不现实的一件事情。于是就要用到另一种人工除燥的方法，这个过程被称为檀香的炮制。

炮制檀香的方法有很多，我的方法仅仅代表一家之言。首先新檀香要用茶水浸泡，但茶是有讲究的，我们要尽量避免用茶味明显的茶。比如一些半发酵和发酵茶，像乌龙茶、小种红茶等，过于明显的茶香会干扰到檀香本身的气味。相对来说绿茶中的某些品种，例如十大名茶中的西湖龙井、黄山毛峰，这类芽尖绿茶，香气清幽淡雅，留香不会持久，更适合来浸泡檀香。还有一种茶当为首选，就是腊茶，这是一种以蒸青绿茶为基础的团茶，只可惜这种流行在唐宋时期的制茶工艺如今已不多见了，关于腊茶我会在后面的章节里具体来说。

《香乘》记载，"茶水浸泡一宿，木料大者则多浸一日，取出后阴干"，浸泡时间不需太久，小料一夜，大料两夜，而后阴干，注意不是晒干。阴干之后再视情况而定，某些燥气很大的檀香品种，还需要继续炮制，比如用米酒、蜂蜜、龙脑等材料混合为溶液，再次浸泡数日，取出后以文火翻炒直至干燥。

经过炮制之后，新檀香的香气会明显变得柔和起来，与其他香料的融合也变得更为顺畅，不会有太抢眼、太明显、压制其他香气的现象出现。而品闻这种去除了燥气的檀香，才有真正意义上"静心宁神""禅定入境"的效果。

说完檀香的香气，再来说说檀香的木性。檀香是有大料的，因为它本身就是树木，但大部分人一定想象不到一块檀香究竟能有多大。在北京雍和宫，有一尊巨大的弥勒佛像，仅是地上的部分就高达18米，地下还埋了8米，通高26米，而这尊大佛的主体部分就是用一根完整的檀香木雕成的。

雍和宫是康熙命人建造的，建成以后赐给了第四子，成为了雍亲王府。雍正即位后，将此处改为行宫，故而有了雍和宫之名。到了乾隆九年（1744），乾隆爷把雍和宫改成了一座藏传佛教寺院，但他很看重风水，总觉得雍和宫北边有点太空旷，就想建造一座高大的阁楼来作为北边的屏障，但又苦于没有一尊能与阁楼相称的佛像，因为找不到合适的材料。

恰好此时，七世达赖喇嘛正好听说乾隆爷寻找大佛材料的事情，为感谢乾隆帝助他平定了叛乱，便立即派人四处搜罗。又恰好听闻尼泊尔有一根从印度运回来的巨大檀香木，非常符合大佛的尺寸要求，于是便花了无数的金银珠宝从尼泊尔把檀香买了回来，这根产自印度的檀香当然就是印度老山檀了。

酒蜜浸泡中的檀香木块

尼泊尔在喜马拉雅山南麓，夹在西藏和印度之间，距离北京十万八千里。就算是我们今天开车经西藏去尼泊尔，路途之艰险都非普通车辆可以通达，更不要说是近三百年前的大清朝了。再加上这根巨大的檀香木是不能切断的，必须保持完整，因此很难想象为了这根檀香木的运输，一路上要动用多少马车、船舶、人力和物力，我也相信尼泊尔人是不会包邮的。

前前后后用了三年的时间，乾隆爷终于在雍和宫见到了这根举世无双的檀香木料。为了不辜负这件世间奇珍与一路辛劳，乾隆爷指派察罕活佛进行佛像设计，并调用清宫造办处的顶级匠人一同参与这尊弥勒佛像的雕刻。大佛完工之日，雍和宫举行了盛大的佛像开光大典与阁楼落成仪式，阁楼之名取"佛"与"福"读音相似，是名"万福阁"。

这就是檀香木性的第一个特征：有大料，适合进行艺术雕刻。

第二个特征是檀香的木质结构非常稳定。普通的木头时间一久，要么受潮腐朽，要么干裂变形，要么被虫蛀蚁噬，但檀香却是个例外。在乾隆时期，乾隆爷钦定了二十五块御玺来行使国家各个方面的最高权力。这二十五块御玺材质各异，有白玉、青玉、墨玉、碧玉、鎏金等，但其中只有一枚是木质的，那便是檀香木御玺。这块檀香御玺的印文是"皇帝之宝"，按清廷的制度主要是"以肃法驾之用"，诸如皇帝颁诏、册封皇后等事宜均要用到。因此这块御玺的使用频率特别高，是二十五宝玺中最常用的一枚。但无论使用多么频繁，也无论岁月多么漫长，至今这块檀香御玺都没有丝毫的变形走样。康熙也有曾有过一枚檀香御玺，刻的是"敬天勤民"，后来流入了民间，在 2016 年的苏富比拍卖会上拍出了九千多万港币。

檀香御玺，这恐怕是用香料来做御玺的唯一案例了，而代表着国家最高政权的御玺，也关乎着国家的稳定，任何人都不会拿一块性质不稳定的木料来做。这也印证了檀香的第二大特性，即具有极其稳定的木质结构，不变形、不开裂、不生虫，同时还具有历久弥新的香味，百年不散。

17. 荡气回肠的龙涎香

按照"沉檀龙麝"四大名香的排列顺序，排名第三的"龙"就是充满了神秘感的龙涎香了。

龙是最能代表中华民族的一种形象，也是从古至今都被中国人万般尊崇的一种图腾。在中国人的心中，龙一定是具有强大力量的，它无所不能、高高在上，它威猛庄严、不容亵渎。在清末国力衰微之时，我们会说中国是一头没有睡醒的东方雄狮，而当我们重新强大、重新崛起的时候，绝不会有人还记得"雄狮"，我们一定会说，中国已是一条腾飞的巨龙了！这就是龙在中国人心中的地位，不是狮虎之类的猛兽所能比拟的。

对于龙的崇拜，最起码都能追溯到新石器时代。比如在内蒙古赤峰出土的红山文化遗存，距今已有五六千年的历史，龙就已经以玉器的形式出现了，它们被称为"C形龙玉佩"，顾名思义就是龙的形状像一个英文字母 C。有人可能要怀疑这会不会只是一种猜想，它原本也许并不是龙。可如果仔细去看 C 形龙的细节，就会发现龙嘴上翘、眼睛突出，项背之上还飘逸着鬃毛，这跟后世龙的形象如出一辙。因此可以断定，C 形龙就是早期龙的形象。

到了商周时期，龙开始大量出现了，青铜器上铸造了很多关于龙的图案，比如商代纹饰中最为流行的饕餮纹，饕餮是龙的儿子，龙生九子，饕餮为其一，因嘴大贪吃，便有一个成语叫"饕餮盛宴"。其他的像麒麟、狻猊等神兽也都是龙的儿子，它们被大量地运用到青铜器、陶器、漆器等精美的纹饰造型当中。

秦汉之际，龙开始被赋予皇权的象征，地位也越来越高，已经不是任何人都可以随便使用的图腾了。比方说皇帝的龙袍，上面刺绣的金龙一定是五爪的，被称为"五爪金龙"。而其他的王侯贵族们，虽然有少数人也可以使用龙的图案，但龙的爪只能有四个，四爪龙就比五爪龙低了一等，到了明清就被称为"蟒"，绣了蟒的服饰叫作蟒袍。从这个细节就可以看出中国古人对于龙的使用规则十分森严，是不可随

胸前绣有四爪金龙的民国蟒袍，贵州省博物馆藏

意僭越的。

但说来说去，龙究竟是一种什么生物呢？对于这个问题，想必小学生们都能给出准确的答案，龙是虚构的、幻想的，根本就不存在。但在古代中国，当我们的祖先还沉浸在天圆地方的遐想中时，在他们的心目中龙一定是真实存在的，而且不容置疑。如果你现在穿越回古代，站在大街上高声呐喊："这个世界上根本就没有龙！"那你一定会被认为是一个疯子，甚至要以辱骂天子的罪名被斩首了。因此在十二生肖之中，龙也赫然在列，与其他十一种司空见惯的动物欢聚一堂，影响着世世代代中国人的生命属性。

金庸先生笔下的洪七公，最厉害的招式就是降龙十八掌，其中有两式分别叫"飞龙在天""或跃在渊"，实际上这两句话源于古老的《易经》，虽然蕴含了深奥的哲学，但同时也可以看出在中国古人的眼里，龙基本上是以两种形态存在的，要么腾空于天，要么蛰伏于渊。中国龙是不会在地上走来走去的，也不会栖息在森林里或蜗居在山洞里，更不会扇着翅膀飞来飞去，那些一定是西方的龙或者恐龙，与中国龙在形象上差别很大。

古人当然没有见过天上的龙，但水里的龙却是有人见过的，在《香乘》卷五"龙涎香考证"首条中就记载了这样一则故事：

　　龙涎香屿，望之独峙南亚里洋之中，离苏门答剌西去一昼夜程，此屿浮艳海面，波激云腾，每至春间，群龙来集，于上交戏而遗涎沫，番人拏驾独木舟登此屿，采取而归。或风波，则人俱下海，一手附舟旁，一手撄水，而得至岸。其龙涎初若脂胶，黑黄色，颇有鱼腥气，久则成大块，或大鱼腹中剌出，若斗大，亦觉鱼腥，和香焚之可爱。

　　龙涎香岛孤零零地坐落在印度洋中，距离今天印度尼西亚的苏门答腊岛大约一昼夜的航程。那里海浪很大，每逢春季都有群龙聚集于此交配、嬉戏，无意中把口水留在了岛上。待群龙散去之后，当地人乘独木舟登上龙涎香岛，把龙涎采集了回去。刚采集的龙涎是黏黏糊糊的脂胶状态，呈黑黄色，有很大的鱼腥味。随着时间的推移，龙涎会逐渐硬化成为块状，也有从大鱼腹中剖出来的块状龙涎，但即使是块状，闻起来依然有鱼腥味。可奇怪的是，一旦把它们用于合香，腥气全无，香气竟变得十分美妙了！

　　这则故事信息量非常大，也是我认为对于龙涎香的描述十分接近真实的记载，因为这是作者深入实地探查到的见闻，而不像大多关于海外香料的信息往往是来自于猜想和谣传。

　　首先苏门答腊岛以西一昼夜航程的地方一定有这么一个小岛，这种方位与距离的测算来自于古代航海的"针图"，"针"即指南针。可惜"针图"遗失，苏门答腊岛又南北狭长，因此今天已无法锁定"龙涎香屿"究竟在哪里。但每年春季，这座小岛都会有龙来聚集，而这里的龙，实际上指的是鲸鱼。

　　鲸鱼是哺乳动物，鲸鱼宝宝是依靠喝母乳成长的。其中又有一种脑袋特别大，占到身体三分之一的品种，看起来有点像蝌蚪，这就是抹香鲸，也被称为巨头鲸，而恰恰是这个天生的巨头，又导致了各种后天的机缘巧合。

　　鲸鱼用肺呼吸，而不是用鳃，在海里游弋的过程相当于人在潜水。当肺部氧气耗尽后就需要浮到海面上排出废气，从脑袋顶部的一个孔中将气体喷出来，就像喷泉一样。可以想象一下当年笔记的作者在印度洋上看到成群的抹香鲸喷出高大的水柱，而后跃出水面的身躯甚至比他的船还要大的时候，他该有多么震惊！他又该如何来解释这种奇观呢？只有一种解释——他看到了龙！

　　抹香鲸的大脑袋也许要比其他鲸鱼更能储存空气，所以它可以在深邃的海底长时间逗留，抗压强的能力也十分突出，下潜深度可以达到两千多米，是鲸鱼中的潜水冠军。久而久之，天赋异禀的抹香鲸就发现了一种深海美味，名叫"大王乌贼"。乌贼很常见，但大王乌贼却非同一般，它的身体伸展开来可以达到20米以上。20米是什么概念呢？竖起来有六层楼高，简直就是海怪。而且它只生活在深海区域，如果不是抹香鲸能够深潜，如果不是抹香鲸拥有一张极其巨大的嘴巴可以吞噬大王乌贼的话，估计大王乌贼就天下无敌了。

抹香鲸的身体长度与伸展开的大王乌贼相仿，这两位海洋巨无霸长期从海底打到海面上，鹿死谁手还说不准，有时候大王乌贼用触角堵住了抹香鲸的出气孔，也能把抹香鲸给憋死。但抹香鲸就是有瘾，对大王乌贼的味道情有独钟，冒着生命危险也要吃这顿大餐，又是一次机缘巧合。

下厨房打理过乌贼的人都知道，乌贼看着软绵绵的，其实在身体里藏了一块坚硬的骨头，被称为乌贼骨，也叫海螵蛸，有着很高的药用价值。此外乌贼的嘴也很坚硬，钩子状的外形很像鸟喙，也被称为"鹦嘴"。但抹香鲸却是不吐骨头的，一口就将乌贼囫囵吞入腹中。

抹香鲸的肠胃无法消化这些骨头，且由于骨头形状特异很难被排出体外，于是就卡在了抹香鲸的肠道里。这一卡，大量的排泄物都被堵在这里了，渐渐地把骨头给包裹起来，形成一个团状，而为了把这团堵塞物给排出去，抹香鲸的体内又开始分泌出一种黏液，让堵塞物变得更加滑腻，而这团黏糊糊、臭烘烘的堵塞物就是龙涎香的雏形。此时的龙涎香往好听了说是块香，往不好听了说就是一团粪石。但我们的世界就是这样变幻莫测，什么叫物极必反？明明是最腥臭的粪便却成就了最稀世的香料。什么叫否极泰来？明明是一场痛苦不堪的肠梗阻，却造就了抹香鲸的一世芳名，当然对于抹香鲸来说，这芳名它宁可不要。

粪石在抹香鲸体内淤积良久，又跟海水、微生物等因素发生了长期的反应，最终完成了向真正龙涎香的蜕变。它们有的被抹香鲸自然排出体外，比如排便或呕吐，又或是分娩时受到幼鲸的挤压而排出，这恐怕就是古籍中"于上交戏而遗涎沫"的原因了。还有的则来自于人为捕杀之后的开膛破肚，从而导致抹香鲸的数量急速下降。

龙涎香通常很轻，自然排出后会漂浮在海面上，继而又会出现三种不同的结局，《香乘》中如此记载：

> 龙出没于海上，吐出涎沫有三品：一曰泛水，二曰渗沙，三曰鱼食。泛水轻浮水面，善水者伺龙出没，随而取之。渗沙乃被波浪漂泊洲屿，凝积多年，风雨浸淫，气味尽渗于沙土中。鱼食乃因龙吐涎，鱼竞食之，复作粪散于沙碛，其气虽有腥臊，而香尚存。惟泛水者入香最妙。

龙涎香在海上一漂就是几十年甚至上百年，在海水、海风、阳光的共同作用下，粪石里的杂质逐渐淡化，原本黑褐色的龙涎香渐渐变成了淡黄色、灰白色，质地也由最初沥青般的脂胶状变得坚硬，最终形成了龙涎香的极品，这与所有香料自然醇化的过程再一次殊途同归。而这个过程几乎无法通过人为手段来完成，一旦脱离海水，即使在空气中放置再久，也无法达到很高的品质。

因此长期漂浮在海面上直接被打捞的龙涎香质地最为纯净，品质最高，被称为"泛水"，入香最妙。如果被海浪冲上岸，又会产生两种结局，一种是很快被人发现，那么其品质近似于"泛水"；但若无人发现，久而久之便被沙子掩埋，香气渗入沙子，又经风雨侵蚀，产生巨大损耗，则被称为"渗沙"。第三种被称为"鱼食"，即被其他鱼儿吞噬的龙涎香，随后又混合粪便排出体外，散落在沙子上，这种龙涎香虽然香气尚存，但有腥臊气。我们偶尔能看到类似的新闻报道，某某人在海滩上意外拾到一块石头，经鉴定居然是龙涎香，仿佛瞬间腰缠万贯，但实际上捡到的龙涎香也分三六九等，若是"渗沙"或"鱼食"则价值大打折扣。

可见龙涎香并非是从抹香鲸腹内一出世就芳香无比的，在它醇化到一定程度以前，它都是腥臭的，不能直接入香，古人在笔记里用"颇有鱼腥气"和"亦觉鱼腥"来反复强调这种感受。

久经醇化的龙涎香再经干燥脱水就变成了完全不一样的东西，硬化程度很高，但拿在手上又有微微的蜡质触感。凑近一闻，独特的香气会让人觉得十分新奇，有别于世间一切众香。我个人感觉总体香调是清新悠扬的，不是热烈奔放的，这一点与麝香大有不同，但这种清香气却依然锐不可当，辨识度极高，且留香持久，并非昙花一现。前调中依然有淡淡的腥味，就像海风之微咸，并不难闻，反而让人感到舒适，充满了海洋深邃的神秘感。这是龙涎香标志性的香气，随醇化程度的不同会有一些变化，但通常不会消失，炮制后的甲香也有类似的香气特征。再细闻，又有隐隐花香回荡其间，但究竟是什么花却说不上来，也许世上压根就没有这种花。此外不同的龙涎香还会发出类似烟草、木头、树脂、泥土等复杂的香气。最后留在鼻腔里的是温暖的甘甜，这倒是动物香料通常具备的特点，麝香、灵猫香也给人类似的感受。总之龙涎香的香气是复杂多变的，或者说它本身就是一款合香，而制作这款合香的人就是造物主了，香气中的深意绝非凡人可以参透。

但如果只是香气出众，龙涎香并不足以位列四大名香之中，因此古人用了一句话，"合香焚之可爱"。"可爱"在古文中不仅是"香气好"，更有一层"好用"的意思，这就要说到龙涎香另一个独一无二的特性了。

《香乘》记载，"泉广合香人云，龙涎入香能收敛脑麝气，虽经数十年香味仍存"。"泉广"即泉州和广州，是商旅云集的贸易港口，那里的香料品种繁多，合香师傅也见多识广，说话自然就有权威性。合香师傅们说，把龙涎香加入到合香中，会出现一个很明显的效果，即能够收敛"脑麝"的香气，脑是龙脑香，麝是麝香。

龙脑香和麝香，都属于高挥发性的香料，如非严格密封香气会很快散掉，所以合

清代龙涎香，龙涎香共六块，附纸写道：
"龙涎香重十二两，四十五年正月初八
日常宁交。"即乾隆四十五年（1780）
的正月初八，太监常宁经手并记录了这
批龙涎香的进宫时间。图中龙涎香有明
显切割痕迹，说明是由更大块的龙涎香
上切下，由于多年氧化外表呈褐色，但
断面可见灰白色，说明其品质极高，故
宫博物院藏

香时遇到脑麝，制香师们都是小心对待的。
比如在大部分古代香方的研磨环节中，会
特意指出"脑麝另研"或是"香成旋入"，
也就是其他香料要先进行研磨，等所有香
粉都混合好了，甚至是香泥都已经成形了，
再把龙脑、麝香加进去，实际上就是要尽
量避免香气的挥发。

但如果加入了龙涎香，便能够把这
些易挥发的香气锁定起来，让它们经久不
散！连龙脑、麝香的香气都能被锁住，更
何况其他的香气呢？这种效果被称为"定
香效果"，不论是中国香还是西方香，持
久度都是评价一款香气的关键指标，而龙
涎香就是最好的天然定香剂。我个人以为，
龙涎香能够"定香"的特性，甚至要比它
的香气更加重要。

当然，除了定香，龙涎的发香作用

也是无与伦比的。将龙涎香破碎为细末加入脱醛酒精中，经长时间浸泡和充分摇晃最终可以制成龙涎酊剂，在制作高等级沉香线香时少量加入。结果显示，虽然香气中并无明显的龙涎香气，但沉香的品质却有了明显的提升，不论是穿透力、爆发力还是香气的持久度，皆远高于无龙涎者。

只可惜龙涎香实在是太少了，稀有度在四大名香中位列第一。因此《香乘》中虽然记载了多达几十款以"龙涎"为名的香方，但实际上真正用到龙涎香的只有区区几则。诸如"古龙涎香""白龙涎香""小龙涎香"等，皆是在以合香之法模仿龙涎的香气。由此可见，即使是用香的贵族阶层想要得到龙涎香也绝非易事，包括大明皇帝也曾绞尽脑汁从诸藩手中收购、索取龙涎香。尽管龙涎香盛名已久，但真正见过它的人却少之又少，时至今日，依然如此。

为何龙涎香会如此稀少呢？除前述的醇化条件之外另有两点。其一，产地并不固定，任何有抹香鲸出没的海域都有可能出现龙涎香，但龙涎香又可能随着洋流飘向任何地方，其行踪可谓是神出鬼没，没有任何规律；其二，至今没人能够洞彻龙涎香形成的机理，更加无法通过人工养殖的方式，比如养殖林麝获得麝香那样来获得龙涎香。而稀少导致高价，高价又催生骗局，自然就产生了诸多假龙涎香。因此在面对市场上五花八门的"龙涎迷阵"时，一定要擦亮眼睛，切莫贪图便宜，多多了解关于龙涎香的鉴别知识再行入手。

最后再来看看一直引领我们探索龙涎香的这则故事，来自于一本明代的笔记——《星槎胜览》，作者名叫费信。

郑和下西洋，费信参与了其中的四次航行，随郑和出使三次，随杨敏出使一次，担任通事和教谕。通事就是翻译官，因为费信从小就自学阿拉伯语，在明朝初年能懂外语的人，估计全国也找不到几个。教谕即教化，当年大明帝国自诩天朝上邦，认为海外都是蛮夷之地，航行的目的也不是征服和贸易，而是宣扬国威、传播文化、教化蛮夷，故而有了这么一个官职。费信爱记笔记，每到一个地方就把当地的所见所闻记录下来，他大概也不承想到，这本笔记最后会成为一部极其重要的文献。

有人可能会觉得一个翻译官记录的东西没什么了不起，浩大的郑和船队肯定有更加详尽的官方航海记录。没错，郑和船队的确有官方记录，但问题也就出在这里。郑和七下西洋的所有资料，包括郑和宝船的建造方法、航海针图等，全都在后世被付之一炬了，销毁得干净彻底。

谁干的呢？不知道，算是个千古之谜。普遍的说法是，在明朝废止下西洋的行动之后就被焚毁了，因为政府觉得太耗国力，国库都消耗光了，最后却什么也没得到，毕竟国威不能当饭吃。于是气急败坏，连宝船带文献都烧掉了，又重新回到了闭关锁国的状态，从而也完美地错过了称霸海洋的契机和后来的大航海时代。

还有种说法是被乾隆烧掉的，中国历史上有两次大型的焚书，一次是秦始皇，一次就是乾隆。乾隆主持编纂了《四库全书》，但同时却烧掉了数倍于《四库全书》的古籍资料，目的自然就是为了改写一些让他觉得不够正确、不够光彩，又或是有损大清威名的历史，所以相传郑和航海的文献也是那个时候被焚毁的。

费信还有一个叫马欢的同事，也是一位翻译官，马欢也写了一本笔记《瀛涯胜览》。这两本笔记就是少数几部现存于世的郑和航海资料了，而《星槎胜览》里关于龙涎香的记载，也被率先收录到了《香乘》"龙涎香考证"之中，想来周嘉胄先生也认为这是诸多古籍中关于龙涎香最为精准的记载了。

而实际上在费信之前，已有元人汪大渊记录了关于龙涎香的见闻。汪大渊是一位民间旅行家，所到之处甚广，远至非洲东南部海岸，被誉为"东方的马可·波罗"。归国后他著有《岛夷志略》一部，将一路上的所见所闻记录在册，自称"皆身所游焉，耳目所亲见，传说之事则不载焉"，只记录亲身经历之事，故而可信度极高。马欢也曾万般感慨道："历涉诸邦，其天时、气候、地理、人物，目击而身履之，然后知《岛夷志》所著者不诬。"意思是他原本不太相信这书里的记载，可当他随郑和船队亲自来到异域时，才知道汪大渊所记录的天文地理、民俗物产都是真实存在的。

关于龙涎香，汪大渊在《岛夷志略》中写道：

龙涎屿，屿方而平，延袤荒野，上如云坞之盘，绝无田产之利。每值天清气和，风作浪涌，群龙游戏，出没海滨，时吐涎沫于其屿之上，故以得名。涎之色或黑于乌香，或类于浮石，闻之微有腥气，然用之合诸香，则味尤清远，虽茄蓝木、梅花脑、檀、麝、栀子花、沉速木、蔷薇水众香，必待此以发之。此地前代无人居之，间有他番之人，用完木凿舟，驾使以拾之，转鬻于他国。货用金银之属博之。

由此看来，费信所言在很大程度上借鉴了汪大渊的文字，可以想见费信当年见闻"群龙交戏"之时，也曾发出与马欢同样的感慨，而两人对于龙涎香几乎一致的看法，也再次佐证了这些"龙涎故事"的真实性。

18. 赵氏姐妹的麝香秘方

"沉檀龙麝"四大名香，麝香最后登场，麝香的基础知识前文已述，本章主要来讲关于麝香的历史故事和《香乘》中关于麝香的古老记载。

先让我们的思绪穿越时光，回到两千多年前的一个月黑风高之夜。趁着夜深人静，一匹快马从姑苏城悄然出发，向着郊外的荒野奔袭而去。马上坐着一个人，身着黑色的夜行服，看不清相貌。但他的背上却背着一个硕大的包裹，鼓鼓囊囊不知道装的是什么。

跑了良久，渐渐远离人间烟火，在荒烟蔓草的郊外，那人一拉缰绳，翻身下马。他把背上的包裹取下，解开捆扎的绳索，直接丢弃在了草丛里。而后他又翻身上马，马儿一声嘶鸣，疾驰而去。

眼看这片荒野又要重归寂静，可突然一阵啼哭从草丛里传来，尖锐且凄厉。原来那包裹里装的竟然是刚刚出生不久的婴儿，还不止一个，是一对孪生姐妹。

这是一起发生在西汉时期的弃婴事件。古代既没有相关的法律限制，也没有舆论上的谴责，因此在那个年代这本是一件司空见惯的事情。可为何这一次的弃婴事件要弄得如此神神秘秘呢？这就与姐妹俩的身世有关。

女婴的母亲不是平常女子，而是江都王的孙女，姑苏城的郡主。江都就是今天扬州一带，属于江南富庶之地，江都王就是册封在这里的诸侯王。诸侯王的孙女自然也是皇家女子，故而封了个姑苏郡主。姑苏郡主嫁给了江都的一个大官，名叫赵曼，也算是门当户对。可是赵曼却有一个毛病，大约就是男科方面的问题。这就导致郡主寂寞难耐、春情难解，于是和赵家的家令冯万金私通在了一起。家令在汉代是一种官职，授予专门为皇室贵族管理家务事的人，比起普通大户人家的总管、管家之类，地位要高得多。

结果没过多久郡主发现自己有了身孕，情急之下，郡主便假装有病回了苏州，并诞下一对小姐妹。此等通奸之事可以说是整个皇族的污点，一旦宣扬出去，后果不堪设想。于是乎，发生了故事开头的秘密弃婴事件。然而姑苏郡主还算是个人性未泯的母亲，丢弃了孩子之后，朝思暮想、夜不能寐，总觉得这心里像刀绞一般疼痛。辗转反侧了好几日，还是决定派人回去找找，哪怕只有尸体，也要好生安葬，多少减免一些心中的愧疚。

结果不承想，这姐妹俩真是福大命大，在被丢弃荒野好几日之后竟安然无恙，如同有神仙庇佑一般双双躺在原地，满脸都是泪痕。这一下就让姑苏郡主悲喜交加了，既不能再次丢弃，又不能光明正大地养育，这可如何是好？

想来想去，只有送去孩子的亲生父亲冯万金那里。但冯万金家里也不能凭空多出来两个说不清来路的女儿啊，于是就谎称是领养的孩子，并改姓为赵，一个叫赵宜主，一个叫赵合德。可没过几年，冯家就因为冯万金的去世而家道中落，两姐妹也被赶了出去，一路乞讨流落到了长安。因为姐妹俩面容姣好，又是良家女子，就被招入了阳阿公主府中当了舞女。不承想姐姐赵宜主竟然十分具有舞蹈天赋，一颦一笑之间，举手投足之际，都极具美感，再加上她本来就生得亭亭玉立、纤腰瘦腿，跳舞的时候就像一只轻快的燕子，于是她又有了一个外号——赵飞燕。"身轻如燕"这个成语便由赵飞燕而来。

赵飞燕集倾国之色、婀娜身段、曼妙舞姿于一身，这样的绝世美人自然不会被埋没在千千万万的婢女之中，她的机会很快就来了。话说有一天，汉成帝来到阳阿公主家做客，在一群舞女中一眼就看上了赵飞燕，惊为天人啊！可赵飞燕却并非普通的花瓶角色，她随汉成帝进宫之后，面对着急不可耐的汉成帝，反而是采取了欲擒故纵的战术，一连三天都婉拒了皇帝的要求。到了第四天，皇帝反而被赵飞燕玩弄于股掌之中了。

从这里开始，按照常规的记载，赵飞燕就开始了她恃宠而骄、妖媚惑主的生涯，最终导致朝政荒废、外戚专权，甚至于汉成帝的死、西汉的灭亡等，这些烂账多多少少都算到了赵飞燕的头上。但史家的一面之词往往有失公平，赵飞燕原本就是一个苦命的女人，她凭借自己的才貌双全出人头地，那是她的本事。至于天子是否受她的魅惑，是否因她而舍弃江山，这就和商纣妲己、幽王褒姒等历史上的片段一样，其本质上都是君王的无能，连一个女人的诱惑都抵抗不了，又谈何天下呢？可叹飞燕，再次背锅。

关于历史的真相我们就不去探讨了，接下来单说这赵家姐妹与汉成帝的床笫之事。自从赵飞燕进了宫，汉成帝对其他妃子就完全失去了兴趣，整天都跟赵飞燕泡在一起，看她跳舞，听她唱歌，耳鬓厮磨，好不快活。然而汉成帝却是艳福未尽，没过多久，故事的主角又成了赵飞燕的妹妹赵合德。

汉成帝与赵合德第一次云雨之后，就用了"温柔乡"来形容赵合德，他觉得赵合德完全就是对赵飞燕的完美补充。这下可好，在姐妹俩的夹击之下，汉成帝彻底疯了，这两个女人成了他的全世界。

如果按照后宫惯例，一山是难容二虎的，同时受到宠幸的两个女人之间必然有一番恶斗，败者冷宫幽禁，胜者母仪天下。但赵飞燕与赵合德不愧是小时候被抛弃荒野、患难成长的亲姐妹，两人虽然有时难免互相争宠，但在大事上却一致对外，把汉成帝牢牢地控制在两人的姐妹圈里。因此多年下来，姐妹俩基本上是平分圣宠，没有起过内讧。她们一个能歌善舞、苗条多姿，一个温柔包容、性感非凡，满足了汉成帝对女人的所有想象。

《香乘》中也有一则记载可以看出姐妹俩的相处之道，题为"百蕴香"：

赵后浴五蕴七香汤，婕妤浴豆蔻汤。帝曰：后不如婕妤体自香。后乃燎百蕴香，婕好傅露华百英粉。

赵飞燕喜欢用"五蕴七香汤"来沐浴，赵合德则偏爱豆蔻汤沐浴，古代的香汤浴都是可以在身体上留下香气的，久用则能形成体香。但汉成帝的评价却是，飞燕的体香不如合德。飞燕听闻后连忙设法改善，点起了"百蕴香"，应是一款由多种材料制成的名贵合香，在如此高级的香气笼罩之下，体香之差别便难以分清了。妹妹合德也不示弱，继续发挥自己"体自香"的优势，沐浴之后用"露华百英粉"扑身。

从这则故事可以看出两点，一是姐妹俩均是用香高手，不论是香汤浴还是香身粉又或是"帐中香"，皆驾轻就熟、行之有效；二是她们之间的争宠方式，非但没有一丝毒辣，反倒显得十分可爱，而这正是姐妹俩成功之道的根本。

另一则记载题为"昭仪上飞燕香物"：

> 飞燕为皇后，其女弟在昭阳殿，遗飞燕书曰：今日嘉辰，贵姊懋膺洪册，谨上襚三十五条以陈踊跃之心。中有五层金博山炉，青木香，沉水香，香螺卮，九真雄麝香等物。

这段故事说的是赵飞燕被立为皇后，赵合德也非常开心，在昭阳殿给姐姐留下了一封信。信上说，今天是个大喜之日，姐姐荣登帝后之位，妹妹也有礼物赠予姐姐以表恭贺之心。礼物清单里有三十五条贯穿丝织绶带的玉佩、海螺形状的酒杯和一尊五层金博山炉，五层是指博山的山峰层层叠叠共有五层，说明这尊香炉的规制很高、制作精湛。搭配的香料有青木香、沉香，以及来自九真郡（今越南北部）的雄麝香等。这则故事可以看出二人感情甚笃，并无妒忌之心，且都对麝香青睐有加。

然而韶华易逝，再美的容颜也有衰老的时候，偏偏帝王又是喜新厌旧的典型，只见新人笑，不闻旧人哭。但赵氏姐妹却早早预见了这一危机，于是找来了一种神奇的方法逆转了人生，不但不老，而且越活越光鲜，越活越靓丽。这就得益于一款独门秘方，名叫"息肌丸"。

这是一种香丸，塞到肚脐里的，它的作用非常显著，古籍记载可以让女性面色娇嫩、肤如凝脂、肌香甜蜜、青春不老、下体盈实，同时香丸还能散发出奇香，能够强烈刺激男人的欲望。简而言之，息肌丸就是一款可以让青春永驻，又具有强力催情功效的春药。

息肌丸何以会拥有如此强大功效呢？这就涉及它的配方了。江湖中流传的息肌丸配方有很多，但并没有确凿的记载，有人说真正的配方被带到了陵墓中藏于尘土，也有人说这方子压根就是子虚乌有。但从零零星星流传到民间的制法来看，息肌丸的主要成分中一定含有大量的麝香。这一点从后世的一些流传中也能得到佐证，比如《金

麝香仁，俗称"当门子"，呈颗粒状互相粘连，图为养殖雄麝活体取
出的麝香，香气浓烈，略带腥臊气，其间混杂着麝毛

瓶梅》里就有一种春药叫"香肌丸"，由麝香、人参、鹿茸调和而成，也具有差不多
的功能。

　　麝香的催情效果，来自于麝香酮对人体神经的刺激作用，能让人产生兴奋感，这
是今天科学且理性的解释。但在古代，麝香的作用会被无限放大，并辅以各种名贵的
香料、药材，制成具有青春永驻、魅惑无穷等神力的药品。可俗话说"是药三分毒"啊，
息肌丸的毒已远远不止三分了！

　　古代的皇家天子，一人坐拥三千佳丽，如此多的选择难道只是因为好色么？并非
如此，最主要的原因其实是保证皇家子嗣的延续。如果皇室血脉不能顺利传递，必然
引起天下大乱，这一点丝毫没有夸张，在历史上因为没有子嗣而导致亡国的例子实在
太多了，这就是世袭制的劣根性。而汉成帝，就是这没有子嗣的皇帝之一。

　　为什么他没有子嗣呢？正所谓成也麝香，败也麝香，麝香通过肚脐直接作用于身体，
早已对赵氏姐妹的生育功能产生了不可逆转的伤害。不要说是生育了，就是正常的女
性例假也早早结束。

　　据野史记载，当时有后宫女医师名叫上官妖，见赵氏姐妹滥用息肌丸，便说："若

如是，安能有子乎？"因此我们对于"息肌丸"这类存在于传说中的神药，不要太过好奇，更不要轻易地去尝试。

赵氏姐妹用了息肌丸，自然迷得汉成帝神魂颠倒，每日每夜都欲罢不能。可男人的身体也有跟不上的时候，这时汉成帝就请出了他的独家秘方"慎恤胶"。此胶配方依然失传，只有零星的记载显示它用到了一些奇怪的材料，比如雄性蚕蜕变成的蛾，以及在魏晋时期十分流行的"五石散"等。但记载中的慎恤胶是有使用说明的，制药人明确了用量，"一丸一幸"，就是一次吃一丸即可。可是汉成帝却未遵医嘱、嗑药成瘾。

"一夕，昭仪醉进七丸，帝昏夜拥昭仪，居九成帐，笑吃吃不绝，抵明，帝起御衣，阴精流输不禁。"汉成帝一死，赵合德的厄运就来了，因为无论怎么说，皇帝死在你的床上，你是死罪难逃，所以赵合德跟着就自尽而亡了。好在赵飞燕当时已贵为皇后，一手拥立了汉哀帝登基，在新帝的庇护之下，勉强保住了性命。只是好景不长，汉哀帝在位没几年就驾崩了，失去了保护伞的赵飞燕被贬为庶人去看守园陵，而此时她也做出了跟妹妹同样的选择，自尽而亡。

至此，一代双娇飞燕合德香消玉殒，只留下掌心曼舞的身姿和温床上弥漫的麝香香气千年不散。

讲完这则香艳的故事，再来看看《香乘》上关于麝香的其他记载。古人对于麝这种动物为什么能够长出麝香这个问题，有着他们自己的理解。比如嵇康曾说，"麝食柏而香"，意思是麝这种动物喜欢吃柏叶、柏子，因食香而身香。

对于麝香的优劣分级，古人也给出了一些标准。最好的麝香是麝自己从肚脐处剔出来的，因为麝在夏天要吃很多芳香类的食物，冬天的时候肚脐处的香囊就胀满了，到了春天肚脐就会因发胀而疼痛，麝自己就会用爪子把香剔出来，这种麝香的品级最高；其次是从被捕杀的麝身上，人为取出的麝香，品级次之；最差的是麝被人或猛兽追捕，仓皇间跌落山崖，在惊恐中死去所产的麝香。这种情况下，麝香就会被麝恐惧时分泌出的不良物质所感染，故而香气最差。《香乘》形容曰，"此香干燥不堪用"。

这就是古人对于麝香的三种分级。

麝香除了芳香郁烈，除了定香的作用和催情的作用之外，还有没有其他的特性呢？《香乘》中还记载了几则麝香与瓜的故事。

其中一则叫"瓜忌香"，说的是唐朝一位姓郑的大官去山西赴任，带了一大帮妻妾家室，有百余骑之多，浩浩荡荡地由长安西行。而妻妾们多用麝香，结果这一路上所有的瓜秧全部死掉了，一个都没有结果。又一则说，唐末黄巢起义，唐僖宗从长安逃去蜀地，也是由于带的妃嫔太多，麝香浓烈，导致关中路旁的瓜也全都被熏死了。这两个故事里说的瓜，应该都是西瓜，西瓜就是唐朝时从西域传进来的，而人们发现麝香竟然能让西瓜不结果，感到十分诧异，便记录了下来。

但另有一则故事却恰好相反，叫作"麝香种瓜"。话说有个人讥讽那些说"瓜忌麝"的人，说我的瓜不但不怕麝香，我还能用麝香种出新的品种来，只是你们不知道方法罢了。他种瓜时，在每一颗瓜秧下面都埋了一点麝香，等到切开瓜的时候，麝香气便扑面而来。孰真孰假，姑妄听之，且作一番笑谈吧。

此外，麝香还与古人制墨有关，比如韩熙载曾让安徽歙县的工匠做了一款叫作"麝香月"的麝香墨，是为墨中珍品。又有欧阳询的儿子欧阳通但凡写字，必须用麝香墨方才下笔，而用麝香墨书写的字画，展卷则香气扑鼻，闭卷则百虫不生。

最后，这个世界上还有很多用麝香来取名的物种，比如麝香木、麝香檀、麝香草等，但这些其实跟麝香一点关系也没有，只是取类似的香气感受而已。

第三章

传世香方

香自来　烟火　人间

19. 花蕊夫人衙香

很多朋友初读《香乘》古籍，会觉得书上所记载的香方看上去十分枯燥，基本上就是一些材料的名称、重量和制作方法，与一份菜谱或是一张药方并没有什么区别。但通过对接下来这个系列的解读，我想会让大家对它们产生一个崭新的认知，因为隐藏在香方背后的内容才是中国香文化真正的精彩之处。

唐亡以后，中原地区依次出现了五个不同的朝代，分别是梁、唐、晋、汉、周，史学上为了以示区别，给它们又分别加了一个前缀，称为后梁、后唐、后晋、后汉、后周。这五个朝代相对来说存续的时间较长，国力也较为强盛，它们依次更迭，被称为"五代"。包裹在"五代"周边的非传统汉地则出现了更多的国家，它们比"五代"更加弱小，彼此之间又相互征伐，故而政权的更迭也十分频繁。其中又有十个相对稳定的国家——十国。

"五代"的最后一代叫后周，后周有一个禁军头领发动了一场兵变，史称"陈桥兵变"。而后他黄袍加身，推翻了周朝，建立了宋朝，他就是赵匡胤。但在宋朝建立之初，"十国"依然是部分存在的，大宋还没有实现完全的统一。所以赵匡胤开国以后的首要任务就是挨个剿灭残留的小国，而我们的故事就在这样的背景之下开始了。

话说在四川，当时有个国家叫后蜀，后蜀的君主叫孟昶，他得到了一位沉鱼落雁、闭月羞花的美人。孟昶爱不忍释，立即封她为妃。美人对花情有独钟，尤其喜欢芙蓉和牡丹。于是孟昶专门为美人修了一座牡丹苑，在里面种满了花儿。不仅在宫里种，孟昶还要求城里的百姓也要种，以至于每逢花开时节，整座城市都姹紫嫣红、花团锦簇。故而成都也因此得了美名，谓之"蓉城"与"锦城"。

赏花之际，孟昶看着花丛掩映之中的美人更是喜上心头，他说："芙蓉虽美，却比不上你的婀娜，牡丹虽艳，却比不上你的娇柔，只有这花中之蕊，柔美兼具，便封你做一个花蕊夫人吧。"于是"花蕊夫人"这个国色天香的名字很快就传遍了全国，她的美貌也得以闻名天下，而就在这些垂涎欲滴的天下人之中，赵匡胤也是其中一个。

孟昶和花蕊夫人情投意合，制香是他们共同的爱好。在《香乘》中有一则记载，名曰"雪香扇"：

孟昶夏日水调龙脑末涂白扇上，用以挥风。一夜与花蕊夫人登楼望月，坠其扇，为人所得，外有效者，名雪香扇。

炎炎夏日，孟昶将龙脑香磨为细粉，用水调和，涂抹在白扇上。龙脑香是极其清凉的，因此扇出来的风自然也凉爽无比。一天夜里他与花蕊夫人登楼望月，夫人不慎将扇子掉落了。后来被人捡去，竞相效仿，仿出的扇子果然香气寒凉似雪，故称为"雪香扇"。可见孟昶对于用香也颇有研究，两人以香传情，算是一对天成佳偶。

可好日子没过多久，六万宋军就浩浩荡荡地直奔后蜀而来了。仅仅六十六天之后，十四万蜀军就全面崩溃，孟昶开城投降。为什么两倍于敌的蜀国守军会如此不堪一击呢？据说破城之后，赵匡胤派士兵去宫里收缴孟昶的珍宝，结果士兵把孟昶的夜壶都给拿回来了。只因这夜壶由七宝装饰，华丽无比。赵匡胤看见夜壶就笑了，他只说了一句"奢靡至此，安得不亡"，便将这七宝夜壶砸得粉碎。这应该就是后蜀亡国最好的解释了。

对于成都的金银珠宝，赵匡胤并没有多大兴趣，他想得到的其实是花蕊夫人。于是一番搜捕之下，花蕊夫人连同孟昶的其他家眷、奴仆们一起被押往东京。相传途经葭萌关时，花蕊夫人在驿站的墙壁上留下了一首词：

> 初离蜀道心将碎，离恨绵绵，春日如年，马上时时闻杜鹃。三千宫女皆花貌，共斗婵娟，髻学朝天，今日谁知是谶言。

这首词写得悲情四溢，心碎、离别，伴随着杜鹃的哀鸣。遥想当年孟昶作过一首"万里朝天曲"，让所有的宫女都梳着高高朝天的发髻载歌载舞，来模仿万国来朝时的盛况。可没想到一语成谶，今日要去朝拜的竟然是万里之外的宋朝啊！这随手的一笔，何等悲怆，何等才学。

在赵匡胤的威逼利诱之下，花蕊夫人只能委曲求全，尽管锦衣玉食不曾间断，但从后蜀国破的那一刻起，她便已不是牡丹苑里百花深处的花蕊夫人了，她的心已死，情已亡。

花蕊夫人最后的结局，至今也没有定论，江湖上有很多种说法。其中我比较倾向于宋人笔记《铁围山丛谈》中的一则记载。书中说花蕊夫人深得赵匡胤喜爱，但同时也让赵匡胤的弟弟赵光义垂涎欲滴。一次狩猎时，赵光义忽然将弓箭射向花蕊夫人，一箭毙命。

赵光义为何要这么做呢？有人说赵光义气度短小，我得不到的，别人也休想得到。也有人说赵光义是为了避免兄长沉溺于美色，故而先杀后奏。而我猜想，赵光义是在挑战和试探赵匡胤的权威，就算当面射杀你的爱妾，你又能如何呢？大宋的军政大权早已在我赵光义之手了，这似乎更加符合那年的皇权争霸。

总之花蕊凋零，一代才女佳人就此陨落，她除了有百首宫词流传后世，还有精心调配的传世香方得以流芳千古，其中最为有名的一则就是"花蕊夫人衙香"。

这则香方记载在《香乘》卷十四"法和众妙香"中，是五代十国时期香方中的代表之作。所谓"衙"，本意是皇宫的前厅，后来泛指客厅，衙香的意思就是在比较公开的场合所熏焚之香，而与衙香相对的就是比较私密的场所了，比如帐中香之类。

香方如此：

> 沉香三两、栈香三两、檀香一两、乳香一两、甲香一两（法制）、龙脑半钱（另研，香成旋入）、麝香一钱（另研，香成旋入）。上除脑麝外同捣末，入炭皮末、朴硝各一钱，生蜜拌匀，入磁盒，重汤煮十数沸，取出，窨七日。作饼爇之。

先看材料部分，沉香是主材，前文说沉香分三种，一为沉，二为栈，三为黄熟，这个方子用到的沉香就是沉水香与栈香各三两。由此可见此香用料上乘，满满的宫廷风范。

乳香是来自于阿拉伯地区的一种树脂香料。它叫乳香，并非因气味像奶，而是指它看起来像"乳"。在形状上，《香乘》记载，"其状垂滴如乳头也"，意思是树脂从树上滴下来，还没有脱离树木就已经凝固了，像乳头一样；在颜色上，当乳香刚刚分泌出来尚未凝固时，也像极了洁白的乳汁，这便是"乳香"之名的由来。凝固后的乳香状态会因为品种、生长环境、贮藏条件等因素产生不同的变化，从而成为乳香品质分级的直观标准。

中国古人认为尚未滴落就已凝固的叫作"滴乳"，品质最好。如果滴到地上凝固了，裹挟了砂石，则被称为"乳塌"，次之。再次一些的则颜色发黑，称为"黑塌"。此外还有碎的、粉末状的、被水浸过的等，就更为低等了。这是叶廷珪在《南番香录》里对于乳香的释义和分级。而在阿拉伯地区，通常认为颜色越浅、越纯净的乳香品质越好，比如产于阿曼的皇家绿乳、蓝乳等，在光线下会呈现十分通透的质感。

作为外域香料，乳香传入中国较晚，大约在东汉左右，而西方世界则至少在三千年前就已广泛使用乳香了，古埃及法老图坦卡蒙的陵墓中就曾发现了乳香香膏；耶稣出生时，东方三博士朝见圣婴的礼物中也有乳香的存在，是《圣经》中被提及次数最多的香料，它也被称为最接近神的香气。

乳香能够单独品闻，且香气十分怡人，是一种能够让人放松的香气。用法也很简单，点燃一块炭火，轻覆香灰，置小块乳香于其上，香气便很快开始升腾了。不同产地、

脱成花形的"花蕊夫人衙香"及部分用材

品种的乳香也有着不同的味道，比如高品级的阿曼皇家绿乳就带有柠檬般的果香气。

在合香当中，乳香的加入会让整体香气变得更富质感，就如同乳香本身具有黏性，能够在较少黏合剂的情况下更好地让香丸、香饼成型一样，它对于融合众香也有着独特的效果。

接下来的龙脑和麝香都是高挥发性的香料，故而香方中专门注明"另研"和"香

阿曼乳香中的"蓝乳"，在光线下散发着幽幽蓝光

成旋入"的字眼，以最大限度地避免挥发。

这款香的重点在于制作，首先把混合好的香粉放进瓷盒，瓷盒一定是密封的，再将瓷盒放进水里，开火煮水。在宋人王十朋的《集注分类东坡先生诗》中载："于鼎釜水中，更以器盛水而煮，谓之重汤。"因此"重汤煮"就是"隔水煮"的意思。

煮多久呢？这里给了一个时间"十数沸"。我个人认为这是一个来自于中医煎药的用语，煎药时有一种方法就是当药液沸腾时将药罐端离炉火，等药液温度下降，液面恢复平静时再次加热到沸腾，从离火到第二次沸腾的这段时间称为"一沸"。当然这个"一沸"并不是标准的，它跟火力大小、溶液多少等因素都有关联，因此"十数沸"也不是一个准确的时间，我们只能大致估量一下。按照我的经验，"重汤"煮十分钟左右比较合适，那么倒推"一沸"差不多就是一分钟的样子。

这个加热过程的意义在于让各种香气快速融合，比如乳香、朴硝遇热就会融化为液态，沉檀之中的油脂成分也会溢出，从而彼此交融。取出后继续密闭，窖藏七天。七天后再打开瓷盒，最后加入龙脑、麝香，捏成香丸或是香饼，至此香成。

得益于这种特殊的"蒸香"工艺，香气融合度变得极高，除了后入的脑麝会在初香阶段较为明显之外，其他各种材料的香气已完全融为一体。乳香轻灵跃动的树脂气息穿梭在檀香的木质底韵里，清爽的柠檬果香又似乎激发了沉香中的花香蜜意，而花果香甜渐浓之时，龙脑的寒凉又刚好将其化解……它们彼此交融、汇聚，继而又孕育出了各种新的香气，让人觉得仿佛正一步步地走进百花深处，越来越分不清这些美好香气的归属。而这正是合香之妙，一加一除了等于二，还有无限的可能。

这就是传世的花蕊夫人衙香，熏之若春色满园，闻之可灵犀自通，仿佛轻摇着手中的雪香扇，置身于花蕊夫人的牡丹苑中。而我们能够从中品味到的，还有她安居在蜀国最后的日子里，那份难得的安宁与平静。这绝世的香气，亦是她的人生绝唱。

时光已逝，我们再也无法见到花蕊夫人惊世的容貌，但却能再次闻见她亲手调配的芳香，我想，这就是我们与她的缘分，也是中国香文化的传奇。

让我们在香气里遇见她，如白日的百花争艳，如夜晚的清露暗香。

20. 李煜的香学渊源

"春花秋月何时了？往事知多少。小楼昨夜又东风，故国不堪回首月明中。雕栏玉砌应犹在，只是朱颜改。问君能有几多愁？恰似一江春水向东流。"古往今来，在能用如此唯美的文字描写悲痛伤怀的词人中，他应该是最杰出的代表了。他就是无数文艺青年心目中的"男神"——南唐李煜，世人又称其为"江南李后主"。这个奇怪的"后主"称号究竟是怎么来的呢？我们就从这里开始进入李煜灿烂又悲情的一生。

南唐的开国皇帝叫李昇，作为开国之君，李昇治国的能力还是不错的，只是后来为求长生，吃了很多丹药，导致性情暴烈无比，不久便生恶疮驾鹤西去了，儿子李璟即位。李璟善于征战，常年攻城略地，一度让南唐的疆域达到最大，甚至威胁到了中原的安全。但他终究还是没有一统天下的才干，随着中原王朝的日益强盛，南唐也渐渐显出颓势。

很快，南唐开始向后周割地称臣，同时被废除了"唐"的国号，改为附属的"江南国"了，李璟也被废除了帝号，从皇帝变成了"江南国主"。这对于李璟来说简直是奇耻大辱，愧对列祖列宗的事情，然而又无可奈何，最后便郁郁而终了。

李璟死了，李煜方才登场，他一出场就被称为"江南李后主"，这是因为世袭了李璟"江南国主"的称号。这也说明了另外一点，即早在李煜上位之前，南唐已不复往日辉煌，已沦为中原大国强权之下的半傀儡偏政权了。所以李煜后来的种种不如意，其实都早早注定。

李煜见到大势已去，也无心再去经营了，那就干脆风花雪月吧，在金陵城的宫殿里欢饮达旦，完全沉浸在了自己的乌托邦里，而将那些世事纷争全然抛于脑后，管它何去何从。所以当宋军来袭，自己成为了一个亡国之君的时候，他应该不会感到诧异，因为这一切全在意料之中。

李煜的一生似乎并不值得同情，从夜夜笙歌到山河破碎，这是一个君王的咎由自取。然而从文学的角度来看，这种咎由自取又格外令人感到庆幸，若非如此，滚滚历史中不过多了一个平庸的皇帝，却少了一位千年难遇的才子。

但李煜之才，又绝非仅仅局限于文学，在另外一个少有人知的领域里，他亦是被尊为宗师巨匠之人。接下来我们就从香文化这个独特的视角，来了解一下江南李后主的香气传奇。

李煜喜欢香，其实是深受父亲李璟的影响。李璟在位期间，曾大规模对外用兵，一度灭了十国中的两国——闽和南楚。因此世人多会觉得，李璟更像是一介武夫，比起做皇帝，似乎更适合做个马上将军。但人往往是有两面性的，李璟的另一面就是位地地道道的文人雅士，这与他表面上的形象相去甚远。他的词就写得很好，传世的作品也不在少数。

除了各种才艺，李璟对香文化也是情有独钟。《清异录》上有这样一段记载，被收录进了《香乘》，名曰"香宴"：

　　李璟保大七年召大臣宗室赴内香宴，凡中国外夷所出，以至和合煎饮、
佩带粉囊共九十二种，江南素所无也。

　　保大七年（959）基本上就是南唐最为鼎盛的时期，李璟召集大臣和宗室入宫，
举行了一场盛大的宴席。但此宴非同寻常，竟然是一场香的宴席。

　　香宴上都有哪些菜肴呢？一共有九十二道菜，丰盛至极！其中有"和合煎饮"，
就是用天然香料煎煮制成的饮料，且是用很多种香料来共同煎煮的，这种制法源于中
医的煎药，李璟却将其改成了煎香。另一大类是"佩带粉囊"，意为用于佩带的香囊，
每只香囊的外形和香料的配方也都不一样。

　　琳琅满目共计九十二种不同的香气，这在古代中国是很难做到的，因为放眼全中
国的本土香料，要凑齐这个数字几乎不可能实现，更不要说是小小的南唐了。因此在
这段文字中特别做出了解释，"凡中国外夷所出"，"江南素所无也"，意思是这些
香料并非源于国产，而是进口的，"外夷"指中国以外，而非南唐以外，这也从侧面
说明五代十国时期人们的大国意识还是有的。

　　因此我们可以想象当时这场宴席之盛大、用材之奢华，既开创了"香宴"这种形式，
也在香气的多样性上创下了南唐之最，甚至是中国之最。这便是这场香宴能够名留青
史的原因所在。

　　受李璟的影响，满朝文武之中也不乏有香学大家出现。其中一位宠臣名叫韩熙载，
他高才博学，精通音律书画，对于香文化更是有着独到的见解。《香乘》上有这样的记载，
题为"花宜香"：

　　韩熙载云：花宜香故，对花焚香，风味相和，其妙不可言者。木犀
宜龙脑，酴醾宜沉水，兰宜四绝，含笑宜麝，蔷卜宜檀。

　　韩熙载列举了五种花香与香料的搭配。桂花适合与龙脑香搭配；酴醾适合与沉香
搭配，酴醾属蔷薇科，花色如酒；兰花适合与四绝香搭配，四绝香在香谱中并无确
切记载，但有"三匀四绝"之说，皆是富贵奢华之香，"三匀"指龙脑、麝香、沉香，
故而推测"四绝"应为"四合香"，即用"沉檀龙麝"四大名香制成的合香；含笑花
适合与麝香搭配；蔷卜则适合与檀香搭配，蔷卜即郁金香。也曾有人认为，蔷卜是指
栀子花，实际上是不正确的，蔷卜来自梵语音译，在佛经中常出现，特指一种黄色花
朵而非白色，经考证应为木兰科含笑属黄兰，也称郁金香。

　　韩熙载的这套理论并非纸上谈兵，事实证明这五种香气的搭配的确十分绝妙，直
到今天都是制香法门中的要义，堪称制作花香类合香的基本法则，因此韩熙载深厚的

香学功底已可见一斑了。有如此宠臣，又有如此君王，不难想象彼时整个江南宫廷有多么香气四溢！

说起对韩熙载的了解，更多的人是通过那幅著名的《韩熙载夜宴图》，这幅图就是李煜让人去画的。李璟去世之后李煜即位，但当时国力已日渐衰微，江南国内部也开始出现了混乱。由于最大的威胁来自北方强国，朝廷对于北方来的官员尤其放心不下，各种内斗、猜忌层出不穷。而韩熙载偏偏就出身于北方的名门望族，且位高权重、名满天下，是能够一呼百应的人。因此对于这位由北入南的股肱老臣，李煜自然是起了重重疑心。

可韩熙载老辣，他一眼就看出了李煜的猜忌，于是干脆就不理政事了，成天在家饮酒作乐，心想这样你总不至于还怀疑我了吧。可李煜还是放心不下，就派人悄悄地到韩熙载府上去偷窥，看看他整日整夜地究竟在干些什么。派去的这个人画功了得，名叫顾闳中，尤其善画人物，可以把人物的表情、神态都画出来，曾经也给李煜画过肖像。而李煜之所以要派他去，不仅是要看看当时的场景，就连这些人心里在想些什么，李煜都想要知道。所以韩熙载的夜宴，以及夜宴上形形色色的嘉宾、歌姬、侍女等元素，都被顾闳中用画笔详尽生动地记录了下来。这幅图如果按今天的话来讲，应该就是一张偷拍的照片，但没想到就是这么一次机缘，却让这次"偷拍"成了流传千古的国宝珍品。

总之，李煜的才华是有家学渊源的，李璟就给他做了一个很好的榜样，而李璟对于香学的痴迷以及整个宫廷的香气四溢，也在潜移默化中为李煜的香学造诣打下了根基。

青出于蓝而胜于蓝，最终李煜不论是词还是香，都远远胜过了他的父亲。而除了父亲，能够把李煜最终塑造成一代合香宗师的，还有另一个人，那就是小周后。

李煜最拿手的香方就是"帐中香"，在《香乘》当中，仅是他所创作的"江南李主帐中香"这一款香方中，就包含了四种不同的制作方法，前文所述的"鹅梨帐中香"即其中之一。

今天的帐，通常是指蚊帐，纱质的，有细小的孔眼，把床罩住，既能透气又能防蚊虫，夏季常用。但在古代，帐可是大有讲究的。虽然在古语释义中，"自上而下覆谓之帐"，看似与今天的用法一致，但它的用途却广泛得多，除了防蚊，还可以防尘、保暖、挡风，同时还是房间里非常重要的一种装饰，也兼具维护私密和营造气氛的功能。因此古人的帐要比今天的蚊帐复杂得多，它不但需要更多的实用性，还需要具备观赏性。

在汉乐府《孔雀东南飞》中曾描述一个民间妇人的寝室，这位妇人是东汉一个底层公务员的妻子。其中写道："红罗覆斗帐，四角垂香囊。"意思是把红色的绫罗缎

木兰科含笑属黄兰，又称黄缅桂，另有白兰
与其外形相似，香气略淡，亦可入香

子覆在帐上，再把香囊分别挂在帐的四个角上。这样既有装饰性，又有香气安神助眠，
这种做法古已有之，且在民间十分流行。

宫廷的帐则更夸张，汉武帝就曾做了两顶有名的帐，叫"甲乙帐"，顾名思义就是"甲
帐"和"乙帐"。"饰琉璃珠、夜光珠等珍宝者为甲帐，以居神，其次为乙帐，以自居"，
意思是甲帐给神仙用，乙帐给皇帝用。后来南朝诗人沈约还为此做了首《咏帐诗》："甲
帐垂和璧，螭云张桂宫。隋珠既吐曜，翠被复含风。"

可见这帐上装饰了多少珍宝，玉璧、夜明珠、翡翠等不计其数。因此在古代中国，
世间的珍宝和世间的名香都是可以与帐进行结合的，而帐中香的字面意思即在帐子里
面熏焚的香。

可能有人会问，在帐里焚香，如此小的空间，通风又不顺畅，那不得呛死人么？首先，帐中香并不一定是用明火点燃的香品，它们大多是以隔火熏香的方式来品闻，没有烟火气。其次，这里的"帐中"在很多时候泛指寝室之内，"帐中香"即代表寝室用香。

关于隔火熏香的空间，其实"帐中"是个很合适的大小。我们今天去日本，会发现日本香道中有很多流派对于品香空间都是有要求的，要小、要密闭，这样才能最大限度地防止香气流逝。在很多痴迷于香道的日本人家里，多会有一个专门的香室，很小很小，只需两三个平方。相比之下，中国古人的做法更加简单，把帷帐一拉就是另一个香气世界了。

李煜什么时候用帐呢？当然是就寝的时候。李煜跟谁一起用帐呢？当然是小周后了。李煜与小周后并非日久生情，而是一见钟情。相传大周后病重，小周后进宫看望姐姐，为了宽慰病人、调节气氛，自弹自唱了一曲《春江花月夜》——唐代张若虚的唯一一首传世之作。像小周后这样通音律、善乐器、晓诗词的大美女可谓百年一遇。而恰好小周后本身就是一个香痴，所以两情相悦之处，悦的不仅是男女之事，还有他们二人共同的爱好和对美好香气的追求。于是，帐中香在他们的耳鬓厮磨之中达到了历史上的最高水准。

除了跟李煜一起研究帐中香，小周后平日里也是极尽香事。今天的影视剧中常有各种关于宫女的故事，她们分工不同，来自绣坊、浣衣局、御膳房等，但很少看到"主香宫女"，即专门负责宫廷香事的宫女。主香宫女的工作也很有意思，比如要持百合香粉屑，在皇宫中均匀地撒上香粉，还要负责各种场景的焚香礼仪，而不同场景所使用的焚香器具也各自不同。

《香乘》中有一则记载，题为"焚香之器"：

> 李后主长秋周氏居柔仪殿，有主香宫女，其焚香之器曰：把子莲、三云凤、折腰狮子、小三神、卍字金、凤口罂、玉太古、容华鼎，凡数十种，金玉为之。

焚香之余，小周后跟李煜还常常研究制作各色"香宴"，把香料制成各种茶饮和食物，想必是得了李璟的真传。小周后和李煜二人堪称神形合一，也正是这种天造地设、情投意合，才让李煜在如此美妙的爱情之中创造出了美妙绝伦的香气。而我也一直坚信，李煜的诸多香方，没有一个是在国破家亡、妻离子散之后创作的，因为一切美好的气息都一定来自于美好的时光。这一点，不容置疑。

李煜的日常生活也是与香常伴、无香不欢的，不论是在饮酒作乐的喧嚣之中，还是在细雨清风的深思之中，香气无处不在。比如他在一首《浣溪沙》中如此描述：

> 红日已高三丈透，金炉次第添香兽。红锦地衣随步皱。
> 佳人舞点金钗溜。酒恶时拈花蕊嗅，别殿遥闻箫鼓奏。

描写的是他在金陵的大殿之上寻欢作乐，太阳都已经升得老高了，也就是说从昨天晚上开始喝酒唱歌，一直到第二天中午都没停。香炉中早已不知道添了多少回的香了，因为香是无论如何不能断的。

其中提到了"香兽"，通常可作二解，一解为兽形的香炉，烟气可以从兽口中飘出，谓之"喷香瑞兽"；二解为一种香炭，把木炭磨成粉，又在炭粉里添加香料，再把炭粉重新塑造成兽的形状，如狮、虎、豹、麒麟等，这样就可以在取暖的同时让房间充满香气了，且兽形炭也彰显了皇家的威严。但在"金炉次第添香兽"这一句中，因已有"金炉"，"香兽"不应再作炉解，故而我认为应指兽形香炭。

另有一首《采桑子》，李煜又立马换了一种风格：

> 亭前春逐红英尽，舞态徘徊。细雨霏微，不放双眉时暂开。
> 绿窗冷静芳音断，香印成灰。可奈情怀，欲睡朦胧入梦来。

意境很美，细雨霏霏，浸润了落花，也浸湿了愁绪，我双眉紧锁，愁上心头。窗外的琴声断了，香炉里的印篆也烧成了灰。正要昏昏睡去，情怀却突然涌了上来，其实就是心里想念的那个人，悄然走进了梦中。这就是李煜的典型风格，把愁绪写得柔肠百转。但此时的愁，愁的并不是什么故国家园，纯粹只是闲愁而已。

若仅是日夜香不离身，倒也不算什么本事，因为太多文人雅士都有嗜香的习惯。又若像主香宫女那般，每天按照既有的法则去制香、焚香，也不算什么本事，仅是循规蹈矩、照葫芦画瓢而已。所以在香学界，最难的不是用香，而是创香！创造一款香气，并让这款香气流芳千古，这个就太难了！

香气是因人而异，你喜欢的，他可不一定喜欢，因此传世的经典香气首先要具备的一点就是让大多数人喜欢，还不是某一个时代的人，而是在千百年间嗅觉审美不断进步的人们。所以"创香"是伟大的，而"创香"也正是李煜的人生关键词之一。

21. 江南李主帐中香

《香乘》记载了李煜所创作的多款传世香方，如"江南李主帐中香""江南李主煎沉香""李主花浸沉香""李主帐中梅花香"等，其中最为著名的就是"江南李主帐中香"了。

此香自五代以后流传甚广，文人雅士皆竞相效仿，并以能得到上品的帐中香为荣，故而此香可以代表李煜制香的最高成就了。在后世有关香品的记载中，但凡提到"江南"，多不是指长江以南之意，而是指南唐李煜的帐中香。譬如前文所说黄庭坚与苏东坡的对诗"百炼香螺沉水，宝熏近出江南"即是例证。

"江南李主帐中香"共有四种制法，其中第四法即"鹅梨帐中香"，此处不再复述。今天单论其第一种制法，我想也是李煜极具创意，能够代表他制香风格的一款：

> 沉香一两（锉如炷大），苏合香油（以不津瓷器盛），右以香投油，封浸百日，蒸之。入蔷薇水更佳。

李煜的香方一向很简单，却非常直接有效，这就是他的风格。这则看似简单的香方，却让李煜开创了很多个香文化史上的第一。

首先来借香方聊香料。对于主材沉香，李煜并没有说明具体要用什么级别、什么产地的沉香，这一点我个人非常认同。因为香气因人而异，也许你觉得用栈香合适，他就觉得用黄熟香合适，你觉得用海南沉香效果最好，他就觉得用真腊沉香效果最好，青菜萝卜各有所爱，的确没有必要在香方中对品级进行细化，让人们自由地去探索用材的变化，岂不更好？对于沉香的加工，李煜的方法是"锉如炷大"。"锉"是一个磨削、铡切的动作，"炷"则是指灯芯，形容锉碎的沉香粗细像灯芯一样。

接下来有一味很重要的香材登场，名曰"苏合香油"。先来说说苏合香，关于苏合香的产地，《香乘》上记录了好几种说法。一说苏合香产自大秦国，《后汉书·西域传》有云："大秦国一名犁靬，以在海西亦名云海西，国地方数千里，有四百余城，人俗有类中国，故谓之大秦。"意思是此国在大海之西，幅员辽阔，有四百多座城池，人的长相和风俗与中国相似，被称为大秦国。

大秦国很是神秘，它究竟是指哪里，至今仍存在很多争议，但通常在史学上被认为是罗马帝国。公元97年，班超曾派遣使者甘英出使大秦，甘英一路向西，终于在安息国以西的国界处，被汪洋大海拦住了去路。甘英本想乘船渡海，可驾船的人却对甘英说："这海太大了，即使是顺风也要三个月才能到达彼岸，若遇逆风，两年才能到达，因此渡海的人都要带上三年口粮才敢出航。由于在海上漂泊的时间太久，有很多人便在对故土的思念之中郁郁而亡了。"甘英听了这话，也许是被吓到了，也许是有公务在身没办法耽误太长时间，总之打了退堂鼓，止步于安息国西海岸。这也是中国人在历史上最为接近大秦国的一次。

甘英所面对的汪洋，可能是地中海，可能是波斯湾，也可能是红海，谁也说不清楚。但海之彼岸，能够符合"四百城池"这种规模的超级大国，罗马应该是最合适的选项。再加上罗马领域内的诸如小亚细亚半岛（今位于土耳其境内）等地，当地人的长相、风俗也的确与中国人很像，故而又为这个结论增加一层可信性。

在大秦国，"国人合香谓之香煎，其汁为苏合油，其滓为苏合油香"，意思是罗马人有一种制香的方法被称为香煎，煎出来的汁液是苏合油，固体渣滓则为苏合油香。显然苏合油和苏合油香是同一种香料经过加工后所形成的不同产物。

另一说苏合香产自大食国，《南番香录》记载"苏合香油亦出大食国，气味类笃耨，以浓净无滓者为上。番人多以涂身，而闽中病大风者亦仿之。可合软香及入药用"。意思是苏合香油在大食国也有产出，气味类似笃耨。对"笃耨香"的所指通常有两种解释，一是指产自东南亚类似安息香的树脂香料，其所含杂质的多少造成了颜色的区别，进而又分为黑笃耨、白笃耨等不同的品级；二是指一种原产于希腊的天然树脂，也称玛蒂树脂，这种树脂香气清淡，生闻几乎无法察觉，但却十分适合入口咀嚼，气味柔和不刺激，且口感像极了今天的口香糖。在希腊、土耳其等国家的商店里，经常能看到将原始的玛蒂树脂作为口香糖直接出售，它们被装在小盒里，像米粒一样粒粒分明。相比之下，后者无香气显然不适合入香，因此我认为古籍中的"笃耨"应指前者。

气味似笃耨，又以浓稠、纯净、没有渣滓的苏合香油为上品，外国人喜欢用这种油涂身上，中国沿海的人如果得了风寒也如此效仿，可以治病。因此在中国苏合香油的用途就是合香和药用。

这段记载说明了古人的两点认知，其一，苏合香不仅是罗马有产出，阿拉伯也有产出，地域性并不唯一；其二，把苏合香油进行了分级，浓且纯的最好。

在产地方面，除了上述两种说法以外，还有诸如"苏合油出安南、三佛齐诸国""中天竺国出苏合香""苏合香从西域及昆仑来"等，苏合香的足迹遍布中亚、东南亚、印度等地，着实让人摸不着头脑。而我认为关于苏合香的产地不明，多是因商旅贸易等原因产生的误解。交通不畅和信息滞后导致古人对于香料原产地的追溯非常困难，相比之下，甘英在安息国的见闻反而更为可信，今天的植物学研究也基本证实了这一点，苏合香的母体蕈树科枫香树属苏合香树（Liquidambar orientalis Mill.）就原产于土耳其南部，在甘英的年代，那里属于大秦国。

说起树脂香料，通常我们会联想到松脂、琥珀、乳香之类，从树上滴落，最终凝结成半透明状的物质，但苏合香与这些树脂略有不同。首先苏合香并不会自然地分离出来，人们需要刮掉树木表面老皮，进而在树干上凿出沟壑，如此树木才会分泌出树脂并顺着沟壑流淌，凝固之后即可采集，这类苏合香最为纯净也最为稀少；除了沟壑里的，树脂还会渐渐浸入树皮中，人们会在秋季陆续剥下饱含树脂的树皮，进行压榨或煎煮，榨出来的油就是苏合香油，而剩余的渣滓，我理解为依然含有少量油分的树皮残渣则被称为苏合香或苏合香皮。

正是因为苏合香的这个特性，在《本草纲目》中就有了一个非常有意思的记载：

> 广州虽有苏合香，但类苏木，无香气，药中只用有膏油者，极芳烈。大秦国人采得苏合香，先煎其汁以为香膏，乃卖其滓与诸国贾人，是以辗转来达中国者不大香也。

广州虽然也有苏合香在售卖，但都是像苏木一样的东西，苏木是一种小乔木，颜色发红，并没有太大的香气。因此这种苏木状态的苏合香是不能入药的，入药的苏合香一定是膏油状态的，是一种香气芳烈的油状物。很显然，李时珍所说的"膏油者"才是真正的"苏合香油"。

那么这种不香的"苏合香"是哪来的呢？原来是罗马人采下含有苏合香的树皮之后，先煎出油自己用，而把剩下的渣滓卖给外国商人，所以舶来广州的苏合香只是提炼后的苏合香皮而已，当然"不大香"了，这就再次印证了苏合香油的提取方法。同时这也是一则关于古代商品以次充好的记载，李时珍就是"打假"的人。自古以来无奸不商，尤其是这种产自外域的、需要深加工的产品更容易混淆。这也是导致很多香料的来源至今都说不清楚的一个重要原因。

而在古代，除了李时珍这样的名医，除了进行国事访问的甘英之外，还真的没有几个人能搞清楚苏合香的来龙去脉。因此在古方中用苏合香的并不多，即使用了，也不能确定用的究竟是油还是树皮残渣。

为什么苏合香要作假呢？只有唯一的答案，那就是贵。《香乘》上有这样一则记载，题为"市苏合香"：

> 班固云：窦侍中令载杂彩七百匹市月氏马、苏合香。一云令赍白素三百匹欲以市月氏马、苏合香。

窦侍中名叫窦宪，是东汉时期的名将。他曾想用七百匹彩色丝绸或三百匹纯白素丝去交换大月氏的马和苏合香。前文讲过，张骞找到的大月氏已经西迁到了中亚，与大宛国比邻。大宛国盛产一种名马，称为大宛马，也被称为"汗血宝马"，汉代的帝王们皆视若奇珍，以"天马"相待。因此数百匹绫罗绸缎价值多少姑且不论，就是这"天马"的价值已是令人难以想象了，而可以与其相提并论的，竟然就是这异域香料，苏合香。

虽然假的苏合香很多，但李煜非常明确地在香方里注明了，他所用的是"苏合香油"，而不是苏合香，仅从表述上来看就十分严谨。再加上从他的父亲李璟开始，南唐就大肆收集外夷的各种香料，所以有理由相信，李煜所用的苏合香油应该是正宗的高品级货色。

李煜把沉香碎块直接投入到了苏合香油里，然后密封起来。他还特别指出，要用"不津瓷器藏"，不津就是不透水，说明密封性要保证。如此这般，浸泡一百天之后再取出沉香，就可以熏焚了。

这种浸泡沉香的方法可以说是李煜的一个创举，虽然看起来简单粗暴，但实际上却非常有效。苏合香油是浓稠且极芳烈的材料，它会充分地包裹住沉香，长达百天的时间它又将浸入沉香内部，让沉香的香气发生质的变化。这不同于其他的合香手法，胆大又充满新意。

最为经典的一句在香方的最后："入蔷薇水更佳。"这又是李煜的另外一个创举。从今天植物学的角度来讲，蔷薇实际上是蔷薇科蔷薇属部分植物的一个通称，是一个广泛的植物门类，比如月季、玫瑰，还有月季和玫瑰杂交的一些品种都被归为蔷薇类。但在中国古代，蔷薇就是蔷薇，月季就是月季，玫瑰就是玫瑰，三者有很多相似之处，但也有不同的细微区别。很多人认为玫瑰是外国传进来的，并非如此，玫瑰在中国有着非常久远的种植历史，汉代古籍《西京杂记》里就已经有记载了。

蔷薇类花朵通常很香，但是这种香气却无法被直接使用，比如按中国人的制香手法，直接取花瓣熏焚或合香，香气就会很快消散，甚至没有香气只有浓烟。因此在古方之中，我们基本看不到蔷薇类材料直接被使用。

然而这个问题却被阿拉伯人解决了，他们发明了一种提纯的技术，能够浓缩花朵中

唐代琉璃香水瓶

的香气物质，并制成一种充满浓郁香气的液体，这就是蔷薇水。因此蔷薇水最早是来自于大食国的，来自于大马士革玫瑰的蒸馏提取液，这种液体里既含有玫瑰油也含有玫瑰露，因此也可以被称为"玫瑰粗油"。

蔷薇水传入中国之后引起了轩然大波，对于当时从未见过"香水"的中国人来说可谓大开眼界、新奇不已。《香乘》中的记载也十分夸张："大食国蔷薇水虽贮琉璃瓶中，蜡蜜封固，其外犹香透彻，闻数十余步，着人衣袂经数十日香气不散。"

因此在当时，蔷薇水的香气之浓郁、时间之持久，是令中国人无比震惊的。但蔷薇水自传入以来，一直都是做香水来用，或洒或喷，从来没有人把西方的蔷薇水与中国的合香来进行结合，于是李煜成为了第一个吃螃蟹的人。

玫瑰本身就具有增加情欲的作用，被用于帐中香之中，更是适得其所。因此我们可以推测，这种香气的创作不是一个孤苦伶仃的人可以完成的，而是李煜和他心爱的小周后，情意绵绵、融情于香的结果。至于香方中的"入蔷薇水更佳"，我个人的理解就是直接把苏合香油替换成蔷薇水，浸沉香于其中，则香气更好。这便是李煜的第二个创举，把进口的外国香水融入了中式合香之中。

继续看李煜的另一则香方，"李主花浸沉香"：

> 沉香不拘多少锉碎，取有香花：若酴醾、木犀、橘花（或橘叶亦可）、福建茉莉花之类，带露水摘花一碗，以磁盒盛之，纸封盖，入甑蒸食顷取出，去花留汁浸沉香，日中曝干，如是者数次，以沉香透烂为度。或云皆不若蔷薇水浸之最妙。

主材依然是沉香，且不论多少都可以，再次体现了李煜制香的豪迈风格。接着把沉香直接锉碎，成为很小的颗粒状。再摘下有香味的花朵，比如蔷薇、桂花、橘花或橘叶、福建茉莉花之类，而且还必须是带露水的，也就是清晨采摘的新鲜花朵。用瓷盒装好密封，隔水蒸煮，片刻就可以拿出了。去掉里面的残渣，只把汁液留下，这个汁液实际上就是中国古人简易提纯的"香水"了，虽然比不上外国的蔷薇水浓郁，但香气清丽鲜活也别有一番风味。用花汁浸泡好沉香，放在太阳底下晒干，干了再加花汁，如此反复数次，一直到沉香充分吸收了花香为止。

这一次李煜没有用苏合油，而是把苏合油替换成了自己制作的"百花汁"，这就成了李煜的第三项创举——自制百花汁用于合香。但最有意思的还是香方末

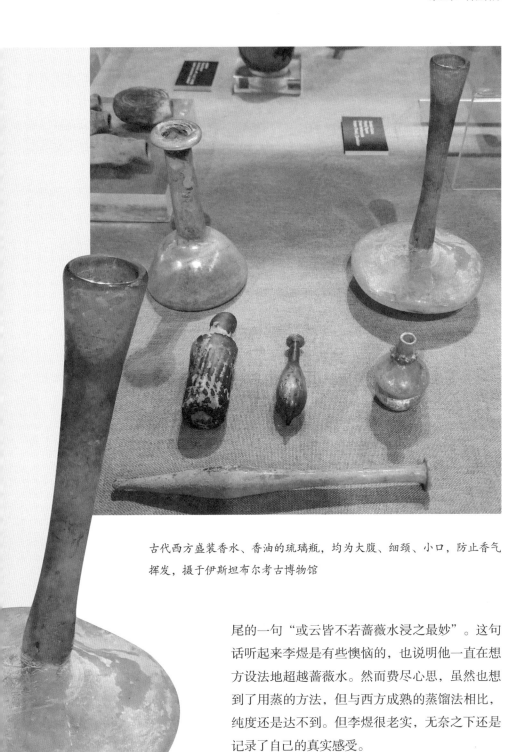

古代西方盛装香水、香油的琉璃瓶，均为大腹、细颈、小口，防止香气挥发，摄于伊斯坦布尔考古博物馆

尾的一句"或云皆不若蔷薇水浸之最妙"。这句话听起来李煜是有些懊恼的，也说明他一直在想方设法地超越蔷薇水。然而费尽心思，虽然也想到了用蒸的方法，但与西方成熟的蒸馏法相比，纯度还是达不到。但李煜很老实，无奈之下还是记录了自己的真实感受。

写下这段文字的日子，恰逢戊戌年七月初七，七夕节。这是一件让我觉得十分诧异的事情，因为这一天也是李煜的诞辰和忌日。一切竟然如此巧合！

李煜的生日和忌日都是七月初七，他是一个生于七夕，死于七夕的人，这无形当中又为李煜的人生增添了一些浪漫的属性。古籍上说："汉彩女常以七月七日穿七孔针于开襟楼，人俱习之。"意思是汉朝的宫娥彩女在农历七月初七这天，会在宫楼里进行比赛，用丝线来穿大大小小的七种针孔，民间也纷纷效仿。这实际上就是七夕节，也称"乞巧节"的由来。而仔细想想，这倒也十分符合李煜的心灵手巧。

七夕之夜，我熏上一炉"江南李主帐中香"，而后仰望星空，不禁会想，那银河两岸的牛郎和织女，会否也是李煜和小周后的化身呢？我在香气中沉沉睡去，思绪却开始穿越时光，梦回那柔情似水的金陵南唐。

22. 寿阳公主梅花香

我小的时候，学校每次组织表演节目，女同学们都会穿上漂亮的裙子，再画上一个对于小朋友来说很"浓"的妆，看起来十分喜庆。这些妆通常都有一个共同点，就是在眉间用红色点上一个点，我们当地的俗话叫作"眉眉俏"。后来渐渐长大了，发现很多影视剧里，尤其是唐代的宫廷女子们，眉间也会有这样的"眉眉俏"，只是描画得更加精致了。

实际上，这种眉间的妆容来自于比唐更加遥远的年代，它有一个好听的名字，叫作"梅花妆"，它的故事与香有关，也与一位公主有关，这位公主就是寿阳公主。

寿阳，取寿与天齐之意，是一个吉祥的称号，历史上叫寿阳公主的共有三位，而我们要讲的是南朝宋武帝的长女。

寿阳公主并没有诸如文成公主那样垂名青史的历史贡献，也没有诸如太平公主那样起伏跌宕的精彩故事，她能够流芳百世的原因非常神奇，完全是因为一段偶然而又唯美的传说。

这段传说被记录在《太平御览》之中。话说有一天，寿阳公主跟宫女们嬉戏打闹，有些累了，便躺在含章殿的檐下小憩。公主很快就睡着了，这时候吹来一阵风，把院子里的一棵梅花树，吹得落英缤纷。恰好其中有那么一朵梅花，不偏不倚地落在了寿阳公主的额上，眉心正中的位置。可能是额头上有汗水，这朵梅花就贴在了上面，没有掉落。等到公主醒来，对镜梳妆，看到眉心的梅花，用手轻拂却拂之不去。等把梅花摘掉，眉心处已留下了一个梅花的印记。

花朵在皮肤上的确是可能留下印记的，比如凤仙花，也叫"指甲花"，揉碎了就可以用来染指甲，比如焉支山的红蓝花，可以用来做胭脂。而梅花经过汗水的腌渍，色素也会印在皮肤上。

梅花印记被宫人们看见了，大家都觉得非常惊艳，因为在此之前从未有人想到还可以在眉间附加一些装饰，再加上梅花本身的造型非常特别，五个花瓣，整齐对称，十分符合中国人的审美。古代女子的化妆品是很匮乏的，基本上除了嘴上的口脂、脸上的胭脂、乌发的香泽、画眉的黛以外，再无更多新意，所以当梅花印被偶然发现了之后，所有人都觉得这个妆容太美了，太特别了，于是就把这个印记称为"梅花妆"。

梅花妆一下子就流行开了，不仅是皇宫里的女子们争相模仿，很快就传到宫外去了，一时间民间的女子们也全都在画这个妆容。如果当时有微博，"梅花妆"这三个字绝对在热搜排行榜上。

但梅花是有季节性的，只有冬天才能画梅花妆这未免也太局限了，于是劳动人民的智慧迸发了出来，大家把梅花晒干磨粉，化妆的时候用笔蘸着梅粉，画成梅花的形状。这样一来，梅花的颜色、香气就全都具备了，而这种做法逐渐演变成了"额黄妆"，即在额头涂抹黄色。李商隐的《蝶三首》中就有这样一句："寿阳公主嫁时妆，八字宫眉捧额黄。""额黄妆"也被称为"贴花黄"，北朝民歌《木兰诗》中的"当窗理云鬓，对镜贴花黄"即是所指，可见这种妆容也很快传到了北方。

自从梅花妆开创了一个以花贴面的时代，后面就演化出了更多的贴妆之法，像彩纸、绸缎、贝壳、羽毛，甚至于蝉和蜻蜓的翅膀都可以加工一下用来贴面，一时间这天下女子，人人的眉间都有了不同的风情。而这段传说的缘起之人寿阳公主，也被认为是梅花精灵的化身，成为了民间传说中正月的花神。

说完了寿阳公主的梅花妆，接下来一起看看《香乘》中记载的这则传世香方，"寿阳公主梅花香"。

梅花香是香方当中一个很大的门类，如同帐中香一样，它所代表的绝不是某一款香方。比如在《香乘》第十八卷"凝合花香"中就记载了多达几十种梅花香的香方，除了寿阳公主梅花香之外，还有李主帐中梅花香、韩魏公浓梅香、梅蕊香、腊梅香，包括苏东坡的雪中春信等，都是以梅花为主题的合香。

为什么梅花香会在香谱中占据如此大的比例呢？梅花到底在中国人心中有着怎样的地位呢？我们不妨来了解一下。

有一个成语叫"春暖花开"，天气暖了花才会开，这是自然规律。但梅花偏偏不是，它就是"凌寒独自开，为有暗香来"，越是寒风凛冽，越是大雪纷飞，它就开得越盛。所以在寒冬腊月，怒放的梅花首先代表了一种让人感动的气节，坚毅、桀骜、不畏风雪！而这种气节，正是中国人最为看重的东西！因此在这千百年当中，梅花绝不仅仅是一种花，它更是一种精神的象征，在"四君子""岁寒三友"这些以气节著称的组合里，梅花一定是不可或缺的。这就是第一个原因，梅花的地位决定了梅花香的地位。

第二个原因，就是梅花实在是太让人怀念了。有一个词叫"踏雪寻梅"，我们可以在很多古人的画作上看到关于踏雪寻梅的描绘。茫茫雪原，一主一仆，主人骑着毛驴，仆人背着酒壶，他们的身后是长长的脚印，远处却是一抹灿若云霞的殷红，尽管寒风刺骨、步履蹒跚，但他们依然兴致勃勃、欣然往之，只为赏那雪中红梅。而这样的画面，在今天几乎不可能出现了，谁会在大雪天跑出去以寻梅为乐呢？那还不如在家里玩玩手机来得精彩。但要知道，在古代的寒冬，生活的枯燥程度是难以想象的，尤其是对于文人雅士而言，这种满世界的荒芜与萧瑟，不但禁锢了他们的身体，也加重了他们精神上的空虚寂寞。于是他们开始疯狂地怀念春花秋月，怀念青山绿水，而唯一可以遣怀的，或者说唯一可以寻到的慰藉，就只有那雪中之梅了。

我们可以想象古人寻到梅花时的情景，那种雪白与鲜红的对比，凋零与生机的对比，该有多么强烈！而在梅花的清香钻入鼻孔的刹那间，这鲜活的香气又会带来怎样的惊喜呢？这种心情，不是今天的我们可以体会的。

当冬天过去，当无比怀念的春花秋月、绿水青山又接踵而至的时候，他们却又会发现，真正让人怀念的，反而是雪原深处的那株梅花了。所以文人雅士们不仅冬天要寻梅，其他的季节更加想念梅花，甚至说越是百花争艳，就越是想念梅花的清冷不俗。那既然梅花已落，不可复得，何不把梅花的香气制作出来呢？让梅香得以四季常伴，岂不妙哉？

因此，各种梅花香的香方开始诞生并世代流传，而作为梅花花神的寿阳公主，她的梅花香自然是其中颇具代表性的一款。

23. 梅花香的制法与境界

前段时间收拾旧物，无意中翻出了一幅图，是几年前一位朋友送给我的，一时间颇有感触。这幅图有一个独特的名字，叫《九九消寒图》。

图上画的是一株老梅，老梅发了九根枝丫，每根枝丫上又画了九朵梅花，一共是九九八十一朵。梅花是不设色的，仅用黑线勾勒出花的轮廓。这图看似简单，却代表了中国古人一项颇具意义的传统习俗。

古人把从冬至开始的每九天划分为一个阶段，在九个阶段结束以后，也就是从冬至起八十一天之后，古人认为冬天就会结束，春天就会到来。比如我们常用"三九天"

代表最冷的时候，"三九"就是指的第三个九天。再往后比如"七九开河"，河上的冰就开始融化了；"八九雁来"，大雁就飞回来了；"九九耕牛遍地走"，代表新一年的春播开始了。所以中国古人一到冬天就开始数日子，不仅劳苦大众如此做，文人雅士、皇宫贵族也都有这样的习惯，这才有了"数九寒冬"之说。

在《九九消寒图》上，古人把这一年之中最难熬的八十一天画成了八十一朵梅花，从冬至开始，每天都用朱砂涂红一朵梅花。当涂满九朵时，就代表寒冬已经过去一个阶段了，而当满满的八十一朵梅花都被涂红时，再看看窗外，已是春暖花开了。元代诗人杨允孚有一首诗："试数窗间九九图，余寒消尽暖回初。梅花点遍无余白，看到今朝是杏株。"揭示了《九九消寒图》的趣味所在。尽管它本质上还是在数数，跟撕日历没什么区别，但它把煎熬变成了一种乐趣，把一件俗事变成了一件雅事，把内心深处的渴望变成了陆续绽放的红梅，这就是中国古人的智慧。

为什么我说看到这幅图时突然有些感触呢？因为这幅图上只有三枝不到的梅花被我涂成了红色，其余的依旧是白梅朵朵，说明那一年我只坚持涂了二十天的样子。是什么事情让我中断了呢？如今早已想不起来了。但我觉得，如果今年冬至再让我来涂《九九消寒图》的话，估计更是坚持不了几天就会将之抛于脑后了。不得不承认，生活中的干扰和诱惑越来越多，让人很难安静下来专注并持续地去做一件事情。

如今的寒冬，我们有暖气有空调，再也不会像古人那般难熬；我们有手机有网络，也不会像古人那般寂寞。当然这是件好事，文明的进步让生活更加安逸了。但跟表面上的安逸所相对的，却是我们的内心越来越空虚了，我们没有了那种对春天的渴

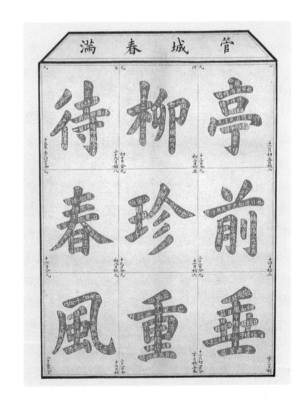

"亭前垂柳珍重待春风"，每字九画，共八十一画，涂字形式的《九九消寒图》

望，也没有了那种在雪地里寻到一株梅花时的欣喜，生活很多时候都只是当下热闹，回头细品时却寡淡无味。作为一名制香师，能把古人的梅花香方一一复原，让人们得以从香气中解读古人的心境，一起寻找曾经的那份欣喜，于我而言便是最幸福的事情了。

梅花的香气想必大家都很熟悉，闭上眼睛想一想，是那种悠然而至，在不经意间钻入鼻孔的清香。尤其是腊梅，很多朋友在春节前后都会买几枝回来插上，淡黄素雅、暗香浮动，也十分应景。因此大部分人会认为，古人所创作的梅花香，一定也是在模拟各种梅花的香气，诸如寿阳公主梅花香这样广为流传的经典香方，想必是像极了梅花的味道，足够以假乱真。

但我要告诉大家一个不幸的消息，几乎所有的梅花香古方，包括寿阳公主梅花香，都与现实中梅花的花香没有太大关系，这一点可能会让很多第一次闻到中式梅花香的朋友感到失望。既然不是梅花的花香，为什么要叫梅花香呢？这岂不是挂羊头卖狗肉么？这个问题值得深入探讨。

首先来看寿阳公主梅花香的香方，通过香方了解一下其中的香材：

> 甘松半两，白芷半两，牡丹皮半两，藁本半两，茴香一两，丁皮一两（不见火），檀香一两，降真香一两，白梅一百枚。

甘松、白芷、牡丹皮、藁本，这四味材料是中国本土所产的香药，有着悠久的使用历史，在此方中各取半两，等分入香。而到了第五味"茴香一两"，用量却陡然增加了一倍。

我第一次听说茴香，来自鲁迅先生笔下的孔乙己，他在绍兴的咸亨酒店里，把茴香豆的"茴"字写出四种写法。然而茴香豆的茴香，却不是我们香方中的茴香，这件事也是到后来我才弄清楚的。茴香是一种外域的香料，大约是汉代时由欧洲、地中海一带传进中国的。但随着时代的变迁，茴香这个词却囊括了越来越多的植物品种，有大茴香、小茴香、洋茴香、意大利茴香、甜茴香、藏茴香、印度藏茴香等，而且还出现了很多跟茴香植株形态非常相似的植物，比如莳萝。尽管茴香是一个非常混乱的概念，但最为常用的几个品种还是需要学会辨识。

首先是大茴香，指的是八角，家家户户的厨房里必备的一味调料，茴香豆的茴香即是八角。但八角只能作为调料，却不能用于合香，香方里的茴香，通常都是指小茴香。北方人会经常食用新鲜的小茴香，因为小茴香的根茎包括嫩叶都具有芳香气，用来包饺子、包子，尤其是跟羊肉一起烹饪，有很好的解油腻、去腥膻的效果，且能增加芳香醇厚的口感，而南方人就不一定吃得惯了。但在古代香方里，茴香虽然指小茴香，却特指小茴香的果实，而非根、茎、叶。

前些年有一位制香爱好者拿着他做的"寿阳公主梅花香"让我品鉴，我觉得气味很奇怪，问他用了什么材料。他说都是严格按照古方来的，不会有问题。我说一定是你用错材料了，可以带来让我看看。过几天他把材料带来了，我一看，果不其然，他把孜然当成了小茴香。孜然虽是香料，但气味浓烈辛辣，烤羊肉串常用，当然是不能入香的。但孜然的确跟小茴香的果实长得很像，乍一看几乎就是一样的，但如果仔细观察，孜然的颜色要深得多，颗粒也要小一些，气味更是完全不同。

古人为什么要把茴香加入梅花香的香方里呢？我个人的理解是因为茴香"升阳"的特点，简单来说就是茴香的香气会让人感到温暖。《唐本草》中记载，"茴香善主一切诸气，为温中散寒、立行诸气之要品"。《伤寒蕴要》中对茴香的描述更加直接明了，三个字"暖丹田"。

而从茴香的使用范围来看也是如此。为什么北方多见，南方少见呢？因为北方寒冷，茴香可以驱寒。我在北欧和俄罗斯的超市里看到了大量新鲜的茴香与普通蔬菜一起售卖，茴香也会出现在各种食物的搭配里，甚至于酒里、饮料里。我就曾出于好奇买了一瓶茴香味的饮料，喝了一口就知足了。

如此看来，茴香升阳驱寒的特性是它出现在寿阳公主梅花香中最主要的一个原因，因为在凛冽寒冬，能够让人感到温暖的香气是十分可贵的。当然能够驱寒的香材并不只有茴香一种，其他的诸如檀香、肉桂、干姜、荔枝壳，它们的香气也都有驱寒的功效。特别要说明的一点是，由于茴香在如今被大量地用于烹饪，这种气味会让很多人感到过于接近某些食物从而失去美感，鉴于这种情况，可以在制香时将茴香的用量酌情减少。

再看下一味材料，丁皮。很多人不知丁皮为何物，在制香时就用丁香取而代之了。但实际上，丁皮并不是丁香。在北宋医家韩祗和所撰《伤寒微旨论》中，有一则"温中汤"药方："舶上丁香皮一两，厚朴一两，干姜二分，白术二分，丁香枝二分，陈皮二分。"其中出现了两味与丁香有关的材料，"舶上丁香皮"与"丁香枝"，显然它们各有所指。

丁香皮是丁香树的树皮。可能有人要说，那太简单了，丁香树到处都是，剥一些树皮不就行了？这又错了，国内所种植的大部分丁香树，都是观赏型丁香，属于木犀科丁香属植物，它无论是花朵、果实还是树皮都没有足够的香气。而合香所用的丁香特指桃金娘科蒲桃属的丁香，主要产自热带地区，比如马来西亚、印度、印尼等国，所以古方中的丁香皮一定是"舶上"的，进口而来。

热带地区虽然盛产丁香，却从来不出产丁香树皮，要想直接买到丁皮是很难的，这就造成了源头上的匮乏。早年间我制香所用的丁皮，大多是在热带种植园里购买丁香时顺便索取的，当地人也会非常不解，你要这个树皮干什么？彼时丁皮只能作为购买丁香的附赠品。如今我国沿海一带的丁香栽培基地也有丁皮出售了，相对来说已容易获得。

丁皮看起来干涩，生闻也没太明显的味道。可一旦晾晒干磨粉，再进行适度加热，在独特的清香气散发出来的一瞬间，你就会明白为什么寿阳公主梅花香里会有这样一味材料了。这种清香与丁香的辛酸气不同，是一种木质的、略带凉意的轻扬香气。轻扬，表示香气是上浮的，能够带走一些沉闷、厚重的东西。这种香气，正是茴香浓郁、温热气味的中和剂。

清凉的香气通常更容易挥发出来，因此热熏寿阳公主梅花香时，率先登场的是丁皮、藁本之类的清凉感，之后才是茴香、檀香、降真香等的温暖香气，这是一个渐变的过程。而这种嗅觉体验，是不是与我们在茫茫雪原中寻到一株红梅时的感受是一样的呢？是不是与古人在寒冷的天气里期盼春天降临的那种心境是一样的呢？寒意彻骨，却心生暖意，这就是梅花之妙，这就是梅花香之妙。

丁香枝又叫丁香枝杖，指干燥的丁香花梗或细枝，香气、功效皆与丁香类似，但要清淡很多，入口无刺激感，多用于药方，合香中少见。

最后再来说说白梅肉这味材料。"青梅熏黑为乌梅，盐渍为白梅"，这是中医上的说法，制香同样如此。因此乌梅和白梅，本质上都是青梅，只是制作的方法不同而已。贾思勰在《齐民要术》中记载了白梅肉的做法：

> 梅子酸，核初成时摘取，夜以盐汁渍之，昼则日曝。凡作十宿、十浸、十曝，便成矣。

首先要在青梅还未完全成熟时摘取，晚上用盐水浸泡，白天则捞出来晒。如此反复，浸泡十个夜晚，再晒十个白天，就做好了。过程很简单，但很费时间。晒干的白梅肉通常都有盐粒存在，盐粒并不会影响香气，反而有防霉的作用。

白梅肉取一百枚，这是一个很大的比例，其目的就是要让梅子的酸爽感体现得淋漓尽致。虽然青梅并非梅花的果实，而是由果梅树所结，寒冬里的梅花香气也与春季的果梅花香有所不同，但二者香气中还是有很多神似之处。此外仅是这个共同的"梅"字，也会让人产生无限的遐想。

接下来是寿阳公主梅花香的制法：

> 右除丁皮，余皆焙干为粗末，磁器窨月余，如常法蒸之。

　　丁皮不用焙干，因其本身轻薄干燥且所含香气物质易挥发，其余材料焙干后同丁皮共碾为粗末。特别要说明的是白梅肉的焙干，制香中炮制果肉类材料，通常都会用到这种方法，即在锅里文火慢炒，把柔软的质地炒得干燥坚硬，如此才能顺利磨粉。比如"汉建宁宫中香"中用焙干的方法来处理枣肉，也是同样的道理。

　　所有材料混合之后放入密闭的瓷罐中窖藏一个月即香成。

　　至此，对于为什么中国古人的梅花香并不具有真实的梅花香气这个问题，答案已显而易见，至少从材料上看，根本就没有用到梅花，自然就不会有梅花花香。但重点并不在这里，而是在于中国人还拥有一项独特的鉴赏能力，那就是写意。

依据古方，"寿阳公主梅花香"应为香粉，但我们依然可以合入炼蜜将其制成香丸，再用腊梅花瓣碎末裹衣，古方改造也别有一番韵味

写意是写实的反义词。写实很好理解，比如在绘画领域，素描就是写实，画得比照片还逼真的油画更是一种写实，这都是西方所擅长的。乾隆年间，郎世宁用西方绘画的手法来给皇帝皇后画肖像，得到了极大的赞许，在此之前从未有中国画师能将人像如此逼真地跃然纸上。

再看看中国画的最高境界，却是崇尚写意的，我们追求的不是逼真而是传神，不是形象而是意象。比如寥寥数笔的泼墨山水，不需要用到其他颜料，仅是用墨就能分出五层不同的效果，被称为"墨分五色"。或淡或浓，或浅或深，瞬息之间就能变幻出远山、松涛、云雾、飞瀑等画面，恍如仙境一般，这才是中国画的精髓。

写意与写实的区别，实际上就是东西方审美的区别，绘画是如此，制香也是如此。西方香讲究写实，假设你去买一瓶梅花香水，如果香水的味道不是梅花花香，你一定会去退货。但中国香就不存在这个问题，因为我们追求的是香气所能带给我们的意境，像与不像并不重要。

雪中梅花，万物萧索中突然有了一点殷红，在天寒地冻里让人备感温暖，这种对比强烈的感受，是任何香水都无法表达的。所以追求写意的中国人自然也会追求写意的香气。

《香乘》中关于梅花的香方还有很多，比如"梅蕊香"，按常理来说，梅花蕊和梅花的香气难道有区别么？并没有。但在中国人心中，这两者又是不同的，梅花蕊就是要比梅花多上那么一丝娇柔的感觉。又比如"梅林香"，漫步在一片梅花树林之中的感受和寻到一株梅花时的感受又是不一样的，而正是这些不一样，才造就了如此众多的传世梅花香。

总有一些偶然，在不经意间创造着传奇，就像这朵小小的梅花，竟成了眉间千年不灭的印记。这是一次天公作美的巧合，也是一场风与落梅的奇缘，寿阳公主梅花香，让我们得以回到南朝，回到那个绝美的瞬间。

24. 赵清献公香

宋以前的香气，大多透着奢靡之风。然而到了宋代，香气中开始渐渐有了一些素朴之感，并越发受到文人阶层的喜爱，这些如山野清风般的香气，一扫艳腻媚俗，甚至成为了人性光辉的写照。其中有一款"赵清献公香"，便是来自一位两袖清风的大宋臣子。

此人姓赵名抃，"清献公"是他的谥号。谥号是朝廷对往生者做出的盖棺定论，对其一生的总体评价。因此谥号不全是夸奖和赞赏的词语，比如隋炀帝的"炀"就代表着薄情寡义、逆天虐民。但"清献"二字显然是褒义的，譬如早在《逸周书·谥法解》中就有对"献"的释义："聪明澦哲曰献。"可见朝廷对他的评价之高。

赵抃是一位北宋的大清官，人称"铁面御史"。可能很多人未曾听说过他，但如果说起另一个人就一定很熟悉了，那便是包拯。但实际上包青天故事的原型并不是包拯一个人，而是两个人，一个是黑脸的包拯，另一个就是铁面的赵抃。

宋史记载，包拯和赵抃曾同在御史台任职，赵抃任殿中御史，主要负责纠察中央官员的违纪行为，包拯任御史丞，主要负责地方官员的违纪案件，他们二人一个主内一个主外，办了很多大案要案。后来这些事迹渐渐传开了，在民间融为一体，成了坊间流传的上斗皇权、下卫黎民的清官故事。

北宋官场由于变法之争、党派之争的愈演愈烈，一直都处于动荡不堪的状态，再加上贪腐现象十分严重，御史台就成了一个非常敏感的所在。面对强权霸凌，是秉公处置，还是徇私枉法？这常常让御史们左右为难，很多情况下除非选择同流合污，否则就会被巨浪所吞噬。但赵抃却堪称是浊世中的一股清流，他刚正不阿、铁面无私的处事原则，曾让一众高官胆战心惊，而这也自然让他的仕途充满了凶险。

宋史记载，宰相陈执中的小妾接二连三打死了几个丫鬟，本是人命关天的大事，但由于是宰相府中之事，根本没人敢管。但这件事被赵抃知道以后，立即"列八事奏劾执中"，一个七品御史竟然胆敢奏劾辅政大臣，众人皆以撼树蚍蜉视之。皇帝看了奏本，也觉得不是什么大事，有意要保护陈执中，想着含糊几句就过去了。可不承想，赵抃实在是太执着了，连上奏章不依不饶地要讨个说法。毕竟国有国法、家有家规啊，皇帝也没办法，只得按律罢了宰相的职，并严惩了凶手。诸如此类被赵抃扳倒的高官重臣还有很多，但赵抃也终因受到奸佞的排挤被贬出京师。

其中一次，赵抃被派往成都，自古以来"蜀道难难于上青天"，入川之路都是充满了艰险的，然而他却"单人独骑，仅携一琴一鹤赴任"，只一人一马，背了把琴，马上挂了一只竹篓，篓里养了一只仙鹤，就这么清清爽爽地去赴任了。前文讲麝香时，提到有官员从长安去蜀中赴任，所带的妻妾成群结队，仅是身上涂抹的麝香就把沿途的西瓜都给熏死了。可再看看赵抃的赴任之旅，如此清心寡欲，就像个仙风道骨的神仙。因此便有了"一琴一鹤"这个成语，专门用来形容为官清廉，而"琴鹤"的形象也成了赵抃的人生标志。

在成都任职期间，赵抃做了很多大事，治理了各种乱象，也抓了很多"大老虎"，安民除暴，政绩斐然，深得百姓爱戴，被誉为治蜀兴川的四大名臣之一（另三位是汉代张翁、三国诸葛亮、北宋张咏）。其中有一年，苏轼、苏辙兄弟及第进士不久，他们的母亲就病故了，于是兄弟二人跟随父亲苏老泉回老家眉州守孝，眉州归成都府管，便前去拜见了赵抃，而这一见又开启了另外一段缘分。

赵抃非常欣赏苏家兄弟的才学，于是作为地方长官，他极力向朝廷举荐，不但举荐苏轼、苏辙，还把苏老泉举荐为校书郎，这对于苏家来说是很大的恩德。因此作为晚辈的苏家兄弟，对于赵抃是非常尊敬的，有着忘年交般的感情。赵抃辞世之后，苏轼还亲笔写下了洋洋千言的"赵清献公神道碑"。苏轼一生之中只给四个人写过碑文，第一个是奉诏写给当朝宰相的，他自己都说这是个政治任务，写的内容也不是自己的本意；第二个是写给司马光的，司马光曾经给他的母亲写过碑，算是还了个人情；第三个是给苏洵的一位挚友所写，属于遵从父命；而第四个，才是他发自内心想要去写的，写给自己的这位忘年交赵抃。

而赵抃之所以能让苏轼如此钦佩，除了知遇之恩，除了为官清廉之外，还有一个方面就是赵抃的个人生活的确是"清"出了新的高度，这让热衷于追求清雅生活的苏轼感到自愧不如。后来苏轼也写了大量关于赵抃的诗词，尤其是对于赵抃辞官回乡之后那种清心寡欲、禅意素净的生活仰慕不已。我们可以从"赵清献公香"这款传世香方中略窥彼时清献公的生活点滴。

> 白檀香四两（劈碎），乳香缠末半两（研细），元参六两（温汤浸洗，慢火煮软，薄切作片焙干）。

纵观一下材料清单，一共三种，简单得让人难以置信。白檀即檀香，虽然位列四大名香，但价格比起沉香来要便宜很多。乳香可以根据自身的状态分为好几种，比如滴在地上跟沙石混合在一起的叫"塌香"，被水浸湿了的叫"水湿塌"，跟木屑混合到一起的叫"杂末"，把杂末继续磨碎过筛，最后能够播扬成尘的才叫"缠末"，因此"乳香缠末"以品相论是乳香中最为低廉的一种。

最后一味名为元参，所用比例也最大，是这则香方的君香所在。首先要明确几个概念，"参"的本义是指人参，在《说文解字》里指向清晰："参，人参，药草，出上党。"但人参又分为很多品种，通常有四类，第一类是中国人参，如长白山吉林人参；第二类是朝鲜人参，被称为高丽参；第三类是日本人参，称为东洋参；第四类则是美国人参，称为西洋参或者花旗参。这四种参，大体上的功效是一致的，补元气、强体魄，皆为名贵的滋补药材。

但除了主流的四类人参以外，还有一些药材也叫某某参，虽然听起来差不多，但并不在人参的范围之内。比如丹参、党参、太子参、沙参、苦参等，外形和人参相似，名字也相似，可药性功能却与人参大为不同。这则香方里的元参，就属于这类参中的一种，它并不是人参。

元参也叫玄参，从中医角度来讲，它有清热解毒、清热养阴、清热泻火等功效，它是一味微寒的药材，但从香学的角度来看，它又是一味香气偏暖、甘苦交融的香材。关于玄参的更多内容，我们会在后面的章节里详细表述。

这里需要特别说明一点，虽然我们在解读香材时经常会提到香材的药效，但是药和香却不是一码事。有的人很紧张，品闻一款香之前要查很多资料，这味材料是什么性状？用了会不会热了？会不会寒了？会不会不育不孕？诸如此类的担心其实大可不必，虽然药香同源，但香毕竟不是用来服用的，我们所关注的重点还是应该以香气为主。而香气所具有的功效与直接内服相比，已经微弱很多了。

香方里还记载了玄参的炮制方法。先是"温汤浸洗，慢火煮软"，因为玄参通常都是干品，质地十分坚硬，煮软后才可以"薄切作片焙干"。这里的焙干与白梅肉的焙干是一样的，按照古法应该用陶瓷器皿加以文火反复翻炒，直至玄参片变脆。脆，是一个重要的指标，如果不脆是没法捣碎碾末的。我个人特别喜欢捣碎玄参的过程，"咔嚓咔嚓"的很是过瘾，也十分解压，同时还能够闻到玄参独特的焦糖香气。

右碾取细末以熟蜜拌匀，令入新磁罐内，封窨十日，蒸如常法。

制作过程也很简单，把三味材料的粉末用熟蜜拌匀，放入瓷罐密封窨藏，十天之后便可上炉熏焚了。

如此简单的配方，如此简单的制作过程，何以能让"赵清献公香"流芳百世呢？如果我们不了解赵抃，不了解这位"清献公"的为官和为人的话，我们将永远都无法理解这款香气的妙处。

我们可以想象一个画面，赵抃辞官后回到故乡，那里青山绿水、远离尘嚣。草庐之中，他已白发苍苍，但依然精神矍铄，抚着古琴，悠然自得。那只跟随了他一生的鹤，正在庭院里信步，他一直用洁白的鹤羽警示自己清廉，一直用赤红的鹤顶告诫自己要一心为国，而此时虽然人与鹤都垂垂老矣，却风骨犹在。

最妙的还是他的那炉香，先是乳香的清冽破空而来，就像他年轻时的两袖清风；之后是玄参多变的气韵，甘甜中透着微微的暖意，渐渐又有一丝苦涩回馈于鼻腔，一如他乐在其中又清苦自律的生活；最后是檀香沉稳的香气，营造出心如止水般的安然，就像他晚年喜欢与禅师们谈佛论道一样，今生的事，早已放下了。

此外玄参的加入，让这款香的颜色漆黑如墨，这种深沉且纯粹的色泽，也与他"铁面御史"的传奇不谋而合。赵抃活了七十六岁，在北宋已是高寿了，我想在他生命的最后，他一定是在悠扬的琴声中驾鹤而去的。

这便是中国香之妙，香气绝不仅仅是香气，必须要有文化的加持，我们才能体会

漆黑如墨的『赵清献公香』

到远远超出香气本身的内容。千年之后，我们通过香气进入创作者的心境，跟随他的思想穿越时光，去感受那个年代的风花雪月、金戈铁马，这才是香文化终极的乐趣所在。

赵抃的一生就跟他的谥号一样，清清爽爽，不含一丝杂质。这种清爽，来自于他高洁自清的品格，也来自于他淡泊宁静的心态。他也曾高居庙堂，却一朝被贬他乡，可他没有自暴自弃、甘于堕落，依然把工作做得尽善尽美。人生的起伏于他而言，不过是路途中的片刻风雨，无论身在何处，他总是能一如既往地安然自若、琴鹤相随。

25. 魏晋名士与归隐之心

故事要从一千七百多年前的一天开始讲起。

那天天气不错，艳阳高照，但平日里喧嚣热闹的洛阳城却安静异常。这并不是因为洛阳城人去楼空了，而是因为所有的人都安静地聚集到了一起。黑压压的人群中心搭了一个台子，台子上端坐着一位衣袂飘飘的男人，男人的面前放了一张古琴。这场景有点像是某个大明星在开演唱会，而实际上却是一场行刑，因为男人的背后还站着一个赤裸上身、扛着大刀、凶神恶煞的刽子手。这位即将被处决的男子抬头看了看太阳，发现距离午时还有一点时间，于是决定抚琴一首。

琴声响起，激荡人心，台下的人群开始骚动了，有人叹息，有人啜泣，还有数千人不约而同地跪倒在地。而一曲过后，弦断人亡，这首名曲也自此成为绝响。

想必大家都已猜出这个故事说的是谁了，他就是鼎鼎大名的魏晋名士，竹林七贤的代表人物嵇康，而这曲琴音就是《广陵散》。此曲并非嵇康所创，有说是神仙所教，有说是鬼魅所授。曲子的背景是讲战国时期一个名叫聂政的刺客，为报知遇之恩，刺杀韩国相邦的故事，大体上和荆轲刺秦差不多，只是荆轲失败了，而聂政成功了，但他们的结局都是一样，惨死在殿堂之上。聂政临死前为了不牵连背后的主人，还将自己的脸划烂，将自己的双眼刺瞎，何其悲壮！这也可以解释为什么嵇康在临刑之前一定要弹这一曲，因为他也想成为聂政那样的人，虽然他没有刀只有琴，但恰恰此刻的琴比刀更具感召力，在台下这芸芸众生之中，总会有一个聂政被唤醒，而后蛰伏而出，一刀结束这个糜烂的乱世。

嵇康为什么会被处死？表面上看就是一个莫须有的罪名，但真实的原因却是他的影响力。单看台下乌泱泱的人群，据《晋书》记载其中三千人都是太学的学生，他们要为嵇康请命，要求朝廷赦免。

嵇康身处的时代，在历史上被称为"魏晋"，魏是曹魏，晋是司马晋。曹操从未称帝，至死都是汉臣，曹丕废了汉献帝，才有了真正的魏，因此魏是篡汉而来，这是典型的不忠不义，而司马家身为魏臣又篡了魏，再一次的不忠不义。自汉武帝独尊儒术以来，举国推崇的孔孟之道其最根本的要义就是忠孝，但此刻的忠孝之道显然已成一派虚言，持续了几百年的儒家思想在这一刻彻底崩塌了。取而代之的是老庄的道家思想，道家和儒家截然不同，儒家讲究"仁、义、礼、智、信"，是一种规范，一种对自身的约束，如果用一个词概括就是"道德"。但道家不是，道家讲究无为而治，道法自然，它是凌驾于现实生活之上的哲学，追求的是觉悟和解脱，如果用一个词概括就是"智慧"。既然"道德"不存在了，人们就只有去追寻"智慧"。

因此魏晋时代是极其特殊的，虽然国家趋于统一，但人心却是一盘散沙。三国时期打归打，好歹还有激情和信仰，而当那些英雄豪杰、羽扇纶巾，全都随着滚滚长江东逝之后，就只剩下篡权夺位和糜烂贪腐了。于是，当儒家礼制迅速崩塌，当束缚自由的绳索骤然松绑时，人性也迎来了一次空前的大解放，从而诞生出了一批追求自然天性，寻找人生真谛的群体，他们就是魏晋名士。

古往今来的名士们大多是不想出仕的，但在各种各样的求贤若渴或是威逼利诱之下，出仕又往往不可避免。比如演义里隐于隆中的诸葛亮经三顾茅庐而出仕，这才有了三分天下；比如隐于会稽山林的谢安，曾和王羲之在兰亭集会上曲水流觞、风雅快活，不承想四十多岁时还是被迫出仕了，结果却在淝水之战中大获全胜，力挽东晋王朝于狂澜。诸如此类"不鸣则已，一鸣惊人"的典故不胜枚举，可见名士之"名"并非浪得虚名。但这些功成名就与高官厚禄却并非名士们的初衷，"有名而不仕，隐身于江湖"，这才是他们心中真正的梦想。

尤其在魏晋名士的心中，"归隐"这个愿望比任何时期都更加迫切，因为眼前这个所谓"和平"的现世是没有灵魂和锋芒的，他们对此充满了不屑，没有一丝一毫的留念。可是又有几人能够逃脱命运的安排呢？他们大多身不由己。

比如嵇康，他的妻子是曹操的孙女长乐亭主，两人育有一儿一女，因此他是曹家的人，不折不扣的皇族，而他的亲弟弟嵇喜又是司马家的忠臣，后来官做得很大。在曹家与司马家这场旷日持久的政治风暴中，嵇康是处于风暴核心的人，他注定无法逃离。

既然生活欺骗了你，你也可以选择欺骗生活。无奈之下，诸如嵇康这样的魏晋名士们只能选择将肉体留在俗世，让精神归隐山林了！只是说着容易，做起来难。除了精神上的自我修炼，他们往往还需要借助一些外力。彼时有一种丹药叫作"五石散"，"五石"是五种矿物，大约就是朱砂、白矾、雄黄之类，这里简单说说雄黄。

白素贞喝了雄黄酒现出原形，吓得许仙魂飞魄散，这个故事想必妇孺皆知。雄黄的确有这样的功能，可以杀毒抗菌、驱除虫蚁，在地上洒一点毒虫便不敢靠近，身上抹一点蚊蝇便不敢叮咬。每年的农历五月谓之"毒月"，五毒苏醒，一旦被咬伤或是被传染上了疾病后果会很严重，所以五月初五端午节用雄黄来杀毒就成了习俗。但雄黄的学名叫作"四硫化四砷"，有点常识的人都知道砷化合物都是有毒的，只是毒性大小有差异而已，比如砒霜就是三氧化二砷，因此长期服用雄黄的结果就是砷中毒。但古人并不知道这些，包括其他的几种矿物也各有各的毒副作用。

何晏就是五石散的忠实用户，他曾说，"服五石散非惟治病，亦觉神明开朗"。但经过今天的科学研究，何晏所说的这些效果其实正是五石散的副作用，它会让人身体发热，皮肤红肿，五脏六腑都犹如火烧一般，这的确会让人感到异常兴奋，甚至需要不停地奔走，类似于今天的兴奋剂，属于一种爆发性的快感。这种快感就让魏晋名士们十分依恋，因为这种感受至少能让他们感到自己还活着，而不是如同行尸走肉一般颓废在现世之中。彼时服用五石散是流行在名士中的普遍现象，包括像王羲之这样的书法大家，五石散都是随身之物。

与五石散搭配的就是酒了，服了药必须喝酒，一说是酒能催化药的力量，让兴奋感更加强烈；一说是喝酒后会大汗淋漓，可以加速排毒，才不至于中毒丧命。但不论怎样，喝酒也算是以毒攻毒了。酒与五石散的共同作用，最终让名士们虚脱乏力、目眩神迷，从而产生了一种幻境，在这种幻境之中，他们终于看到了梦想中的世界，

魏晋砖画上的"吹弹宴饮图"，摄于嘉峪关新城魏晋墓

"五石散"部分原料，摄于广州南越王博物院

那个美好的、遥不可及的归隐生活。

比如嵇康，他在幻境中看到了竹林，而在现实中可能根本没有竹林。他看到了自己和好友们醉卧在竹林之下，听阮籍长啸，听阮咸弄弦，而在现实中这七位好友可能从来都没有聚齐过；比如陶渊明，幻境中的那个桃花源他真的去过，去那里既不用划船，也不用钻山洞，当他喝得酩酊大醉时自然就能够达到了。这就是他们的生活，你说他们疯疯癫癫、醉生梦死也好，你说他们仙风道骨、飘逸洒脱也罢，至少这是他们真实的自我，也是他们唯一的归隐方式。

对于这些生活在幻境中的归隐之人，除了音律，除了酒和药，除了癫狂与迷离之外，还会不会有一款香气与之相辅相成呢？又或者说有没有一款香气是为隐士们量身定制的呢？答案是肯定的。

26. 隐士风范与篱落香浓

"隐士之香"在传世香方中并不存在，这是我给它们起的一个名字，因为这类香不论是香名、用材、制法还是香气，都具有一种独特的气质和风范，这也正是我所理解的"隐士之风"。

如果要在"隐士之风"与"隐士之香"之间建立一些联系，首先要来总结一下它们二者所共有的三个关键词。

第一个词是"清贫"。清贫并不等于贫穷，重点在于这个"清"字。因为这些才子大贤们如果想要获得锦衣玉食是件很容易的事情，他们是主动选择清淡如水的生活。而与清贫相对的就是浊富，北宋释道原有云："宁可清贫自乐，不可浊富多忧。"一语道破了清贫的真谛，因为清贫让人快乐。

第二个词是"不群"。"不群"就是不合群，隐士们当然是不合群的，他们不会跟着世俗随波逐流，就像天上的大雁总有那么单飞的一两只，他们不想去列阵，不想被束缚。久而久之，隐士们的品味、审美、喜好等也就与众不同了，他们喜欢的东西，普通人可能无法接受，甚至嗤之以鼻，这就叫"不群"。当然这并不代表刻意地去标新立异、以显示自己的特立独行，隐士们可没有这么肤浅。

第三个词是"无为"。"无为"不是无所作为，而是指一种处世的态度。纵观历史，我们会发现大多数的隐士都是崇尚黄老之学、老庄之道的，道家顺应自然、无为而治的思想对他们产生了很大的影响。因此对于隐士而言，"无为"也可以理解为追求天性、自然洒脱的意思。

"清贫""不群""无为"，这三个关键词能否在"隐士之香"中得以体现呢？在《香乘》的记载里，我认为有一款香极具代表性，它有一个好听的名字叫作"篱落香"。

"篱落香"之名就很特殊，不妨回忆一下前文所述的传世香方，如"花蕊夫人衙香""赵清献公香""寿阳公主梅花香""江南李主帐中香"都与历史名人有关，又如"宣和内府降真香""汉建宁宫中香"都与历史年代有关，它们都可以追溯到具体的出处。但"篱落香"除了"篱落"二字就没有其他信息了，不知何人所创，也不知创于何时。所以单就香名而言它便具有了隐士们"贵在无名"的气质。

再看何为"篱落"。篱落就是篱笆，城市里比较少见，但在乡下却比比皆是，就是用竹子或木柴扎成的栅栏，因此重点并不在于篱落本身是什么，而是在于它的作用。可以试想一个场景，在某个远山深谷，那里人迹罕至、幽静非凡。你准备隐居在那里，于是先搭建了一间草屋，而你要做的第二件事，就是要扎一些篱笆把这间草屋给围起来。对于篱笆的作用你心知肚明，它不是为了圈地，也不是为了防止猛兽、强盗的侵袭，篱笆并不具备这样的防御能力。它真正的用途只有一个，那就是让自己的内心与世隔绝。

一道篱落扎起来，内外就是两个世界，被篱落围起来的地方才是属于你的净土，才是你心灵的归宿，这便是"篱落香"之名的玄机所在，而更具隐士之风的则在于它的配方与香气。

篱落香记载于《香乘》卷十六"法和众妙香"的章节里，虽然它没有明确的创香时间，但按照《香乘》的收录顺序，基本上可以推断出是诞生在宋代的。宋代是香文化从贵族阶层走向民间的节点，也是香料由昂贵走向平价的转折点，尤其是文人雅士对于香气的追求，也在这一时期由奢华转向素简。篱落香就具备了这一时期的典型风格。

材料如下："玄参、甘松、枫香、白芷、荔枝壳、辛夷、茅香、零陵香、栈香、石脂、蜘蛛香、白芨面。"一共十二种，这个数量在合香之中算是多的了。虽然种类繁多，却几乎没有名贵香料的身影，大部分都是常见的草本。其中唯一的树脂类材料也没有用到乳香，而是用枫香代替，枫香即本土枫树的树脂，物美价廉。唯一贵重些的只有一味栈香，栈香亚于沉水、优于黄熟，属于沉香中的中端品级，但用量很低，仅占十二分之一。

因此纵观这则香方，我们可以立即得出几点观感。首先是成本低廉，没有宫廷贵族香方中那些珍稀昂贵的材料；其次是制法简单，除了玄参、茅香需要炮制以外，其他十味材料都可以直接入香；最后是药香气，这款香气最终的呈现一定是以草药香为主的。

接下来可以把三个关键词，"清贫""不群""无为"，来与篱落香的基本特征一一对应。

首先是"清贫"，仅仅是材料的价格低廉，只能说明"贫"，不能说明"清"。因此我们要来看其中一味十分奇特的材料——荔枝壳。

荔枝是今天常见的水果，但在古代却十分金贵。荔枝既不耐寒也不耐冻，只有在年平均气温20℃以上的环境中才能成活，因此只有岭南才产荔枝。岭南的荔枝结果了，物流速度却跟不上，由于新鲜荔枝水分多、糖分高很容易腐烂，运到北方时已十不留一。所以一时间北方的豪门贵族都把可以吃上新鲜荔枝作为炫耀的资本，就连皇室也是如此，这才有了那句著名的"一骑红尘妃子笑，无人知是荔枝来"。

但荔枝性热，吃多了容易上火，岭南有句俗语，"一啖荔枝三把火"。相传这句话被贬到岭南的苏东坡听见，被他引用到了诗文里，只是苏东坡不懂岭南话，其中的"一啖"听起来很像"日啖"，"三把火"很像"三百颗"，所以他写成了"日啖荔枝三百颗，不辞长作岭南人"。

荔枝肉吃多了会上火，但荔枝壳却能降火，这倒是十分神奇。在中医领域荔枝壳是一味常见的药材，它性味苦寒，多用来治湿热之症。比如用荔枝壳煮水喝，可以有效缓解咽干舌燥、口角糜烂之类的上火病症。除了降火，荔枝壳还有一个少有人知的妙用，那就是用来合香，在《香乘》中有名为"荔枝香"的记载，只有一句话，"取其壳合香最清馥"。说明了古人的两点认知，一是荔枝的香气在果壳中，而不是在果肉或是果核里；二是这种香气是清香的，不是浓烈、甜腻的香气。

荔枝壳如此清贫的材料，已经属于废物再利用的范畴了，看起来似乎难登大雅之堂。然而事实并非如此，在苏东坡的《香说》中有这样的记载：

温成皇后阁中香，用松子膜、荔枝皮、苦楝花之类；沉、檀、龙、麝皆不用。

温成皇后是宋仁宗的宠妃，她其实没有做过皇后，最高做到了贵妃，温成皇后则是她去世后宋仁宗所追封的谥号，因此"温成皇后阁中香"自然就是大内宫廷的皇家用香了。《香乘》中另有一款同样是北宋皇妃所制之香，名叫"宣和贵妃王氏金香"，出自宋徽宗的王贵妃之手，所用材料极尽奢华，就连香丸外层都要用金箔包裹。两者相比，"温成皇后阁中香"就如同一股清流，远远偏离了奢华高贵的皇家风范。它只用了几味非常朴素的材料，其中就有荔枝壳，而"沉檀龙麝"四大名香，全都不见踪影。

或以此香遗余，虽诚有思致，然终不如婴香之酷烈。贵人口厌刍豢，则嗜笋蕨；鼻厌龙麝，故奇此香，皆非其正。

这段话是苏东坡的香评，他说，这款香的想法奇妙，配方也清雅别致，但香气却始终不如婴香好闻，他用了一个词"酷烈"，指香气的强度不够，有些过于平淡了。"婴香"前文曾提到过，台北故宫至今还存有黄庭坚的书法作品《制婴香方帖》，而"婴香"的配方就是"沉檀龙麝"四大名香的组合，与温成皇后的这个香方完全就是两个极端。

用"松子膜、荔枝壳、苦楝花之类"来"PK"四大名香，显然是不公平的，甚至说根本没有可比性。于是苏东坡又紧接着抛出一个疑问，贵妃平日里都用"婴香"之类名贵的香品，明显要比这款朴素的香好闻，那她为何要做此香呢？

对于这个问题苏东坡心中其实早就有了答案，他自问自答道："贵人口厌刍豢，则嗜笋蕨。""刍豢"泛指肉类，意思是贵妃平时肉吃得太多了，反而会觉得青笋特别美味。同样的道理，贵妃"鼻厌龙麝"，天天闻龙涎香、麝香的香气，即使再美妙也会觉得腻了，因此对于清贫的香气反而感到十分新奇。

苏东坡一语道破了宋代宫廷香品出现两极分化的原因所在。在宋代，香料的供给空前富足，贵族们整天泡在各种名贵奢华的香气中，的确是有些腻了，这个时候突然出现了一种不一样的香气，尽管它不够"酷烈"，尽管它的身价与贵族的身份不符，但这些都不重要，重要的是换了种口味，让人顿觉清爽，也足够新奇。因此宋代出现了很多类似的"清贫之香"，尤其是以"小四和香"为代表的一系列香品，比如"山林穷四和香""穷六和香""四弃饼子香"等，材料中都用到了废弃的果皮残渣。

在新的潮流下，荔枝壳竟然成了耀眼的明星，而除了这类"清贫之香"以外，荔枝壳也会大量参与到高端香方的配伍之中，比如"洪驹父荔枝香"就是用荔枝壳与麝香一起制作的；比如"闻思香"，相传是黄庭坚的作品，其中也用到了荔枝壳。其他诸如"三胜香""百里香""脱俗香"等，也都有荔枝壳的身影。

荔枝壳应该怎样来入香呢？《香乘》中提到了大约三种方法。其一是直接用新鲜的荔枝壳入香，不做任何处理，取其鲜灵之气；其二是用蜜水浸泡一宿，再小火隔水蒸，最后阴干，这是一种比较传统的炮制方法；其三相对复杂一些，方法记录于"百里香"的香方中。

首先对荔枝壳做了特定的要求，"荔枝皮千颗，须闽中未开用盐梅者"。闽指福建，北宋蔡襄写过一部《荔枝谱》，专门提到了福建兴化的荔枝最为有名，尤其是"陈紫荔枝"有着上千年的栽种历史，香气最佳，而福建兴化就是今天的福建莆田。"未开用盐梅者"，说的是一种古代荔枝的保存方法。由于荔枝极难保存，北方人要想吃到新鲜荔枝，要么八百里加急，要么把整棵荔枝树给挖过去，除此以外别无他法。但这两种方法只有皇家可以使用，在民间只能通过炮制来尽量延长荔枝的保存时间，其中一种就叫"红盐法"。

《荔枝谱》里有详细的介绍，"民间以盐梅卤浸佛桑花为红浆"，就是把青梅用海盐腌渍出"梅醋"，用于浸泡佛桑花，佛桑花也叫扶桑花，南方多见，颜色鲜红，所以梅醋就变成了红浆。"投荔枝渍之，曝干，色红而甘酸，可三四年不虫"，把整颗没有剥壳的荔枝投进去，浸泡好之后再晒干，荔枝的颜色会变得更红，味道也更加酸甜，如此法制就可以三四年都不生虫了。这种"红盐荔枝"所剥下的壳就成了制香师手中的一味香料。

三种方法得到的荔枝壳哪一种最好闻呢？这就因人而异了，如果喜欢甜味更胜的，可用第二种蜜水浸泡法，如果喜欢酸甜香气的，可用第三种"红盐之法"，如果喜欢清香自然的鲜灵气，那就用第一种新鲜荔枝壳。我个人更喜欢第一种，尤其是单熏新鲜荔枝壳，香气十分清幽，微甜中可嗅得隐隐花香，还有糖分被加热后的奶香气，虽然整体上香气的质感远远比不了沉檀龙麝，但在"废弃物"香料的领域里，荔枝壳算是数一数二的了。每次熏的时候我也会做一番联想，那些南方的隐士们，在山野之间席地而坐，从怀里掏出一只小炉，再随手从树上摘下几颗荔枝，一边吃一边把荔枝壳投到炭火里，眼、耳、鼻、舌、身、意，便全都享受到了，真是物尽其用，不负这自然的馈赠！

特别要说明的是，单熏荔枝壳并非我之独创，在很多古代文献中都有相关记载，尤其是在冬天，熏荔枝壳兼有避寒的效果，可以让人感到温暖。可能有人要问，刚刚还说荔枝壳是"性味寒凉"的，怎么又变成可以避寒的了？一定要注意，很多材料在中药领域服用之后的功效与其香气的效果是完全不同的，药香虽同源，但并不意味着有同样的作用。

再来看另外两味材料，甘松和蜘蛛香，为什么它们要放在一起讲，读完你就知道了。

先说甘松，甘松叫松却并不是松，就与卷柏并不是柏一样。甘松是一种草本植物，生长在海拔 3000 至 5000 米的高寒地区，在中国能达到这个平均海拔高度的只有青藏高原。甘松又可以进一步划分为三个品种，分别叫中国甘松、匙叶甘松和大花甘松。

首先是中国甘松，这里的"中国"是指汉唐时期的中国版图，那个时候西藏还不在版图之内。因此这种"中国甘松"就是古代唯一生长在"境内"的甘松了，比如甘肃、青海，包括四川阿坝州等青藏高原的边缘地带，海拔 3500 米左右。

第二种叫匙叶甘松，它的叶子像汤匙一样，生长在海拔 4000 米以上。匙叶甘松的产量相对较小，而且跟虫草一样是没有人去种植的，藏民们通常都是春天挖虫草，夏天挖川贝，秋天挖甘松，按照这样的循环去寻找高原奇珍。

中国甘松和匙叶甘松，在今天都被归为国产甘松了，但第三种大花甘松则依然是进口的。说是进口，其实也没有远到哪里去，就是喜马拉雅山南坡上的几个邻国，曾经的锡金王国、不丹、尼泊尔，再加上一个印度北部。这里的甘松花开得较大，故而得名。喜欢精油的朋友一定用过一种叫"穗甘松"的精油，它就是来自于大花甘松的萃取。

这三种甘松，我们到底要用哪一种来入香呢？如果从复原古方的角度来说，我认为古方中的甘松大部分是指中国甘松，小部分是指匙叶甘松，而不太可能是大花甘松。因为甘松在中国被用于合香的历史非常久远，比如在"汉建宁宫中香"中就有甘松了，这至少说明早在东汉甘松已经被制香师所应用。而在汉代，西藏地区被称为"西羌"或"发羌"，因为高山阻隔与中原地区少有来往，更不要说是喜马拉雅山南坡的国家了。因此可以推测，古代香方中的甘松大部分是来自于甘肃、青海、川西等地的品种。

再看《香乘》中的"甘松香考证"：

> 出姑臧、凉州诸山，细叶引蔓丛生，可合诸香及衰衣。今黔蜀州郡及辽州亦有之，丛生山野，叶细如茅草，根极繁密，八月作汤浴，令人身香。

姑臧和凉州，都是指今天甘肃武威一带，这里有甘松出产。黔是贵州，蜀州是四川，贵州和四川也有甘松。甘松可以用来合香、熏衣或是沐浴。这里关于产地的记载符合中国甘松的生长范围。

甘松的品种确定了，再来了解它的气味，我可以先告诉大家一个惊人的结论，如果是第一次接触甘松，十个人里有九个人会觉得它的气味是臭的，而且是一股子"脚臭味"。这个结论毫不夸张，经我实际测试，大众的反应相当一致。这就很奇怪了，一种有着"脚臭味"的材料怎么能够入香呢？这就得问问十个人里唯一剩下的那个人，而他的回答是："猛一闻的确有点臭，但仔细闻下来却是一种清凉的复杂的香气，像是从湿润的泥土中散发出来的草药味道。"这个回答让我很满意，于是我就对他说了一句话："你是个有隐士气质的不群之人。"

不合群的人一定是少数的，否则就不会有"群"这个概念了，所以隐士就是不合群的人，甘松就是不合群的香。甘松的前调的确是臭的，这一点我向来说得很直白，从不刻意引导别人认为它是香的。但甘松之臭，不是通常意义上所说的"恶臭"，它更倾向于一种浓郁的苦涩感，虽然不好闻，但也并非不能接受。而只有接受了这一番的臭，才有机会享受后面不凡的香，这是一道门槛！

臭味之后，就像那位"不群之人"所描述的一样，多种复杂的香气才会接踵而至，为何是复杂的呢？这与甘松的挥发油成分有关。甘松挥发油中含有甘松醇、马兜铃烯醇、广藿香醇、青木香酮、丹参酮等芳香成分，可谓是群香荟萃，如果你有足够的想象力，仅以单方甘松的香气就能营造出多种不同的意境。然而可惜的是，多数人是无缘甘松之美的，因此从某种意义上来说，甘松之美也注定是孤独的。

有没有办法通过炮制来除去甘松的臭味呢？我的回答是，没有办法完全去除，但可以尽量减弱。减弱的方法也并非是通过炮制，而是重在清理。甘松取香的部位是根部，多有泥沙，如果在中药铺直接购买甘松粉的话，这粉里头可能有一半

形似蜘蛛的蜘蛛香

"篱落香"与部分用材

都是泥沙。所以甘松入手后先要清理，用毛刷刷掉泥土，再剥去表面一层层的棕色枯皮，只用最里面的黄色根芯（甘松蕊）入香，如此可以最大程度地弱化臭味、提高香气。

从中医角度来看，甘松有很多疗效，而对于香气来说最为重要的就是祛湿。有句古话叫"千寒易除，一湿难去"，湿气是最难排出的，且一年四季都有，遇寒叫寒湿，遇热叫湿热，遇风叫风湿，种种湿症令人防不胜防。甘松的香气就具有显著的祛湿功效，比如藏香，自古以来甘松就是藏香的主打材料，雪域高原的积雪长年不化，湿寒症状在这里尤为严重，甘松的香气能在大范围内起到祛湿的作用，所以西藏地区每年会消耗大量的甘松，不是入药，而是入香。

说完甘松，再说蜘蛛香。《香乘》上有这样的记载："出蜀西茂州、松潘山中，草根也，黑色有粗须，状如蜘蛛，故名。"说明蜘蛛香也是产自川西的，以根入香，名叫"蜘蛛"是因为它的须根像蜘蛛腿。

但重点是蜘蛛香还有一个别名，叫作"臭药"，又是一个跟"臭"有关的香料。事实也的确如此，它和甘松一样都是先给人一种"臭"的感觉，把大部分的人拒之门外，然后再开始真正的表演。"臭"味之后的香气也是以清凉为主的，带着微微的苦涩感。

所以甘松与蜘蛛香，真可谓是"臭味相投"了，而这种组合也尤为大胆，有一种"臭"就算了，还要来个臭味叠加。可以想见当年创作篱落香的这位前辈，他该是一个多么执着、多么自我、对世俗眼光多么无所顾忌的人啊！虽然我不敢说他一定是名隐士，但我敢说他一定是个"不群之人"。

第二个关键词"不群"已经在篱落香中体现了，还剩最后一个"无为"。来看一下篱落香的制作方法，很简单的一句话："各等分，生蜜捣成剂，或作饼用。"

"各等分"就是把十二味材料平均分配，每一味都是相同的分量，这个手法很是粗犷。前文讲过许多传世香方，大多都会精确计算每种材料的配比，因为不同的配比会产生截然不同的香气效果。而篱落香在配比上却没有做任何调配，我想，这就是制香界的"无为"，不是不作为，而是顺应自然、顺应人心。

我常说一句话，对于香气人们各有所喜，也各有所恶，青菜萝卜，众口难调。既然香气有千变万化，喜好也有千变万化，干脆就留下一个开放式的结局吧！也许后世会有一万名制香师来制篱落香，如果每个制香师都能根据自己的理解进行重新配比，便会产生一万种不同的篱落香气，而这每种香气都是天然随性的，也都是各自欢喜的。这一点，也许就是篱落香创作者的初衷了。

篱落香的黏合过程也相当"无为"，直接加入生蜜，即天然蜂蜜，不需要人为炼制。因此从香料到蜂蜜，假设玄参、茅香这两味材料也同样不经炮制直接入香的话，可以说整个篱落香完全是件浑然天成的作品，堪称"无为之香"。

篱落香终于制成了，它究竟会是一种怎样的香气呢？我无法形容，因为再多的词也不足以来形容它。我只能说，这是一款小众的香气，不是所有人都能够接受的，而如果你有一颗归隐之心，如果你愿意做一个超脱尘世之人，如果你也不是那么合群的话，那好，欢迎你来品鉴我复原的这款特别的篱落香。

27. 宣和内府降真香

古代香方中的降真香，很少会作为君香，大部分都作辅佐用，但有一则古方却是例外，它就是以降真香为主材来制作的，名曰"宣和内府降真香"，是一则北宋的宫廷香方。

先来看看它的时代背景。"宣和"是宋徽宗最后一个年号，从宣和元年（1119）一直到宣和七年（1125）。这七年的大宋俨然一派盛世景象，诸如宿敌辽国被灭，所有人都沉浸在即将收复燕云十六州的喜悦之中。然而期间却发生了几件"小"事，对我们理解这款所谓"盛世"下的香气有所裨益。

宣和四年（1122），在京城开封的东北方，有一座巨大的皇家园林落成了，宋徽宗参加了开园典礼，提笔写了一篇《艮岳记》，于是这座原本叫作"万岁山"的园林改名为"艮岳"。"艮"是八卦"乾、坤、震、巽、坎、离、艮、兑"中的一卦，代表东北方，仅从这个字就能看出浓浓的道教色彩。

相传宋徽宗初即位时，苦于没有子嗣，有位名叫刘混康的道家大师谏言称："京城东北隅，地协堪舆，倘形势加以少高，当有多男之祥。"意思是据道家的风水堪舆之术，若将京城东北角的地势稍稍加高，便有利于多生儿子。于是宋徽宗决定在那里筑起一座万岁山。

筑山是需要石头的，但普通的石头怎能入得了宋徽宗的法眼呢？因此万岁山所用的石头非同一般，必须是从江南运来的太湖石。太湖石是一种石灰岩，碳酸钙含量比较高，这种材质特别容易受到酸的腐蚀，时间一久松软的部分就被腐蚀掉了，坚实的部分则留了下来，因此太湖石能呈现出大自然随机雕琢的各种形态，用宋人的话来形容就是"瘦""漏""皱""透"。

这些鬼斧神工的造型让宋徽宗看得如痴如醉，于是他下令大肆搜罗江南的太湖石和奇花异草，为此还专门成立了一个机构叫"苏杭应奉局"。搜罗来的花草奇石要运往京城，而如此沉重的石头只能用船来运输，所以运送的船队就叫"花石纲"。"纲"是一个运输单位，对于花石纲来说，十条船编为一纲。

花石纲的运送过程十分夸张，由于石头太重必须要大船才能装载，但大船不够，那就让造船厂现造大船；造大船时间太长等不及，那就把运粮的船、商家的船全都征用过来运石头；有的石头高达十几二十米，遇到河上有桥过不去，那就把桥给拆了；有时运到了城市的水门，水门太窄又进不去，那就把水门上的城墙扒开。总之为了这些石头一路"披荆斩棘"，弄得沿途百姓苦不堪言。

在江南，花石纲的征集过程基本上就是抢劫，老百姓的家随便闯，看到好的花木奇石直接就搬走，有的东西太大了搬不出去，便把人家的房子给拆了。再加上其间各种贪污腐败、敲诈勒索，很多被征花石纲的人家本来还挺富裕，结果瞬间倾家荡产。花石纲长达十几年的征运，尽管运的只是一堆堆的石头花木，却将整个国家掏空了大半，民间更是怨声载道。方腊起义就是由花石纲所引起的，《水浒传》中也浓墨重彩地讲述了好汉们劫掠花石纲的故事。后来元代诗人郝经写了一首诗："万岁山来穷九州，汴堤犹有万人愁。中原自古多亡国，亡宋谁知是石头？"

当然艮岳一定是绝美的，宋徽宗的审美值得信赖，如果艮岳能够保存下来，想必会是当今世界上最为精致、秀丽的中式园林。这里面不仅有俊美的太湖石，也集中了当时中国最为珍贵的奇花异草。比如《香乘》当中就收录了一则摘自《艮岳记》的记载，名为"八芳草"：

　　宋艮岳八芳草，曰金娥，曰玉蝉，曰虎耳，曰凤尾，曰素馨，曰渠，曰茉莉，曰含笑。

这八种芳草之中，如今还能确切对应的只剩下半数，余下那些香气四溢的芳名，早已在历史长河中消逝无踪了。整个艮岳也很快毁于战火，相传几年之后，当京城被金兵重重围困、断水断粮的时候，就连艮岳里的珍禽异兽都被吃得一干二净。

艮岳没了，但用太湖石筑山的方法却流传了下去，像北京故宫的御花园、圆明园、颐和园、和珅的恭王府、东北张作霖的大帅府等，在这些皇族豪门的院子里都有太湖石筑成的假山，太湖石除了观赏性之外，俨然已成了一种身份的象征。

就在艮岳落成的这一年还发生了另外一件小事，有一个名叫岳飞的年轻人参军了，只是当年并没有人在意他是谁。

宣和五年（1123），一部《宣和博古图》完成了，这部书是由宋徽宗和当朝宰相王黼共同编撰的，前前后后花了十六年的时间。全书一共三十卷，记载了大宋皇室所收藏的从商周一直到唐代的各种青铜器，一共八百三十九件，书中将这些器物的形制、重量、铭文、图样等都记录得详尽至极。这让后世在制作铜器、瓷器的时候有了关键性的参考资料，有太多经典的器型都是以这部书作为蓝本的。书虽是好书，可大宋的皇帝和宰相都在干吗呢？看来他们的闲情逸趣要远远多于勤政忧民。

当然，《宣和博古图》的"宣和"，并非指宣和年号，而是指皇宫里的一座叫宣和殿的大殿，此处是专门用来收藏皇室珍宝的。除了青铜器，这里还有数不胜数的书画古籍，想必也是宋徽宗最常逗留的地方。

时间一晃，就到了宣和七年（1125），在这一年的十二月，宋徽宗退位了。可奇怪的是，得到皇位的宋钦宗却再三推托，死活不想继承大统。这事听着怎么都不像是真的，皇帝谁不想当啊？可在宣和七年（1125）它却真实地发生了。

宋徽宗为什么要退位？因为金兵已经打到了家门口，离东京只有十日路程，他正要准备南逃，但总要有人坐镇京师啊，那只有让自己的儿子来。宋钦宗当然不愿在这风雨飘摇之际来接这个烂摊子，可父命难违、圣旨难抗，只好硬着头皮顶了上去。即位后就要改年号，于是宣和年终于结束了，变成了靖康年。这也意味着"靖康之耻"也将很快到来。

　　这就是宣和内府降真香所诞生的年代，看似平静，实则暗流涌动；看似繁华，实则糟朽不堪，结出一切恶果的藤蔓正在沃土之下疯狂生长。我想宋徽宗多少是有所察觉的，但他不想理会，他把自己隔绝在另一个无忧的世界里，用一种无忧的香气。

　　说完宣和，再说内府。"内府"二字早在周朝就已出现，最初指一种官职，后来渐渐变成了皇家仓库的意思。有一些宋元瓷器会用墨笔在瓶身或底足上书写"内府"二字，便意味着器物藏于皇家仓库。在《香乘》中被冠以"内府"字样的香品也有不少，比如内府龙涎香、内府香饼、内府篆香等。

　　想来宣和年间的大内仓库，所藏名香一定是数不胜数的，但为何只有"宣和内府降真香"如此清楚地标注了年号和出处呢？我猜想，大约在宋徽宗品鉴过的芸芸众香之中，他最喜欢的就是这款降真香了。为何我敢做出如此推测？先来看看"降真香"

北宋赵佶《瑞鹤图》

155

这个名字。

何为"降"？西晋植物学家嵇含在《南方草木状》中用到了三个字，"可降神"。"降神"可作两解，一是宁神镇定，二是神仙从天而降。

在《香乘》中关于降真香有一则重要的记载，前半句是：

> 拌和诸香，烧烟直上，感引鹤降。

把降真香与其他香材放在一起熏焚，烟气会扶摇直上，把飞翔的仙鹤都吸引住了，而后盘旋良久、缓缓降落，宋徽宗的名作《瑞鹤图》就是描绘的这一场景。但这里我们可以思考一个问题，为什么降下来的一定是鹤呢？就不能是大雁、老鹰么？

再看后半句：

> 醮星辰，烧此香为第一，度箓功力极验，降真之名以此。

"醮星辰"是一种道教仪式，用酒来祭祀天上的星宿，而在作法时烧降真香的效果最好，所求之事多能实现，十分灵验。如此看来，降真香跟道教有着非同寻常的关系，它是道教的第一用香，类似于檀香之于佛教。

回到刚才的问题，为什么从天而降的一定是鹤呢？因为鹤的背上还坐着仙人呢！在中国古老的传说中，骑着鹤的人一定都是鹤发童颜、身披鹤氅、手拿拂尘、迈着鹤步，来时从天而降，去时驾鹤飞升，一派仙风道骨的模样。这些人就是道教中的神仙，也被称为真人，这便是降真香之"真"字的由来。

因此降真香与道教文化密不可分，恰好宋徽宗又是一个不折不扣的道教追崇者，就连他在退位时所写的诏书都是"予以教主道君退处龙德宫"，退位后他便被奉为"教主道君太上皇帝"，所以降真香于宋徽宗而言是具有特殊意义的，它不仅是一种香气，更是一种信仰。

降真香究竟是一种什么香呢？《香乘》上关于降真香的第一则记载来自《本草纲目》：

> 降真香，一名紫藤香，一名鸡骨，与沉香同，亦因其形如鸡骨者

为香名耳。俗传舶上来者为番降，生南海山中及大秦国。其香似苏方木，烧之初不甚香，得诸香和之则特美。入药以番降紫而润者为良。

　　首先李时珍告诉我们，降真香并非来源于降真香树，而与一种叫作"紫藤"的植物有关。紫藤花在今天很常见，开花的时候大串大串地从藤架上垂下来，煞是好看。但这种观赏性紫藤是豆科紫藤属的植物，而李时珍所说的紫藤却是豆科黄檀属的。

　　豆科黄檀属又可细分为很多品种，比如斜叶黄檀、两粤黄檀、藤黄檀等，这些都是藤本植物，而非乔木。藤本的形态大多是细细弯弯的，这是藤的特性，其中十分细瘦的好似鸡骨，被称为"鸡骨香"，这与形态劲瘦的沉香也被称为"鸡骨香"一样。这里的"与沉香同"，我们还可以附加一层理解，即降真香的结香方式与沉香一样，都是植物母体受到外界伤害之后分泌出来的油脂凝结物，再经醇化而成。这便可以解释为什么诸多品种、不同产地的藤本黄檀都可以结出降真香了，这与莞香树、蜜香树、鹰香树都可以结出沉香是同样的道理。

　　话锋一转，李时珍说起了降真香的产地。据江湖传闻，从海外舶来的降真香被称为番降，产自南海山中或大秦国。"南海

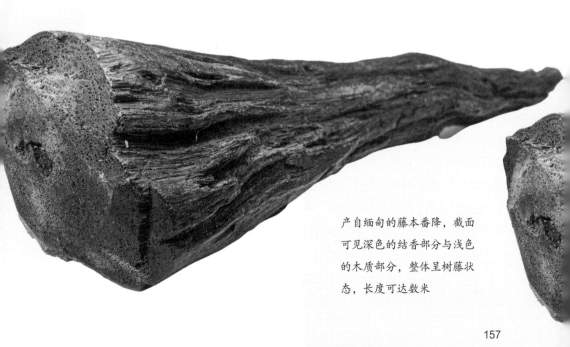

产自缅甸的藤本番降，截面可见深色的结香部分与浅色的木质部分，整体呈树藤状态，长度可达数米

157

山中"泛指南海诸国茂密的热带雨林，这个结论没有问题，但大秦国有降真香就不太可能了，降真香无论如何都不会产自罗马帝国。难道李时珍犯了错误？是的，但这个错误犯得情有可原！因为降真香很可能由罗马人先在南海购得，接着又被贩卖到了中国，从而让中国人误认为罗马也产降真香。

苏方木即苏木，一种小乔木，颜色泛红，含有油脂，番降的香气类似苏木。番降直接烧并不好闻，但用于合香却非常美妙。这里再次提到了降真香的特性，宜合而不宜单烧。

需要特别说明的是，每个人对于香气的感受是不同的，古人对于香气的评价也并非绝对。我个人就喜爱单熏降真香，这种香气与沉、檀相比要更加浓郁一些，且有药香味，其间又透着丝丝甜凉，这让我感到很舒适，的确有很好的"降神"效果。

"入药以番降紫而润者为良。"入药要用番降，且紫色、油润的为好。"紫而润"，说明了药用降真香的优劣取决于含油量的多少，只有饱含油脂才会显得颜色深沉、油光发亮。同时这句话也再次表明，降真香大体上分为两种，一种是来自国外的番降，一种则是产自中国本土的降真香。

28. 降真香辨析

回顾一下前文所述降真香的特征。

第一，降真香之名源于道教文化中的"降神"之说，而根据道家、医家种种记载的时间来看，基本可以确定降真香在中国出现并被应用都在秦汉以前，其历史十分悠久；第二，降真香本质上并不是木头，而是与沉香一样属于凝结而成的油性物质，这种物质的载体可以有很多，但它们都是豆科黄檀属的藤本植物。从形态上来看，热带雨林中的番降要粗大一些，两广、海南等地出产的"土降"则更细一点，其中十分劲瘦的被称为"鸡骨香"。

对于第一点是没有疑问的，但第二点却是有争议的，降真香的母体一定只能是藤本植物么？会不会有一些乔木，比如说一些大树也能结出降真香呢？而且这种争议并不是在今天产生的，早在元代就已经出现了不同的声音。要解答这个问题，我们就要从《香乘》中关于降真香考证的另外一则记载说起。

这则记载源于一本名为《真腊风土记》的古籍，描绘的是古真腊国的风土人情。这本书并不出名，因为关于一个东南亚小国的记述，相比于浩瀚的中华文明来说并不值得一提。但相信等我讲完关于它的故事，你一定会对它刮目相看。

古籍创作于元代初年，那是一个烈马嘶鸣，疆域广阔到令人叹为观止的时代。《元史》卷五十八·志第十·地理一中对于大元帝国的疆域如此描述："其地北逾阴山，西极流沙，东尽辽左，南越海表……元东南所至不下汉、唐，而西北则过之。"意为向北越过阴山，向西深入大漠，向东直抵辽东，向南囊括诸岛，其疆域在东、南方不输于汉唐，西、北方则超过汉唐。而这句话还是明人宋濂颇具文学性的描写，实际上元帝国的版图之大远远不止于此。

虽然东、西、北方包括南海的疆域都已辽阔至极，但唯独中南半岛未被征服，究其原因，恐怕是因为驰骋于草原的骏马在茂密的热带雨林里很难迈开步伐，比如在南征过程中元军就遇到了一些麻烦事。在《真腊风土记》的开头，作者用一句话说明了当时的背景：

> 圣朝诞膺天命，奄有四海，索多元帅之置省占城也，尝遣一虎符百户、一金牌千户同到本国，竟为拘执不返。

我大元朝承受天命，拥有四海，连占城都是我们的疆土，皇帝还在此设了省，由索多元帅负责管理。索多元帅派了两名高官一同前往真腊宣读皇帝的诏令，传达的旨意就是天下都已归我大元了，你们也赶紧臣服吧！可是没想到，真腊国王根本不吃这一套，不但没同意，还把这两名官员给拘留了。

这还了得，泱泱大国岂能受这般蛮夷小国的恶气？若按元朝的暴脾气，必定是要发大军攻之而后屠城为快。但这一次却很奇怪，元朝是一点脾气也没有，不但没有前去攻打，反而再次派出了使臣。因为他们心知肚明，真腊是打不进去的！这一点倒是有先见之明，哪怕是后来强大的美军，历经近二十年旷日持久的战争，依然未能战胜越南，这些密林深处的国家的确是太难征服了。为了说服真腊归顺，二次出使的使团自然带去了更加丰厚的财物和更加优厚的条件：

> 元贞之乙未六月，圣天子遣使招谕，俾余从行。

1295 年 6 月，皇帝再次派遣使团出使真腊，而"我"就是使团中的随行人员之一。这个"我"，即作者周达观。

由于这次见面礼带得充足，国王也就顺坡下驴了，周达观在书里也写得很轻松，只用了四个字，"遂以臣服"，即真腊同意臣服于元了。任务完成就得回国啊，但不巧的是，很多原因导致船只无法出发，比如季风的风向不对、枯水期船只搁浅等，没办法只好待在真腊等待时机，而这一等就等了一年多，也把这本《真腊风土记》给等了出来。

周达观是上邦使臣，在真腊所受待遇自然不差，不论是皇宫大内、宗庙殿堂，还是寻常市井、田野山林，他都是畅行无阻的。要知道中国古人获得出国的机会十分难得，前文曾提到过，在古代只有国家的力量和信仰的力量才能支撑着人们到达远方，周达观就属于前者。所以他非常珍惜这次出国考察的机会，把首都里里外外跑了个遍，也把真腊的人间百态和民俗风情都一一记录了下来。

《真腊风土记》只有八千多个字，但信息量却十分巨大。大的方面包括宗教、法律、语言、文字等内容，而小的方面则包括了太多令人难以想象的细节，比如产妇如何生产、少女如何嫁人、人过世后如何埋葬、家家户户如何洗澡、天上有什么鸟、地上有什么兽、水里有什么鱼等。这些还不算，甚至于拉撒这类俗事，周达观也记录得详尽至极：

> 凡登涸既毕，必入池洗净。止用左手，右手留以拿饭。见唐人登厕用
>
> 纸揩拭者，笑之。

诸如此类记述读起来颇有趣味，但若仅是如此，这本书也无非就是本普通的游记而已。可问题就在于，周达观所看到的真腊，并非仅是今天的柬埔寨，彼时的真腊还有一个响亮的名字——吴哥王朝，举世闻名的吴哥窟遗迹就在这里。

吴哥王朝是高棉人统治的国度，早在 8 世纪就统一了真腊，疆域要比今天的柬埔寨大得多，泰国、老挝、越南、缅甸等大片区域都曾是它的领土，因此吴哥王朝也是东南亚历史上最为强盛的国家。在梵文里"吴哥"的意思是最为辉煌、最为宏大的都市，周达观所到达的就是这座吴哥城。

但就是这么一座伟大的城市，却在 15 世纪初被暹罗攻破，继而被高棉人遗弃在了雨林里。随着雨林的快速覆盖，城市如同人间蒸发了一样，没人知道它去了哪里。而在接下来的五百年里，关于吴哥城的一切就像从来都没有存在过。

时间一晃，到了 1819 年，一个叫雷慕莎的法国人把《真腊风土记》译成了法文，只可惜读过的人大多认为周达观笔下的一切完全是个天方夜谭，肯定是瞎编的。于是又四十多年过去了，直到法国生物学家亨利·穆奥跑到柬埔寨的雨林里寻找生物标本，才在无意间发现了恢宏的遗迹。他震惊极了，立即开始宣扬自己的发现，在他的《暹罗柬埔寨老挝诸王国旅行记》一书中这段措词极富感染力："此地庙宇之宏伟，远胜古希腊、罗马遗留给我们的一切，走出森森吴哥庙宇，重返人间，刹那间犹如从灿烂的文明堕入蛮荒。"

从这一刻起，吴哥遗迹方才被广为知晓，吴哥城的谜团方才水落石出，而《真腊风土记》就成了见证这座城市一切辉煌灿烂和一切文明细节的唯一资料。

吴哥人无论如何不会想到，如果不是这个叫周达观的元朝使者，因为天气原因被意外滞留在了吴哥的话，他们的文明或将不复存在，即使遗迹被发现，也将是一个没有血肉的文明，因为没人可以读懂。而周达观，他让吴哥再次复活了。

"复活"这个词给我的感受很是奇妙，我想分享一下当我第一次行走在吴哥窟中的所思所想，当然在去那里之前，我已经拜读过《真腊风土记》了。

吴哥窟是一堆废墟，而且是一堆极其凌乱的废墟，废墟之所以还存在，因为它们全都是由石头构成的。整个废墟完全被茂密的雨林所覆盖，一棵棵古老而原始的树木都巨大无比，树根类似于榕树那样盘根错节，像巨蛇一样从各种石缝中钻出来，又扎入另外的石缝中去，而这些四处散落着的、长满青苔的巨石上，很多都雕刻着极其精美的造像和纹饰，大多与印度教或佛教有关，也充斥着高棉人独有的文化色彩。

比如出现最多的一类神像就是蛇，后来我在当地"吴哥文化博物馆"了解到，这种蛇就是佛陀在苦修期间遭遇七日暴雨之时，撑开身体为佛陀挡雨的眼镜蛇纳迦，纳迦被吴哥人塑造为有着七个蛇头的神像。最大的两尊纳迦，屹立在吴哥王城的入口处，那里有一座巨大的石桥，雕塑就分列在桥头的左右，走在桥上还会发现每隔几十步就有类似狮身人面像的守卫。我第一次看到它们，真的有些被吓到，那种威严感和那种步入皇城时的紧张与惶恐，全都因为这些雕像从心里升腾起来。

再来看看周达观在七百年前的描述，他在第一章"城郭"篇里写道："城之外巨濠，濠之外皆通衢大桥。桥之两傍各有石神五十四枚，如石将军之状，甚巨而狞。"你看，他跟我的所见所感完全一样，城外是一条巨大的河流，河流之上有巨大的桥。桥两旁各有石头雕像五十四座，都像石头将军的模样，体形巨大且狰狞无比。

他又接着说："桥之阑皆石为之，凿为蛇形，蛇皆九头，五十四神皆以手拔蛇，有不容其走逸之势。"这段记载也与我看到的几乎一样，桥的栏杆被凿成了蛇的样子，蛇有九头，五十四个守卫分别用手拽着蛇头，如同在奋力不让蛇逃遁一般。

当我走到皇宫门口，发现大门正面还有一条护城河，河对岸有很多座佛塔，像是一片塔林，塔虽然不大却显得十分精致，有很多游客在那里拍照留念。这些佛塔都是干什么用的呢？是高僧的舍利塔，还是举行宗教仪式的地方呢？

周达观在"争讼"篇里做出了解释。他说真腊这个地方很奇怪，民间的诉讼，即使是很小的事情，都要报告给国王，再由国王来评定是非，最后给出相应的惩罚，但是有一种情况却是例外：

> 国宫之对岸有小石塔十二座，令一人各坐一塔中，其外两家自以亲属互相堤防。或坐一二日，或三四日。其无理者必获证候而出，或身上生疮疖，或咳嗽热证之类；有理者略无纤事。以此剖判曲直，谓之天狱，盖其土地

之灵有如此也。

　　意思是当没有办法判定谁对谁错的时候，在皇宫对岸有十二座小石塔，让当事人分别坐到塔里去。几天之后，有错的一方要么会出现确凿的证据来定他的罪，要么他就会生病、生毒疮或咳嗽热证，而没错的那一方当平安无事。这种处理诉讼的方式叫"天狱"，老天自会明辨是非。你看，如若不是周达观的记录，任凭谁也不会想到这些石

塔还有如此奇怪的功能。

　　除了这些，周达观还对吴哥城里的人情风貌做了细致的描述，所以在我的脑海里，我走过的那些废墟，那些崩塌的神庙、凄凉的宫殿和荒无人烟的街道，全都因为这些文字而复活了。街道上人来人往，形形色色，偏袒右肩的佛弟子穿梭其间，小贩们不停吆喝着售卖各种特产，尤其喜欢跟中国人交换丝绸、茶叶这些上邦之宝，迎面走来了盛大的皇家仪仗，端坐中央的国王头戴金冠，脖子上缠着茉莉花的项圈，妃子们则

左图：吴哥王城桥头的巨型蛇雕，左右各一

右图：崩塌的神庙

身披花布，戴着硕大的珍珠。整座城市五彩缤纷、活灵活现，废墟突然间有了血肉和灵魂。

阔别神游，回到香文化的主题，周达观在"出产"篇中详细记录了真腊的知名特产，譬如象牙、犀角、蜂蜡等，其中就有降真香，这段文字也被周嘉胄录入了《香乘》：

> 降真生丛林中，番人颇费砍斫之劳，盖此乃树之心耳。其外白木可厚
> 八九寸，小者亦不下四五寸。

降真香生长在丛林之中，当地人砍伐的时候颇费力气，因为降真香存在于树木的树心部位。而包裹在树心外面的白木很厚，大树有八九寸，小树也不下四五寸。元代的一寸大约三厘米多一点，八九寸就是二十多厘米的厚度。

这就奇怪了！李时珍不是说降真香是结在藤本植物上的么？普通的藤本最多也就胳膊粗细，哪来二十多厘米厚的白木部分呢？很显然，周达观所说的降真香，跟李时

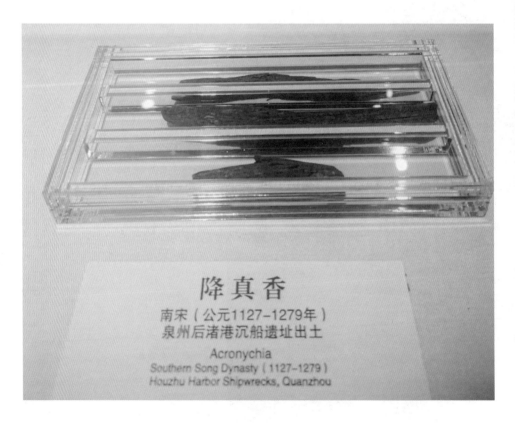

降真香
南宋（公元1127-1279年）
泉州后渚港沉船遗址出土

Acronychia
Southern Song Dynasty（1127-1279）
Houzhu Harbor Shipwrecks, Quanzhou

泉州后渚港降真香遗存，福建省博物馆藏

珍所说的降真香不是同一种东西。

难道说周达观没见过降真香么？我觉得不大可能，因为降真香早在秦汉就出现了，尤其到了香文化巅峰时期的宋代，大街上到处都是香铺，又怎会少了降真香的身影？生于宋末元初的周达观一定是见过的。

在周达观的描述中，番人砍倒树木，只取树的芯材，外皮和白木部分全部剥去，这种木质结构是否有些似曾相识呢？前文提及印度老山檀时，也提到了同样的木质结构。因此周达观见到的降真香，虽然也属于豆科黄檀属，但却是一种乔木，而非藤本。

关于降真香的争议正式出现了，它到底是周达观所说的乔木芯材，还是李时珍所说的藤本结香呢？会不会在元代以前，中国人所用的降真香根本就是指的黄檀木呢？又或者说在古代中国，中国人其实一直都是把这两种香材混用的呢？

1974年，泉州湾后渚港发现了一艘宋代沉船，船舱里满载了大量的香料，品种琳琅满目，胡椒、槟榔、乳香、龙涎香、沉香、檀香、降真香等应有尽有。据《泉州湾宋代海船发掘与研究（修订版）》一书刊载，香木占比最大，未脱水时总重量达四千七百余斤，而其中降真香最多，檀香次之。又经过科研机构的显微、化学鉴定，船舱中的降真香遗存被认为"其来源系豆科植物印度黄檀"，"出土降香各组分的保留时间和峰形更接近于印度黄檀"。这些结论不仅证明了周达观在《真腊风土记》中关于降真香的描述，也让我们有充分的理由相信，至少在元代之前，中国人使用的降真一定包含了豆科黄檀属乔木，而绝不会仅仅是藤本。

历史就是如此神奇，这艘满载香料的中国商船，大约沉没于南宋末年，与周达观生活的年代相仿，也许他们从未相遇，也许他们曾在南洋上擦肩而过，但无论如何，在他们故去六百多年以后，香气让他们之间的缘分重新联结。

降真香的身世扑朔迷离，在后世又陆续出现了各种各样新的名词，比如降香和降香黄檀，这两种说法又是从何而来的呢？

29. 降香黄檀与元代腊茶

接下来的故事要从海南讲起，这个"海南"不再是指南海诸岛了，特指中国的海南岛。

海南岛的热度很高，不仅是天气热，人气也热，来旅游的、度假的、购物的，一年四季都热闹非凡。但就在这些闹市与繁华之外，也有深藏在山林之中的世外桃源，只是普通游客无缘得见，只有资深驴友在当地朋友的带领下才能找到那些秘境。

说是秘境，其实也并不神秘，它们就是一个个坐落在大山深处的山寨，那里生活着一个古老的民族——黎族。黎族是海南岛上的原住民，早在四五千年前的新石器时代，他们就已经在这里繁衍生息了。秦汉之交，海南岛归南越管辖，后来南越被平定，汉政府就在这里设置了郡县，黎族人才正式有了国家的概念。到了唐宋，大量的汉人开始往海南岛移民，民族也开始逐渐融合。比如著名的纺织达人黄道婆，她原本算是今天的上海人，却在海南崖州生活了四十年，跟当地黎族学习了各种纺织技术，后来回到家乡又把黎族技法与中原技法进行了融汇创新，从而取得了巨大的成就。

虽然汉人源源不断地涌入，但纯正的黎族部落依然存在，前文讲沉香时曾提到的"海南黎峒"就是黎族人的聚居村落。"峒"是宋代设立的一个少数民族行政单位，大约相当于今天的乡。黎峒存在了很长时间，一直到解放后这个行政单位才被取代，但在今天很多当地老人的口中，还能听到这种叫法。

随着时代的进步，如今的黎峒越来越少了，只剩下隐藏在深山老林里与世隔绝的一小部分，被称为"黎族山寨"，它们藏得很深，大部分车子进不去，只能骑摩托或者步行。

几年前我去过一次，寨子里的生活比较原始，依然保持着刀耕火种、自给自足的生活，也会有一些电视、冰箱之类的电器，都是外出打工的年轻人带回来的。当地的老婆婆们都还穿着黎族服饰，青色的上衣，红色的花布筒裙，头上扎着一团发髻，插着一根牛骨或豪猪刺做成的发簪，脸上还印着一道道刺青，在今天看起来多少有些吓人，但这就是黎族的古老传统。

他们住的大多是低矮的茅草屋，墙是黄泥垒成的，顶上尖尖的，覆盖着茅草。整个山寨看着十分不起眼，从旅游的角度来说，这里并没有什么吸引人的地方。也正因如此，没有开发价值的老山寨得以在尘世的喧嚣中偏安一隅，多年无人问津。

但就在 2000 年左右，老山寨里却频繁地出现了一些陌生的身影。起初大家以为就是来收药材或沉香的，但渐渐发现这些人跟以往的小商小贩不太一样，他们个个财大气粗，要收的也不是土特产，而是那些破破烂烂的茅草屋，且出价不菲。

黎族人一开始很犹豫，虽然钱给足了，但毕竟是住的房子啊，卖了的话自己又住哪里呢？但这个疑虑也很快被打消，收房子的人答应另外再建一座，而且还是钢筋混凝土的，要比破茅草屋气派多了。于是顾虑解决，黎族人一手接钱一手交房。

但接下来发生的事情让黎族人更加困惑了，这些外地人开始拆他们的茅草屋，把茅草全都掀掉，土墙全都推倒，很快老寨子就成了一片废墟。难道这是要搞房地产开发？当然不是。外地人把茅草屋的房梁、大门、门框，包括破破烂烂的桌椅板凳，只要是木头的全都集中起来，再进行一番挑挑拣拣之后便运走了。除了大的木料，小到像木头的锅盖、土灶里的烧火棍、养猪的木头栅栏等，也都一并打包带走，而且这一走就再也没回来。

黎族人住进了新房，拿到了钞票，心里美美的，也懒得管这些神神叨叨的外地人究竟在搞什么鬼。但殊不知，就是这些在茅草屋里破烂了几百年的木头，它们一旦走出大山，只要稍加抛光，就立即换了一副油润无比、有着斑斓花纹的模样，且香气阵阵，沁人心脾。懂行的人眼睛都看直了，因为他们心知肚明，这些木头有着一个极其响亮的名字——海南黄花梨，而且还是正宗的百年老料！

海南黄花梨，简称"海黄"，如今一闻其名就会让人肃然起敬，为什么呢？因为一个字，贵！

海黄有多贵？从近年来的各种拍卖、各种鉴宝节目、各种动辄数千万的海黄家具来看，海黄的身价一直在快速地上涨，当年老寨子里几块、十几块钱一斤的收购价格，已经涨到了几千块、上万块，大料、老料更是有钱也难求。为什么海黄会这么贵呢？追根溯源，我认为可以用一句话来概括，"三分少，七分炒"。"炒"就是炒作，这个不用多说大家都懂，我们单单来说这个"少"。

海黄的确少，这一点毋庸置疑，并非是一种饥饿营销。原因大概有两个方面，一是历史的原因；二是植物生长的原因。

在历史上，海黄很早就被中国人使用了，它作为中药有很好的疗效，比如磨粉后撒在伤口处，具有非常明显的止血、镇痛效果，此外海黄还有十分迷人的香气，可以起到舒压、宁神、安眠的作用。但海黄被大规模运用是到了明代才有的事情。

在明代出现了一种家具制作的高超工艺，其作品设计精妙、做工精良、风格简约，深受文人阶层的喜爱，被统称为"明式家具"。明式家具享誉中外，不但堪称中国家具史上的巅峰之作，就连西方人也同样认为明式家具是东方家具艺术史上的最高成就。高端的明式家具一定要用硬木来做，而硬木中最好的两种材料就是紫檀和黄花梨。

于是在明末清初，趁着国家大乱之际，很多黄花梨家具就被识货的西方人给买走了。后来到了清末，又是天下大乱，西方列强这次已经不是买了，直接改抢了。转眼到了中华人民共和国成立后，又遇到了破四旧、炼钢铁，很多老木头不是被丢进了锅炉，就是被当作四旧给查抄了。抄出来的海黄家具要么被销毁，要么被随意堆放，长期日晒雨淋也无人问津，久而久之家具就褪色了。好在海黄跟檀香一样，有着极其坚韧的特性，不变形、不开裂，即使表面被氧化了，只要稍加抛光又是焕然一新。可在当时并没人关心这些，一股脑地当成烂木头卖给外国人了，还美其名曰"出口创汇"，又一次让外国人捡了便宜。

总之如此这般五次三番，大量的海黄家具流失到了海外，一直到20世纪90年代，王世襄老先生写了一本书叫《明式家具研究》，这才让中国的收藏家们如梦初醒，但

来自黎族山寨的海南黄花梨刨刀　　　　　　　　明式海南黄花梨大柜

那时正值改革开放初期，大家都没什么钱，关注和收藏的人也不多，仅有少数独具慧眼、胆大心细的人抢先下手囤积了海黄。再后来，等到大家都有钱的时候，最凶猛的一波收藏热如期而至，海黄自然是热门中的热门，不管是家具还是材料，小到一双筷子、一根秤杆，都被炒上了天。

很多人还是不能理解，认为海黄无非就是一种树木，属于可再生资源，砍完了再种不就行了么。可问题就出在这里，种是来不及的。

海黄长得特别慢，有多慢呢？可以打这样一个比方，长了三十年的海黄，只能做成小珠子，长了五十年的海黄，只能做成小杯子，即使长到一百年，也只能做成桌腿，而如果想用海黄来做整块桌面的话，起码还得再等上好几百年。

大明一朝把囤积下来的野生海黄全部砍完了，最后就连越南黄花梨也没有放过。而明朝人也没有任何可持续发展的意识，一如后来的夏威夷肆意砍伐檀香树一样,致使海黄几乎绝迹。虽然今天已经有人工种植的海黄了,但那都是近十几年的事情,由于年份未到,不论是品质还是香气都与海黄老料相差甚远。

除了长得慢,还有一个重要的原因也导致了海黄的稀缺,那就是这种木料的成材率非常低。跟常规的木头不一样,海黄不是说树有多粗,能用的木料就有多粗,海黄只能取树木

海南黄花梨刨刀

的芯材部分,而大部分的边材都是白木。至于芯材能有多粗,这就完全靠赌了,因为从外表上是看不出来的。有一些非常粗大的树,长了一百年了,结果砍断一看,芯材只有拇指粗细,只能做筷子,这就属于赌输了,跟赌石十分类似。芯材和白木有着明显的颜色区分,白木自然泛白,芯材则是富含油脂的黄褐色。

这种横截面的结构,是否再一次与印度老山檀以及周达观笔下的降真

香遥相呼应了呢？是的，因为海南黄花梨并不是它真正的名字，它的学名应该叫作降香黄檀。

得名"黄檀"二字，是因为海南黄花梨本质上是豆科黄檀属乔木，与真腊的降真香同属同宗。而"降香"二字也并非指降真香，而是指"降真香的香气"，是一个香气的概念。因此"降香黄檀"如果让我来完整地诠释的话，应该是"具有降真香香气的黄檀木"。这种近似于降真香的香气的确存在，但仅仅是香气类似而已。

容易与海黄混淆的还有一种木材，它被称为越南黄花梨，二者生长在同样的纬度，性状、香气也有诸多类似之处。因此很多人会认为，二者是同一种植物，只是生长环境有所不同而已。但实际上，二者分属于不同的植物科目，海黄属于豆科黄檀属，越黄则属于蝶形花科紫檀属。普通人很难分清它们的区别，但在专业人士的眼中，它们却是完全不同的两种材料。当然就明式家具而言，越黄也是作出了杰出贡献的，在海黄砍伐殆尽之后，越黄家具也成为了炙手可热的高端品种。

除了越黄蹭了海黄的"热点"以外，还有太多太多附会"花梨"之名的木材，比如红花梨、非洲花梨、巴西花梨、金车花梨等，它们非豆科黄檀属，而是蝶形花科紫檀属。用它们做成的家具也许各有特色，但入香却是万万不能的，因为它们并不具有降香气。如今也有人将"海南黄花梨"改写为"海南黄花黎"，以示区分的同时也追溯到了黎族文化，我认为不失为一个明智之举。

因此在古代香方中，会经常出现"降香"和"降真香"两种表述，尽管有可能是作者的笔误，少写了一个"真"字，但我相信历史上学者们的治学态度是严谨的，他们所说的"降香"很可能指的就是海南黄花梨。

再回头看"宣和内府降真香"古方：

> 番降真香三十两，锉作小片子，以腊茶半两末之沸汤同浸一日，汤高香一指为约。

主材十分明确地指向番降真香。实际选材的时候，可以用李时珍所说的藤本降真香，比如缅甸降真香，也可以用周达观所说的乔木降真香，比如印度黄檀，但这两种材料会分别出现两种截然不同的风味。再将降真香劈成小木片，用半两腊茶末加水煮沸，把木片浸泡其中，茶水比香高出一根手指的样子。这是一个常规的炮制过程，只是其中出现了一个陌生的名词——腊茶。

很少有人听说过腊茶，即使是茶道方面的高手，因为这种茶已经绝迹好几百年了。

简单梳理一下中国茶文化的脉络，基本上就是唐煮、宋点、明散。唐代流行煮茶，将茶末与各种香料、调味品一起烹煮，煮成粥一样再喝下去；到了宋代流行点茶，先调膏，再冲入沸水，用茶筅击拂起沫，调匀再饮；最后到了明代，朱元璋废团改散，民间才开始普及清饮之法。但大家有没有发现，我们总是在说唐代的茶、宋代的茶、明代的茶，中间显然漏掉了一个元代的茶，为什么就没人来说一说元人怎么喝茶，又喝的是什么茶呢？原因很简单，因为在元代没有任何一部关于茶的专业著作流传下来，而其他各个历史时期都有大量的茶文化著作传世，比如陆羽的《茶经》、宋徽宗的《大观茶论》、蔡襄的《茶录》、黄儒的《品茶要录》、许次纾的《茶疏》等。

这就导致人们都不了解元代的茶文化，对于不了解的问题大多会选择回避或者干脆就跳过了。然而对于制香师而言，元代的茶文化却是不能跳过的，因为元代留下了关于腊茶的蛛丝马迹。

元代的统治者们是来自草原的汉子，威武雄壮、豪迈粗犷，是习惯了大口吃肉、大口喝酒的角色。统一之后也想向汉文化靠拢，也想学学宋人的茶文化来附庸风雅一下。但宋人点茶的这门功夫他们实在是学不了，看着就头疼，没办法只好退而求其次，那就简单地冲泡吧，也算是喝茶了。

虽然民间的文人雅士们还在坚持着传统的点茶，但统治阶级的意志终究是强大的，在很大程度上渐渐扭转了全民饮茶的方式，散茶直接冲泡的清饮法开始越来越多地出现。所以元代实际上是茶文化中一个非常重要的过渡阶段，从宋代到明代，从团茶到散茶的变化并不是一蹴而就的，而是在元代的近一百年间慢慢扭转过来的。

元代虽然没有茶的专业著作，但在一些农业方面的书籍中还是留下了相关的线索。比如在元人王祯所著《农书》中就有这样一段记载："茶之用有三，曰茗茶，曰末茶，曰腊茶。"

可以看出元代的饮茶方式已经开始混乱了，南方与北方、内陆与沿海、贵族与民间都出现了差异和分歧。比如茗茶："凡茗煎者择嫩芽，先以汤泡去熏气，以汤煎饮之。今南方多效此。"嫩芽已经不需再去捣碎磨粉了，直接可以冲泡煎饮，这其实就是我们今天泡茶的雏形，在元代就已经出现了，这种方式在当时的南方比较多见；又如末茶，茶叶焙干后也不再挤压成团茶了，而是直接磨细，再按照宋代的点茶法来饮用，这就是加工工序上的一个改进，省略掉了最为复杂的团茶制作步骤；而最后一种，王祯提到了腊茶："腊茶最贵，而制作亦不凡。"

又说："择上等嫩芽，细碾入罗，杂脑子诸香膏油，调剂如法，印作饼子，制样任巧。"这里说的是腊茶的配方和工艺，原料是上等嫩芽，经细细碾磨之后加入龙脑香及各种香膏油，混合之后再做成茶饼。其中包含了两个重要的信息，一是腊茶不是清饮，而是加了香料的；二是腊茶不是散茶，而是团茶。

"候干，仍以香膏油润饰之。其制有大小龙团、带胯之异。此品惟充贡献，民间罕见之。始于宋丁晋公，成于蔡端明（蔡襄）。间有他造者，色香味俱不及腊茶。"

等茶饼干燥之后，再一次用香膏油来涂抹一遍，香膏油是一种半凝固的蜡质，也就解释了腊茶之"腊"的本义，并不是指腊月，而是指蜡状。

腊茶的形制有"大小龙团"，即在圆形茶饼上印有龙凤图案，也叫"龙凤团茶"，是宋代贡茶的专属形制。宋人叶梦得在《石林燕语》写道："建州岁贡大龙凤团茶各二斤，以八饼为一斤，仁宗时蔡君谟（蔡襄）知建州，始别择茶之精者为小龙团十斤以献，斤为十饼。"可见"大小龙团"在重量和品质上的区别。身为贡茶，其制作极其精细，工序也极尽复杂，在民间十分罕见。

喝腊茶的时候，要先用温水化去表面膏油，然后用纸包住，锤碎，再碾末、调膏、冲入沸水，整个过程有别于常规的饮茶方式。

但不论腊茶怎么喝，它都是一种香茶，里面不仅有茶，还掺有各色香料。因此从香文化的角度来说，腊茶相当于是一款合香，而用腊茶来炮制降真香，实际上等同于用很多香料来共同进行炮制，绝不仅仅是茶叶。

如今已经没有腊茶这一遗存了，想要依据古法来炮制降真香的话，就需要自己调配腊茶。宋代的贡茶茶基多为蒸青，也就是用蒸的方法来杀青，而不是今天常见的炒青、烘青。蒸青茶如今也很少了，日本有一种蒸青名曰"玉露"，我曾在京都的茶店里喝过，十分清苦，但同时鲜味也提高了很多，类似于海带汤的鲜味。中国蒸青也有少量遗存，比如恩施玉露等。因此在制作腊茶时，原料可以选用这类的玉露茶，再辅以各色香料和古法油膏进行调和。

降真香有了，腊茶也有了，浸泡之后又该怎么做呢？继续来看香方：

> 来朝取出风干，更以好酒半碗，蜜四两，青州枣五十个，于磁器内同煮，
> 至干为度，取出于不津磁盒内收贮密封，徐徐取烧，其香最清远。

降真香片浸泡一夜之后，第二天取出风干。用半碗上好米酒，加入四两蜂蜜和五十枚青州枣，青州大约是今天的山东地区，在古代那里是枣的主产区。最后把降真香片与这些材料一起放在瓷器里煮，一直把酒煮干为止，切勿焦煳。至此，宣和内府降真香才算制作完毕。

这个看似繁琐的炮制过程实则非常重要，我起初也不理解，直到香成之后上炉熏焚，方才领悟到古人的智慧。降真香是一种含油量极为丰富的材料，远远高于普通的沉檀，但万事过犹不及，油脂太多同样会出现问题，所以酒和蜜成了炮制降真香的核心所在，大量过于饱和的油脂和杂质被溶解在了蜜酒里，这才使得降真香的香气变得柔和服帖，不再具有攻击性。

让我们的思绪再次回到那个看似寻常，却又不同寻常的宣和年，宋徽宗时常踱步

于那座恢宏的宣和殿里，无数内府珍宝、上古典藏纷纷罗列其间，散发着"宣和盛世"的祥瑞之气。然而宋徽宗却越发感到心神不宁，他似乎听见有细碎的声音从各种角落里不断传来，永无止境。他只能安慰自己，那不过是酒醉后的幻听而已。他并不知道，这是虫蚁在啃噬大殿的根基，在那些精美粗壮的柱子里，糟朽正疯狂蔓延。

此时有一缕香气传来，原本浓郁的药香被蒸青茶的清苦感所中和，呈现出丝丝甘甜，继而有龙脑凛冽的香气穿梭其间，仿佛扫清了一切的污浊不净。宋徽宗精神为之一振，觅香而去，终在紫檀案上找到了一尊白玉香炉，炉中所燃的正是这款"宣和内府降真香"，青烟悠悠腾起，在梁上久久盘旋。

药香治愈了他所有的疑虑，甘甜让他的眉头重新舒展，他又心安理得地回到了无忧无虑的盛世里，他仿佛听见了空中的鹤鸣，自己也乘上了一朵祥云飞升而去……

索性，他展卷落笔，一气呵成。

 ## 番外篇：制香前的准备工作

随着对《香乘》中传世香方的解读，想必很多朋友开始对手工制香产生了一些兴趣，甚至跃跃欲试想要亲手来制作一款合香。有鉴于此，我便来讲讲有关制香实操方面的内容，希望能够让初学的朋友们少走弯路，顺利地制作出心仪的香品。

制香相对于其他很多技艺来说是比较宽松的。比如弹琴，如果不按指法来，肯定发不出那个音，但是制香的手法并没有固定的规则，大多是一代代制香师们摸索总结下来的经验心得，而且每个制香师可能都会有自己的一套方法。所以接下来我要说的，只是我这些年来的所学所感，不代表什么规范，也不一定就是对的，仅供大家参考。

制香的准备工作大体上分为三个部分，制香环境的准备、制香工具的准备和制香材料的准备。

何为制香环境呢？我曾看过一些初学者的制香现场，发现很多人会把房间布置得很雅致，烹一壶茶，点一支香，插一枝花，案子上整整齐齐，用精致的碗碟摆放着各色香料和工具，总体上十分美观。当然我相信每一个喜欢东方文化的朋友都会对这样的空间一见倾心，包括我自己！但我不得不告诉大家，这样的环境虽然极其适合焚香品茗、听曲抚琴，可用来制香却是不合适的。

因此还是涉及对于"制香"一词的定义，首先要清楚的一点是，"制香"的重点在于"制"，这是一个制作的过程，不是一个享受的过程。无论你平时从事的是什么工作，从开始制香的那一刻起，你就变成了一名匠人。而想想其他行业匠人们，木匠、铁匠、花匠、陶艺师等，没有谁是可以慵懒地喝着茶、听着曲就能够完成工作的，非但不轻松甚至会很累，因为从本质上来讲"手制"就是一项体力活。

制香亦是如此，整个过程需要耗费大量的体力和时间，而且很多时候是容不得中途休息的，必须一鼓作气地完成它，一旦停下来，各种问题都会接踵而至。因此制香的准备工作首要就是要让制香环境变得顺手，每一个环节都能很好地衔接，这样效率才会提高，香的品质才会得到保障，而一切与制香无关的东西都应该尽量除去。

还有一些朋友十分讲究仪式感，穿着宽袍大袖的汉服，甚至旗袍来制香，诚然这些民族服饰令人赏心悦目，但就制香这个环节来说，它们都是不合适的。古法制香不是香道表演，它不需要任何仪式感，它是一项很朴素、很原始的手艺活。当你穿着宽大的汉服或是紧身的旗袍来制香的时候，就如同西装革履、皮鞋锃亮地去油腻的厨房里炒菜一样，会感到十分别扭，身体也无法施展开来。

正确的制香环境应该是什么样子的呢？首先需要一张桌子，不能太高，齐腰的最好，这样在一些需要用力碾压、捶打、揉捏的环节，才能够使出全身的力气，而椅子则可有可无，因为大部分的时间里都是要保持站姿的。

其次桌面尽量要空，与制香无关的器物、摆件全部拿走，留下足够的空间来摆放香材、工具、器皿。一款合香往往要用到数十种不同的香材，加上炮制所需的酒、蜜之类以及炒锅、药碾等工具，如果空间不足，摆放太过紧凑的话，很容易就会打翻甚至打碎东西，乃至前功尽弃。

再次是着装，舒适得体就好，不要为了追求古意而去穿累赘的衣服。袖子最好是可以上卷的，因为香粉通常细碎轻盈，袖子一扫也就灰飞烟灭了。

听我如此说，可能很多朋友美好的梦想已经开始破灭，原来制香是这么俗的一个过程啊！一点也不雅致，一点也不禅意！但不知大家是否听过一句话，"大俗即大雅"，雅俗是要共赏的，没有前半程艰辛的付出，又何来后半程美妙的享受呢？

制香环境还包括季节和时间的选择。季节很重要，前文曾多次提到焙干、阴干这些步骤，就是要最大程度地去除香品中的水分。因此当雨季来临，尤其是南方地区的黄梅天气，是绝对不可以来制香的。如果逆时节而为之，在制香完成之后香品往往无法自然阴干，并不断吸附水分以至于越放越潮，最终长霉或柔软不堪用，所以要尽量选择在干燥的天气来制香。

当然有部分沿海或滨江的城市，一年四季都会比较潮湿，那就需要准备一个防潮箱了，将做好的香品放在里面进行保存，湿度控制在40%左右即可避免生霉、变质的情况，同时又不会因为水分的过于缺失而影响香气之间的融合。

对环境温度的控制也是有讲究的，因为制香过程中会频繁用到火，再加上体力消耗也大，温度一高就很容易出汗。汗液会带来种种不便，比如手心出汗毫无疑问会影响香的品质，而心浮气躁更是制香之大忌。因此温度要尽量低，只是不要用风扇，风也是个不良因素。

季节的问题解决了，接下来是时间的问题。很多朋友因为白天工作很忙，都想着晚上回来趁着夜深人静，安安稳稳地来制香。这个想法很丰满，但现实却很骨感。如果是夜里制香的话，不仅全家都要被吵醒，就连邻居也可能会来投诉你，因为制香压根就不是一个安静的活儿。

首先大量的香材是需要破碎、磨粉的，尤其是树脂类材料，你还不能提前磨好，因为它会很快重新凝结，必须现用现磨；其次加入炼蜜之后的香泥是需要不断捶打揉捏的，比如香方中会经常出现"入白杵百余下"之类的文字，说明捶打的力度和次数都非常重要，如果偷懒，香粉与炼蜜就不能充分融合，香泥便失去筋道难以成形。其他诸如搅拌、翻炒、烹煮等步骤都会发出很大的声响，在制香之中无法避免。

制香师搓香丸

时间的充裕性也很重要，不能想着今天先做一半，等明天有空了再接着做，很多时候由于材料的特殊性，一夜过后材料的性质、干湿度、香气等都会发生改变，"隔夜香"很可能已经不香了。因此在动手之前要有一个预判，能否达到一定的完成度，如果达不到干脆不做。制香不求多，但求精。

接下来是制香工具的准备，首先需要一台能够精确到 0.01 克的电子秤。可能在很多朋友的印象当中，制香大师们都是拿着秤杆、秤砣来称香料的，包括我也曾被摄影师要求这样摆拍过，但这些仅是做做样子罢了，虽是古法，但不够精确且效率太低。还是那句话，不要因为形式上的东西影响了真正的手艺。

为什么要精确到 0.01 克呢？因为古代的香方很多都是来自大内宫廷或豪门贵族，一来他们的原料充足且没有成本的概念，二来他们的香品消耗量也很大，所以常出现动辄沉香多少多少斤，檀香多少多少斤的大手笔，而我们今天根本就用不了这么多。因此配比时需要把"斤、两、钱、分"这些古代单位换算成比例，再按照比例来确定实际用量。如此一来就会出现某种香料只用到零点零几克的情况，比如龙脑香、龙涎香、麝香、甲香之类，用量都是极其微小的。

特别要说明的一点，古代的斤两换算跟今天是不同的，自秦代统一度量衡以来一直到 1959 年，一斤都是等于十六两的，而不是等于十两，所以才有"半斤八两"这个成语，而一两等于十钱，一钱等于十分，这些并无变化。

电子秤备好了，还需要一个石臼。石臼就是把石头凿成一个碗状，附加一根石头棒子，用来破碎、碾磨香料。为什么要用这种原始费力的方式来处理香料呢？为什么不能像用电子秤那样，用电动小钢磨或是粉碎机呢？这里就说明了另外一个道理，能省事的我们当然要省事，但是不能省事的坚决要传承古法。

今天如果去中药店一定能见到电动打粉机，材料丢进去几秒钟就变成了细粉。快归快，但对于制香来说却有两大致命的缺点，一是高速旋转会产生高温，高温会让香气大量损耗，相当于香还没有做，香气就已经挥发了，而香不是药，香气没有了材料也就废了；二是古法香品并不是都需要打成细粉的，按照香方的记载，很多材料是以"粗末"的形态入香，太细往往不是一件好事。那么该如何控制粗细呢？只有我们的手才是最好的控制器。

石臼最好能准备两个，一个是手凿的石臼，由石匠手工凿出来的，内膛坑坑洼洼很粗糙。这种石臼因为摩擦力大，适合用来碾磨叶片类、茎秆类，比如零陵香、藁本、藿香、甘松之类有韧性、粗纤维的材料。另一个就要选择机器打磨光滑的石臼了，用来碾磨易破碎、粉末细的材料，比如乳香、安息香、龙脑香之类，如果还用手凿石臼的话，细粉就会嵌在凹凸的石缝里产生很多浪费。总之石臼是非常重要的一样工具，也是会让我们付出大量体力的工具，"工欲善其事，必先利其器"，顺手的石臼必不可少。

有了必备的工具，还有一样材料需要提前准备，那就是炼蜜。炼蜜之法源于中医，比如咳嗽时吃的"川贝枇杷膏"，它的全名其实叫"蜜炼川贝枇杷膏"，其中的黏稠物质主要是炼过的蜂蜜。但制香对炼蜜的追求又与制药有所不同，制香之蜜的重点不在于蜜的功效性，而是在于蜜的黏合性，炼蜜的目的就是为了用蜂蜜更好地黏合香粉。

蜂蜜本身就已经很黏了，为什么还要去炼呢？原因只有一个，天然的蜂蜜还不够黏。《香乘》中关于炼蜜是这样记载的：

> 白沙蜜若干，绵滤入磁罐，油纸重叠密封罐口，大釜内重汤煮一日，取出。就罐于炭火上煨煎数沸，使出尽水气，则经年不变。

这是第一步，把蜂蜜先过滤一次，"绵"就是纱布，然后倒入瓷罐，用油纸层层封住罐口，防止水分进入。之后放进锅里隔水煮，煮一天后再取出。这个步骤的意义是要去除杂质、高温杀菌，防止蜂蜜变质。但古人的这一做法基于两点，一是在古代养蜂技术不成熟时，蜂蜜大多来源于野生的蜂巢，采集过程中容易被污染，且杂质、蜂蜡之类也混入较多，必须进行过滤和杀菌，而今天人工养殖得到的蜂蜜已纯净很多了；二是此法主要针对一次性大量炼蜜的情况，若是少量炼蜜并现炼现用的话，则不用考虑贮藏保质的问题。因此这一步骤视情况可以略过。

接下来这句话是炼蜜的核心。古文中用到一个词"煨煎"，即文火熬制，因此炼蜜一定是小火，火大则蜜焦。"数沸"是指沸腾数次的意思，以我的经验来看，沸腾时的蜂蜜会泛起白沫，需要暂时离开火源，待白沫平息后再次煨煎，如此反复数次。

相比于古人炼蜜所用的炭火，今天有了现代化的加热工具，可以随意调节火力大小，看起来更加方便了。但我依然建议大家不要轻易使用电锅之类的加热设备，少量炼蜜的话，蜡烛和酒精灯就是最好的选择。

火，是一种很奇妙的东西。火和热，我认为这二者并不相同。尤其在古法中，火能达到的效果，热却往往难以达到。这就像很多人总说，家里电饭锅做出的饭为何没有农村大柴锅做出来的饭香呢？我的理解是，因为电热很死板，火却很灵动。

用小火加热蜂蜜，然后慢慢煨煎，同时用一把小勺不停搅动，防止煳底，这个过程就是在让水分蒸发。但水分要去除到什么地步？蜜的黏稠度要达到怎样的程度才最合适呢？这就需要长年积累下来的经验了。简单来讲，蜂蜜的颜色会由透明的淡黄色渐渐变深，近似于浅咖啡色，用勺子舀起来，再缓缓倒进去，会发现蜜已经不是淋漓

的状态了，下落的速度明显变慢，这种程度就差不多了。还有一个判断标准就是蜜香，蜜香四溢的时候也就意味着炼蜜接近尾声。

说到蜜香，古人和今人在嗅觉审美上是存在一定分歧的，比如《香乘》中关于炼蜜的最后部分这样说："若每斤加苏合油二两更妙，或少入朴硝，除去蜜气尤佳。"古人觉得蜜香会影响合香本身的味道，因此如果在蜜里加入苏合香油或者加入少量的朴硝，就能去除蜜香。但今人往往会觉得蜜香是非常舒适的香气，甜美、温馨、天然，不但不会造成干扰，反而会增加香气的厚度与融合度。

最后的准备工作是香材的准备，这个环节对于整个制香过程来说无疑是最为重要的一步，如果选材有了偏差，即便让手法再高明的制香师来操作也无济于事。

跟我学过制香的朋友，会发现我对香材的选择十分严苛，很多时候明明是同一个名字的香材，却坚决不用，要么是品种不对，要么是颜色不对、香气不对，甚至是年份不对的也不能用。而如果按照我的要求去购买，市面上又很难买到，导致大家都在感慨，没想

到选材这第一道门槛就这么高啊，结结实实地给来了个下马威。

　　事实上的确如此，制香容易，选材难！尤其是在香文化如此没落的今天。前文讲到《清明上河图》时，北宋汴梁大大小小的香铺林立，有卖合香的、有卖沉檀等各色香材的，街道上还有从码头往城里拉运香材的车辆，在那个年代，香材买卖是一种很寻常的生意。可是到了今天，品香的人屈指可数，商人们自然不会选择去做香材生意，寻常市井里几乎找不到任何一家出售香材的店铺了。这是我们的无奈，也是时代的悲哀！

　　不幸中的万幸是，还有一个地方能买到部分香材，那就是中药铺。由于"药香同源"的属性，大多数香材同时也是常规的中药材。于是大家喜出望外，对照着香方里所列出的材料清单大买特买、满载而归。可到了我这里，却又碰壁了，其中很多材料依然不能使用。难道中药铺出售的是假货么？当然不是，作为治病救人的药材，估计没几个老板有胆子售假。但问题在于，药材的重点是药性，而香材的重点是香气，这是根本上的一个区别。尽管它们往往有着完全一样的名字，甚至完全一样的外形，可只要香气不达标，它便只能是药，而不能是香。

究竟该如何辨别这些同名异物，又或是同物异品的材料呢？我们通过接下来的传世香方举例说明。

30. 月中桂与木犀香

恰逢农历八月，我也在加班加点地制作一些时令香品。所谓"时令"，讲究的就是一个新鲜，而对于香材来说，主要是指当季新开的鲜花。花朵类材料与木质类、树脂类是不同的，如果存放时间太久，则香气损耗极大，因此一年之中唯一的花开时节是不容错过的。而在金秋岁月，最为芳香宜人的当然就是那灿若繁星的桂花了！

桂花也叫"木犀"，按照古文的说法，是因桂花树的"纹理如犀"。对于这句话的理解，以前我一直觉得是因为桂花树泛白的树皮，斑驳中杂夹着黑斑，与犀牛皮的纹理有几分相似。直到后来一个偶然的机会，我见到了真正的亚洲犀角，才发现犀角内部的纹理非常具有木质感，纤维纵向排列，在阳光下如同缕缕金丝一般。再与桂花树劈开来的木质部分进行对比，二者的纹理极其相似。此时我才知道，"纹理如犀"指的是桂花木的纹理与犀角相似，此为"木犀"真意。

"木犀"在今天少有人说了，但餐馆里倒还留有它的痕迹，有一道菜就叫"木须肉"，木须就是木犀的意思。古人喜欢把打散的鸡蛋花称为木犀，因为看起来金黄点点，就像桂花绽放时的样子。

我认为把桂花称为木犀其实是一种更加准确的叫法，因为今天我们经常会因为一个"桂"字产生很多误会。比如有一种植物叫作月桂，会让人联想到月亮里的桂花树，所以月桂就应该是桂花的一个品种，可事实上桂花和月桂完全是两种不同的植物。按照植物学的说法，桂花是木犀科木犀属的，而月桂则是樟科月桂属的。

先说桂花，桂花是中国土生土长的产物，原产地在西南地区，因为不挑剔环境和水土，易于成活，所以推广起来很快。再加上桂花四季常青，中国古人对于秋冬季节还能保持翠绿的植物是异常喜爱的，就像松、柏、竹、冬青等都被赋予了高洁、傲骨的品质一样，因此桂花也成了这常青军团里的重要一员。除了常青，桂花还有独具的特色，便是清可绝尘、浓可远溢的香气，且这种香气老少咸宜，几乎没有人对桂花香是排斥的，受众群体非常广泛，同时桂花花朵也具有很高的药用、食用和香用价值。

因此从两千多年前开始，桂花就被中国人作为观赏花卉广泛种植了。桂花树根据品种不同可大可小，既可以是寻常路边低矮的灌木，也可以是几十厘米粗细的大树。据说在陕西汉中，有一棵萧何亲手种下的桂花树，直径达二十多厘米。我没去过，也不知是否确为萧何所植，但我小的时候，印象最深的就是喜欢爬院子里的一棵大桂花树，那棵桂花树的柔韧性极好，几个小朋友常常一起站到上面，都从未折断过，这是我亲身经历的事情。

总之桂花的这些特性让它在中国无人不知无人不晓，我们也会习惯性地认为，所有的"桂"都与桂花相关，桂皮是桂花的皮，桂枝是桂花的树枝，桂叶是桂花的树叶等，然而事实并非如此。

再来说说月桂。月桂不是中国所产，原产于地中海地区，通常都是高达十几二十米的乔木，要比中国桂花高大许多。月桂在西方人民心目中不仅是一种观赏性植物，它同时还代表着荣耀。比如奥运会上谁得了金牌，会说他摘得了这项比赛的桂冠，而桂冠就是用月桂树枝编成的帽子，代表着胜利和荣誉，这是起源于罗马时期的传统。在同时期的中国，"桂冠"一词也出现在了诗赋之中，作为一种装饰，用桂香之高洁来形容人的品德。到后来科举盛行，比如乡试的考期都被定在秋季八月，又称"秋闱"，而放榜之时正值金桂飘香，故称"桂榜"，于是"折桂"一词就用来表示科举高中。尽管东西方文化中都习惯用"桂"来表达胜利，但这"桂"却分别指向西方月桂和中国桂花。

月桂的树叶是西方人常用的一种香料，这种香料传入中国便被我们称为"香叶"，是家家户户必备的烹饪调料，所以"桂叶"是指月桂树的树叶，而不是桂花树的树叶。

日常生活中，我们还会遇到另外几种香料，一种叫肉桂，一种叫桂皮。在古代香方中还会出现"官桂"一说，这三者都是树皮，但却并非桂花树的树皮。此处暂且不表，留待后文"世界香史"的部分再来详细解析。

由此可见，"木犀"的叫法其实最为准确，一旦都叫"桂"反而容易混淆。这也为我们在中药铺购买材料提了个醒，首先要注意的就是品种的区分，很多时候名称类似，实则大相径庭。

中秋节前的一天早上，天还下着雨，我打着把伞去香堂，走着走着就闻见一股花香钻进鼻孔，清甜适中，浓淡相宜，香味中还夹杂着清晨的凉意，混合着雨水的湿润，还有泥土和青草蒸腾出的清香，实在是太美妙了，原来这大自然啊，才是最好的制香师。等我走到了香堂的院子里，便看见一地的点点金黄，这时候我才从无比享受的状态中跳脱出来，收起伞抬头一看，一树繁星，璀璨无比。我看了很久才回过神来，赶紧搬来梯子开始采摘这初绽的桂花。于我而言，这不是残忍，而是一个制香师的职业素养，"花开堪折直须折，莫待无花空折枝"，因为我要做最上等的桂花香啊！

几乎就在当天，朋友圈也开始刷起来了，仿佛一夜之间祖国大地的所有桂花都不

纹理类似桂花木的犀角切面

约而同地绽放了，紧接着桂花酒、桂花糕、桂花茶等中秋佳礼也纷至沓来，好一派节日气氛。而作为传世香方中重要组成部分的"木犀香"，自然也不能缺席，因此采花、晾花、磨粉制香，从那一天开始我便忙得不亦乐乎。

又过了几天就到中秋节了，很遗憾重庆下雨，没有月色可赏，我

索性点起了一炷新制的桂花香，在香气悠然之间又畅想了很多关于"月"与"桂"的事情。

我从小就听过一个故事，月亮上有一棵桂花树，有一个叫吴刚的人一直在砍树，树下有一只玉兔，不停地在捣药。这只玉兔倒很像是制香师的写照，我平日里的工作也是不停地在石臼里捣啊捣。此外还有美丽的嫦娥，孤独地在广寒宫中翩翩起舞。当年我对这些传说是信以为真的，我觉得月亮上的那些阴影就是兔子和桂花树，怎么看怎么像，曾经无限神往地盯着

月亮看得灵魂出窍。当然后来长大了，会觉得小时候特别傻，特别天真，居然连这也信。但是我们要知道，中国古人在过去的数千年甚至数万年的岁月里，都跟我小时候一样傻，一样天真，而且他们永远也长不大，一"傻"就是世世代代。

一直到阿波罗登月，才让这个持续了几乎整个中华文明史的遐想轰然倒塌。虽然从理性上来讲，这是人类文明的进步，是科学发展的必然结果，用登月碾碎了一个持续了几千年的"弥天大谎"不是挺好的么？但是从感性上来讲，我们也因为这种神秘感的消失，失去了很多美好的东西。

"神秘感"这个词对于我们认知传统文化是非常重要的。我们可以想象一下彼时的中秋佳节，当古人躺在桂花树下凝望皓月的时候，他会想些什么呢？他一定不会想，今天的环形山看得可真清楚啊！他一定不会如此理性。

他可能会是宋代那个叫杨万里的诗人，会在月下提笔写一首叫作《咏桂》的小诗，"不是人间种，移从月里来。广寒香一点，吹得满山开"，很简单的句子，却是很奇妙的想法。

她可能是那个叫李清照的大才女，她会在月下哼唱一首叫《桂花》的词，"暗淡轻黄体性柔，情疏迹远只香留。何须浅碧深红色，自是花中第一流。梅定妒，菊应羞，画阑开处冠中秋。骚人可煞无情思，何事当年不见收"。原来她看到的不只是月色，闻到的也不只是花香，更多的则是这月下桂花所带给她的淡淡幽思和无限哀愁。

他也可能是苏东坡，"丙辰中秋，欢饮达旦，大醉，作此篇，兼怀子由"，他觉得眼前的这轮明月与千里之外苏辙所看到的一模一样，尽管兄弟二人各在天涯，但他们的目光却同时聚焦在了一处。在那个电话不通，没有网络，去一趟要走上好几年的时代，这种感受实在是太温暖了。于是他将思念寄托给了明月，又有了那句："但愿人长久，千里共婵娟。"

所以"神秘感"的存在让古人变得非常感性，他们会因为这种未知的神秘，创造出许多美妙绝伦的东西，比如诗词，比如传说，比如思念，比如木犀香。

木犀香跟梅花香一样，在《香乘》当中是一个大类，里面包含了很多款传世香方。但又跟梅花香有所区别，梅花香中并没有梅花，是用其他的香料来打造梅花的意境，而木犀香却大多是用桂花来作为主材的，其中还有很多款甚至需要以新鲜桂花来入香。因此我才说木犀香是时令的香品，过了这个时节就没法做了。

我要解读的这款木犀香，源于《墨娥小录》，也被收录在了《香乘》之中，名为"木犀印香"，这是一种用来打篆的香粉，需要用火去点燃品闻。

> 木犀（不拘多少，研一次晒干为末，每用五两），檀香二两，赤苍脑末四钱，金颜香三钱，麝香一钱半。右为末，和匀做印香烧。

选择这款古香来讲，主要有两个原因，一是这款香是香粉，不需要炼蜜合丸，只需要简单混合就可以了。因此考究的不是制香手法，而是材料品质，材料的好坏究竟有多重要，可以一目了然；二是香方里的这几味材料，赤苍脑、金颜香，都属于中药铺里有相似的材料出售，但却不能入香的品种，我们可以借助它们来答疑解惑。

首先是桂花的采摘，虽然这则香方中未有说明，但在《香乘》中另有一则香方提到："采花时不得犯手，剪取为妙。"意思是别用手去触碰花朵，要用剪刀剪下来，这是对香气的一种呵护。此外也不是所有的桂花都能采摘："日未出时，乘露采取岩桂花含蕊开及三四分者，花大开则无香。"这里讲了采桂花的几个条件，"日未出时"即天还没亮，趁着露水还在，把含苞待放的桂花采下来。含苞待放到什么程度呢？有明确的要求，只开了"三四分"的花，因为完全绽放的桂花已经不够香了。

接下来是对木犀花的处理，把新鲜的桂花放在石臼里捣碎，捣碎之后再行晒干，磨成粉末。关于"捣碎"步骤，《香乘》中的记载为"入石臼杵千百下"，即捣上千百下才能让花泥均匀细腻，可见这是一件非常消耗体力的事情！当然各位也不要望而却步，我发明了一个词，叫"身疲心醉"，虽然胳膊酸了腰也酸了，但在捣泥的过程中所弥漫出的无比真切的花香，会让你感到心醉不已，这种难得的嗅觉体验也会让你觉得这些辛苦都是值得的。

木犀花如此这般就备齐了。对于北方的朋友来说，可能没有机会接触到木犀鲜花，那就只能退而求其次去购买干品桂花了。但一定要注意的是，干品桂花一定要买当年的，桂花不比酒，陈了就不好了。

最后简单说一下桂花品种的选择。桂花在中国栽培了几千年，繁衍出了很多品种。比如现在有很多用来做庭院观赏的小桂花，很低矮，一年四季都在开花，花呈白色，也不怎么香，这个品种就叫"四季桂"，又叫"月月桂"，它的花是不能入香的。还

将新鲜桂花捣泥后，可将花泥装入纱袋中挤出花汁，再置于通风处快速风干，即可较为完好地保存花香气。花汁可用于制作桂花线香，亦不浪费

有红色的桂花，叫作"丹桂"，通常以观赏性为主，也不宜用来制香。剩下的主要就是"金桂"和"银桂"了，而前者相对来说入香更好一些。

31. 龙脑香的溯源与辨析

在香学领域，中国桂花是制香师们最为钟爱的一款香材，它可以生闻，可以热熏，也可以点燃，特别可贵的是点燃之后烟火气很小，同时保持了很高的香气还原度。因此在《香乘》中能找到"木犀印香"，却找不到蔷薇印香、茉莉印香，主要就是因为桂花可燃的特性，绝非其他花朵类材料能够比拟。

但人无完人，花无完花，木犀也不是天生完美的，它也有一个弱点。不知大家是否有过跟我一样的感受，当走在木犀树下，香气幽幽地钻入鼻中，那种感受是最惬意的。而当把木犀花折下，摆放到家里，就会发现香气似乎没有之前那么好闻了，缺少了灵动感，死板了很多，如果凑近了猛嗅，反而会觉得香气沉闷，甚至有些甜腻。

原因其实很简单，一如前文所描述的那个早晨，纯净的空气、湿润的雨水、青草和泥土的芳香，再加上清冷的微风，在各种条件之下，满树的木犀香气才会呈现令人难忘的效果，而如果蜗居斗室，缺少了万物的配合，单一的香气即使再为出众，也会显得寡淡很多。

如何能让木犀花香在室内也趋近于完美呢？如何能让它最大程度地保留自然风味呢？面对这些问题，历代合香大师们经过了千万次的尝试，得出了各种不同的解决方法。其中被公认为最佳方案的，便是为木犀找到了一位绝佳伴侣。

韩熙载曾在《香乘》中留下了著名的"花宜香"，其中那句"木犀宜龙脑"即是古人智慧的凝结，"龙脑"即龙脑香。在"木犀印香"的古方之中，用来配合木犀的香材，名为"赤苍脑"，属于龙脑香的一种，而除此之外，龙脑香也大量地出现在各种木犀香的香方之中。毫无疑问，就像每个人在茫茫人海之中都有命中注定的另一半一样，龙脑香就是木犀的真命天子。

龙涎香的"龙"，意味着崇拜、敬仰和一种未知的神秘感，龙脑香的"龙"也是同样的意思。因为在数千年的历史当中，中国古人根本无法确定龙脑香究竟是一种什么物质，它是如何生成的？又是产自哪里？一切都来源于商旅和水手们的传言。

为了让这份难得的神秘感得以在我们的文字里延续，我们先不以现代的科学视角去探讨龙脑香，而是以古人的视角去看看他们对于龙脑香的理解与遐想。《香乘》"龙脑香考证"有如下记载：

> 有人下洋遭溺，附一蓬席不死，三昼夜泊一岛间，乃匍匐而登，得木上大果，如梨而芋味，食之，一二日颇觉有力。夜宿大树下，闻树根有物沿衣而上，其声玲珑可听，至颠而止。五更复自树颠而下，不知何物，乃

以手扪之，惊而逸去。嗅其掌香甚，以为必香物也。乃俟其升树，解衣铺地至明，遂不能去，凡得片脑斗许。自是每夜收之，约十余石。乃日坐水次，望见海艅过，大呼求救，遂赏片脑以归，分与舟人十之一，犹成巨富。

这人一共收集了十几石的片脑香，片，指一片一片的形状，而"脑"这个字在香学中不是指形态像脑子，跟豆腐脑的"脑"不是一个意思，而是特指一种从植物中凝结而出的精华，比如樟脑、薄荷脑等。

这个故事很有意思，前文讲沉香时也有"沉香烟结七鹭鸶"的故事，也是商船在海里倾覆，却偶然得香而归，最后富甲一方。看来中国古人对于来自海外的名贵香料，大多喜欢用这种传讲的方式。虽然故事多半都是杜撰的，但故事里蕴含的信息量却很大，我们依然可以从中找到几点真实。

第一，龙脑香是来自海外的，属于舶来之物，中国本土是没有的；第二，龙脑香是呈片状的，而不是块状，因此称为"片脑"，而用这个"脑"字，说明它不是木料、不是花朵、不是果实，而是一种凝聚而成的结晶；第三，龙脑是夜里结香，白天却没有；第四，龙脑非常值钱，堪比黄金。我们把这四点结论先放在这里，稍后再回来看看是不是和龙脑香的诸多特征都能一一对应。至于那树上的东西究竟是什么，我也不知道，但这种未知的、神秘的，又能够带来绝世香气和巨额财富的，通常都会被古人称为"龙"。

再来看一则来自玄奘法师《大唐西域记》的记载，它也被收录在了《香乘》里，是我认为最接近真相的一种说法。玄奘法师如是说，"西方抹罗短咤国在南印度境"，这个国家在印度南部，属于热带地区。"有羯婆罗香树"，这一听就是印度的梵文音译。"松身异叶，花果斯别"，羯婆罗香树的树皮有点像松树，但叶子和花果却不同于松。"初采既湿，尚未有香"，刚刚砍伐下来的时候，木头还是潮湿的，这个时候里面并没有香。"木干之后，循理而析，其中有香"，木头干了以后，顺着木头的纹理、树皮的缝隙去寻找，才发现里面生成了一种香。"状如云母，色如冰雪，此所谓龙脑香也"，云母是一种片状的矿物，形态跟这种香很类似，晶莹剔透像冰雪一样，看着就让人顿生寒意。这段描述非常准确，尤其是对于龙脑香状态的形容，给了后人一个很好的鉴别标准。

这里也让我们借助这则龙脑香的记载，一起追忆伟大的玄奘法师。古印度是一个非常神奇的国度，虽然它也是四大文明古国之一，但是印度人很少去记录自己的历史，除了佛经上会有零星的记录以外，大部分的历史都是模糊不清的。因此西方的历史学者都对玄奘敬佩不已，他们说："中世纪印度次大陆的历史一片黑暗，只有玄奘是唯一的光芒！"

玄奘在印度那烂陀寺学习了五年，又深入印度腹地进行了长时间的游历，自然对印度古国的风物了如指掌，所以玄奘从印度带回长安的远远不止佛法，还有大量珍贵的人文历史、物产资料，其中就有关于龙脑香的由来。

《香乘》上关于龙脑香的记述还有很多，有的说龙脑产自印尼加里曼丹岛、巴厘岛又或是苏门答腊岛，也有的说产自泰国。众人对于龙脑香树的描述也不一样，有的说像松树，有的说像槐树，有的则说像杉树，也是说法不一。

另有一则来自叶廷珪的文字，描述了古人对于龙脑香的品质分级：

> 渤泥、三佛齐国龙脑香乃深山穷谷中千年老杉树枝干不损者，若损动则气泄无脑矣。其土人解为板，板傍裂缝，脑出缝中，劈而取之。大者成斤，谓之梅花脑，其次谓之速脑，脑之中又有金脚，其碎者谓之米脑，锯下杉屑与碎脑相杂者谓之苍脑。

第一种是最好的龙脑香，结晶完整，重以斤计，叫"梅花脑"。这里的"梅花"源于古人对雪花的形容，《水浒传》第九十三回就写道："这雪有数般名色：一片的是蜂儿，二片的是鹅毛，三片的是攒三，四片的是聚四，五片唤做梅花，六片唤做六出。"同时舶来龙脑香通常会带有一丝浅红，也暗合梅花之色；第二种为"速脑"，与黄熟香被称为"速香"是一个道理，因含香气物质较少，挥发较快；第三种为"米脑"，即碎掉的像米粒一样；最后一种为"苍脑"，"木犀印香"古方中的"赤苍脑末"就是指这种混合着赤色"杉屑"的碎龙脑香。因此"苍脑末"一定是不纯的，含有很多杂质。由于"苍脑末"不纯，我们在复原这款古香的时候，要对纯度较高的龙脑香进行减量，而且要大减特减，否则香气就会过于刺鼻猛烈，喧宾夺主了。

古人对于龙脑香的理解如同龙涎香一样，充满了各种奇妙的想象，而在千百年后的今天，我们终于可以用现代科学给予龙脑香一个准确的定义了。

龙脑香就是"龙脑香树"的树脂，但这种树脂又和乳香、安息香、苏合香这些树脂不太一样，它的产生是一个类似于蒸腾再凝结的过程。龙脑香树含有大量的龙脑精油，精油分子极小，也极易挥发。精油从树木的伤口处蒸腾出来，遇冷就会凝结，出现片状的结晶。回想一下刚开始的那个故事，到了夜里那条龙才会爬到树顶吐出香来，这是因为在热带地区只有夜里的温度才足够低，龙脑香才能凝结。当然也有尚未凝结的液态精油存在，被称为"婆律膏"，它与龙脑香同出一树。

这也说明了龙脑香的第一个难得之处，它虽然不是如沉香般慢慢生成的，但对于采收时机的要求却很高，它不会一直在那里等着你去采集，因为遇到高温它就挥发掉了。

龙脑香一经发现立即引起了强烈的反响，人类从未见过如此具有"穿透力"的天然材料。说到穿透力，要提到一个医学名词，叫作"血脑屏障"，简单来说就是大脑具有天生的自卫能力，它可以建立起一道屏障来阻止血液里的非正常物质进入大脑。19世纪末德国科学家保罗·埃尔利希曾做过实验，向静脉里注射染料，结果全身的组织都被染色了，唯独大脑没有，这就是屏障的保护作用。这种保护有利有弊，有利的是阻挡了有害物质，但同时也让药物无法顺利进入大脑，很多脑疾便无从治疗。但依然有一些物质是可以突破血脑屏障的，龙脑即是其中之一，如果按照中医的话来讲，就是"醒脑""开窍"的作用。因此龙脑的发现，首先为脑疾患者带来了福音，当龙脑对血脑屏障进行了调节之后，药物就可以进入大脑了。其次中医通常是没有注射一说的，大多是内服外用，最多有个针灸。因此龙脑的这种特性就被中医称为"透皮性"，

印尼龙脑香树自然生成的龙脑香，整体呈暗红色，红色物质为裹挟在"云母状"龙脑香外层的木屑，可与古籍中的"赤苍脑"对应。相较于国产龙脑樟提取物，此龙脑香气更加纯净，无一丝一毫的樟脑气味，且香气柔和，无冲鼻之感。熏此香时，把鼻子放在香炉上方，会产生一种空气陡然降温的错觉，十分奇妙

可以穿透皮肤像针一样将其他药物的药性带入体内，极大地增强了疗效，我们平时使用的很多中成药都会有龙脑成分。

作为香气更是如此，龙脑香极其清冽，猛一闻就像醍醐灌顶一般，让人顿生清醒，古籍中说"龙脑清香为诸香之祖"，没有比它更加清凉的了。如果让我用一个词来概括龙脑香在合香中的地位，那便是"点睛之笔"，它的用量虽然极小，但不可或缺，缺则无神。

龙脑香无论是在医学领域还是香学领域都堪称至宝，但非常可惜的是中国本土却一直都没有龙脑香产出，从古至今全部依靠进口。直到1988年才在湖南省新晃县发现了第一株富含龙脑的野生龙脑樟，这才打破了天然龙脑完全依靠进口的困局。

这里特别要说明一点，湖南发现的这棵树是"龙脑樟"，属于樟科植物，它并不是印尼龙脑香科植物中的龙脑香树。但它所富含的龙脑成分却和龙脑香树几乎一样，可以用来提炼天然的右旋龙脑香，这是一个对于中国人来说很伟大的发现。

那么在1988年之前，难道中国所有的药用龙脑都是从印尼进口的么？当然不是，如果是那样的话这种药就谁也吃不起了，龙脑香树也该被吃得灭绝了。既然天然龙脑吃不起，还有一个办法——人工合成。人工合成的龙脑是今天药店里的常规药材，常

国产龙脑樟树提取的右旋龙脑香，色如冰雪，晶莹剔透，纯净无瑕，
但香气较天然生成的印尼龙脑香更加强烈，入香时需减量

称为"冰片"，它的特点就是基本没有结晶，呈粉末状，药性与天然龙脑相似，但香气就相差太远了。人工龙脑是用樟脑油、松节油等物质合成的，含有很多的樟脑成分，有很大的樟脑气味。樟脑气味想必大家都很熟悉，樟脑丸在过去几十年间是家家户户衣橱里的必备之物，但因为实在不好闻，近些年也逐渐被淘汰了，如果用樟脑这种气味浓烈的材料来制香的话，结果是可想而知的。所以用人工合成的冰片制香是合香中的大忌，宁可不做，也不要做错。

除了人工合成的冰片，天然龙脑又可以按旋光不同分为两种，左旋龙脑和右旋龙脑，尽管二者都是天然的，但依然要慎重选择。其中的左旋龙脑来自一种叫"艾纳香"的菊科植物，故而这种龙脑也叫"艾片"。尽管"艾片"也是天然的，但是在它的成分中，樟脑含量还是很高，且含有异龙脑成分。因此左旋龙脑的香气会有明显的樟脑味，不能入香。《香乘》中也有关于艾纳香的记载，但仅说其外形像很细的艾草，可以聚集烟气，并没有提到跟龙脑的任何关系，这说明在古代，人们并不认为艾纳香与龙脑香之间有什么联系。

剩下的就只有右旋龙脑了，这才是可以入香的龙脑品种，来自龙脑樟的提取物或者龙脑香树的天然结晶。这种龙脑没有异龙脑成分，樟脑含量也极低，大约在3%以下，因此它气味清甜，无刺激感，品质远高于人工冰片和艾片。

因此有必要再次重申，不是中药铺里同名同姓的香材都可以入香，更不是所有天然的材料就一定合适，香材的选择是一门博大精深的学问，也是合香中无法绕行的必经之路。

1988年野生龙脑樟被发现之后，国家就开始了大规模的种植，我也有幸在龙脑樟种植基地待过一段时间，参观了龙脑香的提炼加工过程。

首先明确一点，中国本土种植的龙脑樟已经不是印尼的龙脑香树了，因此它的外形跟古籍上的描述已经不再匹配，比如古籍记载龙脑香树无花无果，但龙脑樟却有果实结出，且果实里也富含龙脑精油。龙脑樟的树皮也不再像松树或杉树了，并不会自然生成龙脑结晶。此外龙脑樟提炼出的龙脑香是无色透明的，而龙脑香树生成的龙脑香则容易粘上红色木屑。

龙脑樟的提取过程实际上是一个蒸馏再冷凝的过程，与精油的制法大致相同。先将龙脑樟的枝叶砍下来，且一定要砍老枝老叶，这样精油含量才会高。再将枝叶放入容器用蒸汽熏蒸，龙脑精油就会随着蒸汽进入另外一个冷凝容器，在低温下蒸汽重新液化被排走，而精油则凝结成了片状结晶。

虽然龙脑香可以国产了，但价格却并不便宜，这与龙脑樟的种植成本有关。龙脑樟树苗种植三年之后才能采集枝叶，每一棵树一年也最多只能采30千克左右，而要提取1千克的龙脑香，需要采集33棵龙脑樟，33棵树已经是不小的一片树林了。因此正宗的高纯度国产龙脑香也价格不菲。

32. 龙脑香的贮藏与典故

　　龙脑香是一种高挥发性的香材，如果任其暴露在空气里的话，很快就挥发掉了。因此我们在制作合香时，通常都会在香方上看到"龙脑另研"或"次入龙脑"，即龙脑香不要和其他香料一起进行研磨，等香泥都捶打、揉捏成型之后再加入。此外研磨的时候不能用力，仅用石杵本身的重力就可以了，因为摩擦时产生的热量也会导致龙脑香的损耗。

　　由于龙脑易挥发的特性，储存就成了一个问题。在古代中国，人们用来存放东西的器皿不外乎就是木头、金属或瓷器。木头大多透气透水，还会被虫蛀，而如果用檀香木、樟木之类，虽然抗朽防蛀，但本身却有香气，会对龙脑香造成干扰。金属材料之中铜、铁首先排除，一是因为会生锈，二是本身就有"铜臭味"，而金银又太过昂贵了。

　　瓷器相对来说合适一些，但也并非是所有的瓷器都可以用来存放龙脑香。比如在李煜的香方中，存放苏合香油时就特别说明要用"不津"的瓷器来藏。所谓"不津"就是不透水的瓷器。在今天看来，瓷器当然是不透水的，因为外面有一层釉，胎体也十分致密。但在宋以前，中国瓷器还处于"高古瓷"阶段，那时的瓷器都是用柴窑来烧造，窑内温度不够高，胎体就会疏松一些，更接近于今天所说的陶器，而陶器是具有吸水性的。唯一的办法是在胎体表面刷一层釉，釉层可以防水、防透气，因此古人如果用瓷器来存放龙脑香，必须用"不津"的瓷器来藏。当然还有一种材料十分理想，那就是琉璃，大食国的蔷薇水就是存放在琉璃瓶里的。只可惜古代中国的琉璃制作工艺极其复杂，成本高昂，难以被广泛使用。总之，如何储存龙脑香这个问题，让古人也觉得十分头疼，于是就琢磨出了许多新奇的办法来。

　　《香乘》中有相关记载题为"藏龙脑香"：

　　　　龙脑香合糯米炭、相思子贮之则不耗。或言以鸡毛、相思子同入小瓷罐密收之佳。

　　龙脑香与糯米炭、相思子，或者是鸡毛、相思子放在一起，就不会发生香气的损耗了。

　　糯米炭，这是古人的一个创造。今天我们都知道，炭除了可以烧，还有一种炭叫作活性炭，这是一种经过特殊处理的炭，表面生成了无数微小的孔洞，体积虽小却有着巨大的表面积，从而具备了很强的吸附能力，常常用来除甲醛、防潮湿等。糯米炭就是古人发明的一种活性炭，因为糯米淀粉含量高，炒焦以后淀粉就会被分解成为类似活性炭的结构，吸附能力十分出众。

但与糯米炭搭配使用的这种材料却十分奇特，叫作相思子。《香乘》上紧接着又有一条关于它的记载，叫作"相思子与龙脑相宜"：

> 相思子有蔓生者，与龙脑相宜，能令香不耗，韩朋拱木也。

相思子是蔓生的，也就是藤条状可以攀爬的植物，主要分布在热带，北方几乎不见。相思子的果实长在一个豆荚里，成熟之后豆荚就会自动打开，露出里面一颗颗像豆子一样的果实，豆子是红色的，且是非常鲜艳的红色，在果实的底部还有一块黑斑，整体看来像是鸡的眼睛，所以相思子还有一个别称叫作"鸡母珠"。

在野外，通常具有斑斓妖艳外形的，不论是植物还是动物，往往都有剧毒，相思子也不例外。如果不慎误食，很小的量就会导致死亡。如今有一些商家把相思子作为饰品售卖，好看归好看，但实际上是有风险的，虽然相思子不破皮的话可以触摸，但万一被家里的小孩、宠物给误食了，后果将极其严重。

如此剧毒的果实怎会有这样一个好听的名字呢？"相思"二字又是从何而来的呢？想必有一首脍炙人口的古诗已经浮现在你的脑海里了。"红豆生南国，春来发几枝。愿君多采撷，此物最相思"，这是王维的名作，诗中生于南国的红豆，极有可能是指相思子，而非食用赤豆。

王维的这首诗叫作《相思》，很多人会认为这是王维写给他的某个红颜知己的，但其实不然，这首诗还有另外一个名字，叫《江上赠李龟年》。杜甫也有一首名诗，叫作《江南逢李龟年》。天下竟有如此巧合之事？王维和杜甫，大唐一代的诗佛和诗圣，怎么都和这个李龟年如此情意绵绵、相思不尽呢？

李龟年，男性，唐代著名的大内乐工，用今天的话来说就是歌唱家、演奏家、音乐家。尤其擅长吹筚篥，敲羯鼓。筚篥是一种类似箫的吹奏乐器，羯鼓则是一种胡鼓，两头大中间细，敲打时横在身体中央。李龟年还有两个兄弟，李鹤年和李彭年，取"龟鹤延年"之意。兄弟三人配合得也很好，李彭年善舞，李鹤年善歌，李龟年则善乐器和作曲，所以这三人在唐开元年间都是一等一的大明星，不但声名远扬，还深受唐玄宗的宠爱。唐玄宗本身就是一个音乐发烧友，他自己就曾谱写过著名的《霓裳羽衣曲》。

更有意思的是这两首诗基本上都是写于同一历史时期——安史之乱。当时北方沦陷，大量的北方贵族都逃往了江南，杜甫就是在湖南遇到的李龟年。一代音乐奇才颠沛流离至此，与杜甫相遇之后没多久，也就病逝他乡了。而当时的王维还在长安被迫供职于安禄山处，他只知道李龟年去了南方，却不知道李龟年究竟流落到了哪里，想念之际便以南方独有的相思子为题，留下了这首千古名篇。因此古人的相思啊，相思的除了情爱，还有才子之间的惺惺相惜。

古人发现了将糯米炭、相思子、龙脑香三者共同放在一起便能让龙脑的香气不耗，这其中到底有什么样的科学原理呢？古籍中并无相关的解释，但我们不妨反推一下，龙脑香贮藏的关键条件是什么呢？答案十分确定：一是密封；二是防潮；三是低温。"不津"之瓷器解决了密封的问题，糯米炭解决了潮湿的问题，剩下的相思子自然就是为了解决温度的问题了。

不知大家是否有过这样的经历，逛超市的时候看见成堆的米或是豆子，我们总有一种把手伸进堆中的冲动，因为里面十分凉爽，让人感到舒适。究其原因有二，一是堆积的米或豆相当于高密度的流体，流体产生的压力会促进手部血液的"静脉回流"，从而导致降温；二是堆中相对干燥，会快速吸收手上的汗水，水的升华带走热量，从而让人感到凉爽。但以上两点，古人是不知道的，他们多半会认为，堆中的温度就是要比外界低很多，把龙脑香放进堆中即能保证低温贮藏。那为什么古人不用大米、赤豆又或是绿豆呢？因为这三者易生虫、发霉，而有剧毒且坚硬的相思子不会。这便是我对"相思子与龙脑相宜"的理解了。

当然在今天，贮藏龙脑香已经变成了一件非常简单的事情，任何一个密封的塑料瓶、玻璃罐都可以做到完全密封，因此"藏龙脑香"的记载我们当作一段有趣的香文化了解一下即可。

在《香乘》中，关于龙脑香最早的一则故事发生在南北朝时期，说的是有几位异人，想要为梁武帝萧衍去海里取珍珠，但是需要击败看守珍珠的龙。有人就问："你有龙脑香么？如果没有的话，是不可能驾驭龙的，你也不可能取回珍珠。"显然彼时的龙脑香还停留在传说的阶段。

第二则故事直接到了唐代，"乌荼国献唐太宗龙脑香"。乌荼国是位于古印度东部的一个小国家，派来使者向李世民进献了龙脑香，这说明龙脑香正式传入中国，大约是在唐代万邦来朝之时，它被作为贡礼进献而来。

皇帝如获至宝，于是又有了一则记载，题为"龙脑香藉地"：

唐宫中每欲行幸，即先以龙脑、郁金涂其地。

唐皇每次想要出行，比如去行宫避暑时，都要事先把龙脑香和郁金香撒在行宫的

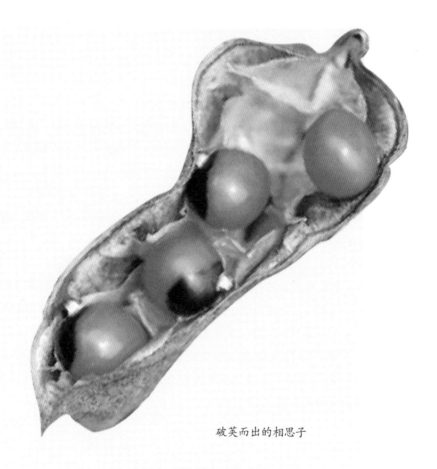

破荚而出的相思子

地上。这是因为龙脑香的香气让人感到洁净，对长期无人居住的地方能起到除污避秽的效果；同时龙脑香气令人神清气爽，踏香而行不仅有一种高贵的仪式感，还能让君王精神饱满、身轻体健。这种奢侈的做法一度在盛唐宫中流行，一直到晚唐时才被唐宣宗废止，史书中云是因宣宗节俭，实则反映了大唐国力的衰落。后世又有花蕊夫人的一句宫词如此说道，"青锦地衣红绣毯，尽铺龙脑郁金香"，可见孟昶宫中生活的奢靡程度已经比肩盛唐了。

但龙脑香毕竟是稀少之物，哪怕是皇帝也不能无节制地浪费，所以每次待皇帝走了之后，都要由宫人重新归集起来，以便下次再用。如何收集地上的龙脑碎末呢？《香乘》中的记载题为"翠尾聚龙脑香"：

> 孔雀毛着龙脑香则相缀。禁中以翠尾作帚，每幸诸阁掷龙脑香以避秽，过则以翠尾帚之，皆聚无有遗者。亦若

> 磁石引针、琥珀拾芥，物类相感，然也。

翠尾即孔雀尾巴上的羽毛，花纹像眼睛一样。用翠尾来触碰龙脑香，就像磁石吸住了铁针，琥珀吸住了芥一样。芥，泛指微小的东西，而琥珀之所以能吸引芥，实际上是摩擦后产生静电的原因。总之就像是物体之间存在感应一样，会自然地被吸引。可以想象一个场景，长长的宫廷连廊，一群宫人手拿孔雀翠尾收集着龙脑香，无数条翠尾在空中来回舞动，比孔雀开屏还要美艳，而龙脑香的香气也在众人的舞动之间愈发弥散了……

下一个关于龙脑香的故事，是我认为在《香乘》收录的诸多历史典故中最为精彩，也是最富戏剧性的一个，题为"瑞龙脑香"：

> 天宝末交阯国贡龙脑，如蝉蚕形。波斯国言：乃老龙脑树节方有，禁中呼为瑞龙脑，上惟赐贵妃十枚，香气彻十余步。上夏日尝与亲王弈棋，令贺怀智独弹琵琶，贵妃立于局前观之。上数枰上子将输，贵妃放康国猧子于座侧，猧上局，局子乱，上大悦。时风吹贵妃领巾于贺怀智巾上，良久回身方落，怀智归觉满身香气非常，乃卸幞头贮于锦囊中。及上皇复宫阙，追思贵妃不已，怀智乃进所贮幞头，具奏前事。上皇发囊泣曰："此瑞龙脑香也。"

故事发生在天宝末年，意味着大唐盛世的转折点就要到来了。这一年，交阯国（交趾国）进贡了一批龙脑香，龙脑呈椭圆形，就像蝉蛹蚕茧一样。据说这批龙脑十分珍贵，只有在树龄很高的老龙脑香树上才会生成，被称为"瑞龙脑香"。唐玄宗很高兴，当即送了十枚给心爱的杨贵妃，当香从盒子里拿出来的时候，十步之外都能闻到它凛冽的香气。

到了盛夏的某一天，唐玄宗正在和某位亲王对弈，让宫中的大乐师贺怀智在旁边弹琵琶助兴。前文讲了李龟年，那是吹筚篥、敲羯鼓的高手，而贺怀智则是"天下第一琵琶手"。

杨贵妃也站在旁边观棋，她的手里还抱着一只小狗，"康国猧子"就是来自西域康国的小宠物狗。中国人养狗的历史很长，但自秦汉以来大多养的都是猎犬之类的大型犬，比如汉武帝就专门饲养斗犬来比赛用。一直到了唐代，西方的一些名犬才渐渐传进来，其中珍贵的品种就成了宫廷皇族的心头好。虽然印象中的杨贵妃常常抱着一只猫，但在这个故事里她抱的就是一只异域小狗。

棋下着下着，这位亲王也不知哪来的胆子，步步紧逼，唐玄宗竟有些招架不住，眼看就要输了。这时候，杨贵妃悄悄地把小狗放在了座位上。唐代的座位通常都是榻，棋桌是放在榻上的，所以小狗跳上了棋桌，一下子就把棋盘给打翻了。唐玄宗见状，不但不怒，反而心中一阵窃喜。

所以说杨贵妃是个很厉害的人物，她可不是仅凭美貌和风姿就博得宠爱的，这种察言观色、善解人意且手段高明的本领，不是一般女人能够做到的。唐玄宗"大悦"，悦的难道是懂事的狗么？当然不是，悦的是替他解围的杨贵妃啊。在后世很多小说里，都会用类似的桥段来彰显女主角的机敏，实际上都是来自这则"猧子乱局"的故事。

故事并没有结束，由于夏天很热，贵妃穿的是一件轻盈飘逸的纱裙，这时候忽然吹来一阵风，把其中一缕纱巾给吹了起来，搭在了贺怀智的头巾上，贺怀智不敢动弹，贵妃也并不知情，一直到转身的时候纱巾才飘落下去。

到了晚上，贺怀智取下头巾，忽然闻见一股非凡的香气钻入鼻中，心头一惊，立即想起了白天的那一幕。"天啊，这是贵妃身上的香气啊！"可以想见贺怀智当时的模样，应该是面红耳赤、心跳加速的，因为一个原本心无旁骛的抚琴人，却闻见了这世上最为妖娆、最为高贵的女人香，难免心中波澜四起。情欲也好，遐想也罢，总之贺怀智是一夜无眠。头巾他是没舍得再戴了，而是装到一个锦囊里藏了起来。

不久安史之乱爆发，长安被叛军攻陷，唐玄宗带着一家老小向西蜀逃去。途经马嵬坡，六军不前，万般无奈之下，唐玄宗应了众将士的要求，赐死了杨贵妃。

等到战乱平息，唐玄宗回到了长安的宫殿里，凭栏远眺，泪如雨下，这江山依旧啊，伊人却阴阳相隔。正如《长恨歌》里的那句，"君王掩面救不得，回看血泪相和流"。

悲痛伤怀之际，贺怀智来了，他手里拿着一只锦囊，里面装的就是当年那根头巾。他把这桩往事禀告之后，唐玄宗拿出头巾一番轻嗅，不禁嚎啕大哭，他哭着说："是的，这就是她的瑞龙脑香啊。"

前文曾说到，玄宗派人挖开了马嵬坡贵妃的墓葬，看到"肌肤已坏，而香囊犹存"。而这一次又是因为贵妃的香气，让唐玄宗忽然觉得那个已经遥不可及的爱人，此刻就如同返魂一般，正朝他姗然走来。且不去讨论这件事的真伪，但至少在那个没有录音、没有照片，更没有视频的年代，香气的确就是印刻记忆最好的媒介了。

这个故事写得跌宕起伏、精彩非凡，但周嘉胄先生显然还没过瘾，他又从另外一本古籍上摘录了另外一段故事，恰好跟这则"瑞龙脑香"衔接了起来，并同载《香乘》之中，题为"遗安禄山龙脑香"：

　　　　贵妃以上赐龙脑香私发明驼使遗安禄山三枚，余归寿邸。杨国忠闻之，
　　入宫语妃曰："贵人妹得佳香，何独吝一韩司掾也。"妃曰："兄若得相，

胜此十倍。"

故事很短，但信息量很大。玄宗赐了杨贵妃十枚瑞龙脑香之后，贵妃转手就送人了。其中三枚，送给了安禄山。但安禄山当时并不在长安，而在遥远的边塞，怎么送过去呢？贵妃便动用特权"私发明驼史"，"私发"就是私下调度，"明驼使"则是唐代驿站的一种官职，用骆驼来传递军机文件，且规定很严，"非边塞军机，不得擅发"，也就是说贵妃私下调度明驼使把龙脑香送给了驻扎在边塞的安禄山。剩余的则送去了寿王府，寿王是唐玄宗的第十八子李瑁。

杨国忠知道了，进宫来问贵妃，说妹妹啊，你怎么把这么好的龙脑香送给安禄山了呢？杨国忠在这里用了一个典故叫"韩寿偷香"，暗指贵妃与安禄山之间有私情。但贵妃多么睿智，她根本没有正面回答杨国忠的问题，而是说了一句，如果哥哥你能够当上宰相，我则十倍送香于你。这句话说得非常有水平，不但绕开了自己与安禄山的事情，还从更高的维度提醒了杨国忠，虽然你我兄妹相称，可也别忘了尊卑有别。她如此一答，杨国忠自然不敢多言了。

故事看起来很简单吧，但这故事里的四个人却是关系复杂。

先说这个寿王，李瑁除了是唐玄宗的儿子，还有一重身份就是杨玉环的前夫。后来寿王妃变成了杨贵妃，而且玄宗一朝，自杨贵妃开始便没有了皇后，贵妃就是母仪天下之人。再回到故事里，贵妃把余下的瑞龙脑香都给了李瑁，为何如此大方呢？因为内疚，惭愧，还是旧情未了？这足以让后世遐想联翩了。但杨国忠并不关心这个李瑁，他关心的是安禄山。

再说说安禄山，安史之乱的始作俑者。安禄山是胡人，从小就开始了颠沛流离的生活，然后参军打仗，完全是依靠自己的本事一步一步爬上来的。他极善察言观色、阿谀奉承，舍得花钱为自己铺平仕途。最终进了宫，面了圣，还深得玄宗的喜爱。

相传安禄山是个超级大胖子，史书记载他有三百三十斤，走路都看不见自己的脚，但他却能在唐玄宗面前跳"胡旋舞"，这是一种转圈的舞蹈，快得像旋风一样。唐玄宗一高兴就收了他当养子，只有皇帝当爹还不够，安禄山还要认杨贵妃当妈。三百多斤的胖子啊，而且比杨贵妃大上十六岁，可两人依然可以保持一种非常密切的"母子"关系。

再后来，安禄山的权力急速膨胀，有三镇节度使的兵权在手。在叛乱前夕，安禄山掌握的兵力已经占了全国总兵力的三分之一，且都是精锐之师。终于安史之乱爆发，但即便是叛军也要师出有名啊，而安禄山打出的"正义"口号就是："诛杀杨国忠，清君侧！"

这就是为什么杨国忠听说贵妃把龙脑香给了安禄山之后如此气愤的原因，这两人一直就是死对头。安禄山受宠更早一点，而杨国忠是后来凭借杨贵妃才接了丞相李林甫的班，所以安禄山从来都是看不起杨国忠的，杨国忠也视安禄山为大敌，一个将一个相，将相不和，平日里就多有交锋。

最终安禄山赢了，在马嵬坡逼死了杨国忠，但同时也把杨贵妃一起给逼死了。这时再回头看看杨贵妃，她的一生实则凄凄惨惨，不论是唐玄宗还是李瑁，又或是安禄山，在王权面前她永远都只是一个牺牲品。

这就是关于龙脑香的故事，孰真孰假我们不去评判，但在这悠悠的历史长河之中，龙脑香已然不仅仅是香了，它是引子，是信物，又或者是一份礼物，牵扯了太多的旧梦情长与恩怨是非。

香自来　　烟火　　人间

第四章

世界香史

33. 寻找胡椒和肉桂的大航海时代

在"木犀印香"中还有一味"金颜香"，算得上是香料中听起来十分陌生的名字。为何说它陌生？因为很少有人见过金颜香的真面目，它属于只闻其名不见其形的材料。制香师们如果遇到它，通常会用安息香进行替代。那么是否意味着，金颜香就是安息香呢？关于这个问题，从古至今众说纷纭，有人说金颜香就是安息香，两者只是同样的材料不同的叫法而已；也有人说，金颜香不是安息香，因为在《香乘》中不论是香料的考证，还是香方的配伍，金颜香和安息香都是独立存在的。但在漫长的岁月里，这两种观点似乎谁都没能拿出足够的证据来证明自己是对的，因此在中国香文化中金颜香与安息香之争，可以被称为是头号难解之谜。

谜题的答案究竟是什么？对于普通的香文化爱好者来说其实并不重要，无非就是一个是与否的结论而已。但解开这个谜题的过程却意义非凡，因为在这个过程中我们会发现，要想真正了解中国香文化，仅仅局限在中国的历史和中国的文化之中是远远不够的，那无异于坐井观天。我们需要站到更高的高度，以更大的格局去了解整个世界的香文化，然后从中找到答案，这也是我们要来共同探寻金颜香真相的意义所在。

接下来，我们以金颜香为引子，带着这个谜题来开启一个恢宏而又浩大的新篇章——世界香史，我想所有的疑问都会在这条探索之路的尽头得到解答。

首先，让我们把思绪放飞到公元前 500 年左右，彼时的中国，孔子还在周游列国，老子还在创作《道德经》，而我们的香学鼻祖，身披川芎与白芷的屈原都还没有出生。但在距离中国万里之外的阿拉伯世界与印度之间，早已开始了频繁的香料贸易。

所谓阿拉伯世界，广义上来讲是以阿拉伯人为主要人口构成的国家，他们讲阿拉伯语、信奉伊斯兰教，这样的国家在今天大约有二十多个，遍及中东和北非。但我们这里所说的阿拉伯世界，是指最原始的阿拉伯文化发源地，也就是今天的阿拉伯半岛。半岛北面是地中海，连接着各个主要的西方国家，半岛东面是波斯湾，跨过海湾就是广袤的亚洲大陆腹地，如果翻越伊朗高原再继续向东就能到达中国。半岛西面是红海，与古埃及文化的发祥地尼罗河流域隔海相望，半岛南面则是阿拉伯海，海之彼岸就是印度。由此可见阿拉伯世界的地理位置极其特殊，它扼守了亚、欧、非三大洲连通的咽喉。

在那个古老的年代，东西方之间的了解几乎为零，甚至谁都不能确定对方是否真的存在，就像《山海经》中关于西方的描述，全都处于云雾一般的梦幻之中。彼此不了解的原因是交通阻碍，尽管双方都曾为此做过努力，但真正可以穿越无数险阻到达对方世界的人却寥寥无几，比如汉代的甘英就止步于西亚海岸，与传说中的大秦国失之交臂。

陆路交通已是如此艰难，更不要说是海路了，即使是本领再高超的水手、再坚固的海船都无法绕过东西方之间那座巨大的屏障——非洲。早期的航海家们对于非洲是充满了恐惧和敬畏的，因为谁也不知道非洲大陆究竟有没有尽头，更没人知道只要绕过非洲最南端的好望角就能到达另外一个世界，而那个年代距离今天欧亚之间最近航线"苏伊士运河"的开通，还有两千多年。

因此在大航海时代到来之前，东西方之间所有的交流都在阿拉伯世界汇聚了，无论陆路还是海路，双方所能到达的极限就在这里。于是，兼具天时地利又非常聪明的阿拉伯人开始做起了中介生意。中国人常常这样形容做生意，"生意就是卖东西，把东边的卖到西边去"，这句话实在是太符合阿拉伯人的定位了，只是"东西"于他们而言并非只是某件商品，而是东方与西方各自独有的物产。

因此这些商品一定不是黄金、白银或者珠宝，它们虽然贵重却在东西方皆有产出，不具备唯一性。有没有只产自东方，却被西方人极度追捧的，或者只西方才有，却是东方人梦寐以求的商品呢？几经寻找，他们找到了完全符合这一标准的答案，那就是香料！所以阿拉伯世界垄断了几乎所有的香料贸易，并且持续了千年之久。

香料真的如此重要么？日常生活中好像也没怎么感觉到香料的存在。这是因为今天的生活太富足了，各种味道、各种香气唾手可得，味蕾和嗅觉都已经麻木了。但回头想想，在那些茹毛饮血，所有食物都只有咸淡之分的岁月里，当人们获得一种新的味觉与嗅觉体验时，该是一种怎样的惊喜。

除了饮食，香料也带来了医学上的重大发现，比如肉豆蔻和丁香可以预防黑死病，这种病在中世纪几乎夺去了近一半欧洲人的性命；比如生姜可以防止坏血病，这就让没有蔬菜补给的船队能够到达更远的地方；再比如肉桂，可以激发情欲；胡椒能让人精神亢奋等，这些都是那个年代的人类最需要的。

于是阿拉伯人开始从印度收购胡椒、肉桂，从"东印度"收购丁香、肉豆蔻，从东非收购没药，再加上自己特产的乳香，然后把这些香料转手卖掉。向东，他们用驼队沿着陆路前进，在丝绸之路开通之后，他们穿过西域把香料卖到了中国；向北，他们用船把香料卖到了所有地中海沿岸的国家，后来又随着罗马帝国的扩张，整个欧洲也随即被香料席卷。

整个欧洲都疯狂了，人们开始用香料来给各种东西增加味道，不仅用于烹饪，还用于美容、医疗、洗浴、祭祀等。比如罗马帝国的第五位皇帝尼禄，他的名声跟中国的隋炀帝差不多，奢侈荒淫、暴虐成性。而关于他最为奢侈的故事就是，他在妻子的葬礼上焚烧了相当于整个罗马一年用量的肉桂，而这个故事之所以会流传就和隋炀帝焚烧了数百车的沉香一样，被认为是当时世界上最为奢靡的事情。而那时的肉桂，的确要比肉贵上百倍。

面对西方世界如此庞大的香料需求，精明的阿拉伯人当然要涨价了，但即使他们把香料的价格翻了数倍，依然是供不应求。阿拉伯人没有被暴利冲昏头脑，他们十分清楚自己的优势所在，对于香料的来源守口如瓶。以至于在千年之间，西方人完全不知道这些香料是阿拉伯人从哪里弄来的，即使有一些谣言，往往还是由阿拉伯人自己散布出去混淆视听的。所以阿拉伯人很富有，并不仅仅因为他们拥有石油，石油的开采都是近代的事情了，早在两千多年以前，阿拉伯人就已经通过香料贸易赚得盆满钵满。

香料价格一直持续上涨，到了 12 世纪左右，简直到了令人发指的地步。在欧洲，几块生姜就可以换一只羊，几枚肉豆蔻就能换一头牛，一小盒藏红花就能换一匹马。而这些都还不算什么，最夸张的是一种被称为"黑金"的香料，完全就是硬通货，跟金银一样可以直接用来买房、买地、买奴隶，这就是黑胡椒。由于胡椒是一粒一粒的，在最疯狂的时候已经不论重量了，直接论"粒"来进行交易。

西方世界的大量财富源源不断地被阿拉伯人所掠夺，他们当然也十分苦恼于这种被垄断的贸易局面，于是在航海术有了进步之后，各个西方国家就开始派出船队去探索这些香料的来源，试图打破垄断。在一代代航海家的努力之下，终于在 1497 年葡萄牙迎来了一位杰出的船长，他沿着前辈迪亚士的航线，成功绕过了非洲最南端的好望角，进入了印度洋，从而找到了通往香料之国印度的航线。这不仅是葡萄牙人、欧洲人历史性的一刻，更是整个人类文明历史性的一刻，他的名字叫达伽马。

当达伽马带领船员踏上印度海岸的时候，他和船员一起高声呼喊着："以耶稣和香料之名！"这个口号说明他们是带着非常明确的信仰和目的来的，而目的很简单，并不是为了什么大航海，并不是为了什么地理大发现，就是为了香料！

达伽马登陆的地方位于印度西南的马拉巴尔海岸，今天被称为喀拉拉邦，这里就是胡椒的原产地。胡椒是一种藤本植物，依附树木向上攀爬，因此世界上并没有"胡椒树"。胡椒蔓藤会结出一串串青色的果实，有点像刚刚发出来的小葡萄，悬吊在半空中，把这些果实采下来，就是新鲜的胡椒了。

青色的胡椒是如何变成黑胡椒的呢？也很简单，尚未完全成熟时直接采下暴晒，胡椒脱水之后就变成了黑色。但胡椒的加工方法还有另外几种，比如把成熟的胡椒浆果放进水里浸泡，脱掉皮肉便可以得到白胡椒。吃西餐的时候，经常会看到桌子上放着两瓶胡椒调料，一瓶是黑胡椒，一瓶是白胡椒，实际上这两种胡椒都来自于同一种植物，只是成熟度和加工方法不同而已。两者的区别就是，黑胡椒连皮直接晒干，属于高度浓缩，气味更加浓烈，口感也更加辛辣，而白胡椒则要温和得多。此外还有绿胡椒，即通过腌渍等方法保留了胡椒的原始风味和颜色的胡椒。

唯独"红胡椒"与上述皆不同，为漆树科黄连木属巴西胡椒木（*Schinus terebinthifolius*）的果实，香气郁烈，亦可作香料用。

为何胡椒会如此受到西方人的追捧？我认为辛辣的口感是主要原因之一。在古代西方，辛辣味道的来源非常匮乏，或者说几乎没有。当阿拉伯人运来了香料，他们才从胡椒、姜等香料中获得了辛辣的感受。辛辣可以

一串串结在高大"胡椒树"上的红胡椒

刺激食欲，促进消化，还有活血、祛湿等积极的功效，尤其是与浓郁的香气搭配在一起，能够有效压制肉类的腥膻气。而想要获得辛辣，就别无选择地要向阿拉伯人高价购买。相对来说中国人对于胡椒的需求就没那么高了，因为姜早在春秋时期便在中国出现了，此外还有一种土生土长的辛辣香料叫作花椒，在古代中国是最主要的辛辣来源。

特别要说明的是，大部分古籍中所提到的"椒"字，既不是胡椒，也不是辣椒，而是指的花椒。西汉时期长安宫殿里专门给皇后居住的地方被称为"椒房宫"，用花椒混合泥土来涂抹房间的墙壁，以达到芳香扑鼻、杀菌洁净的效果。此外还有"椒浆"之说，也是用花椒浸制的美酒。而胡椒传入中国的时间已不可考，但在唐代胡椒已深得豪门贵族的青睐，《新唐书·元载传》记载："籍其家，钟乳五百两，诏分赐中书、门下台省官，胡椒至八百石，它物称是。"大贪官元载被抄家，竟然抄出了几十吨的胡椒，

果真是富可敌国。

胡椒在古代中国主要用于烹饪、饮茶、医疗，而在合香中并不常见，只有少数的药香中会用到它。

让我们把目光转回到幸运的葡萄牙人身上，他们找到了"黑金"，举国上下一片欢腾。但与这些欢腾相对应的，却是笼罩在印度人民头上的血腥与噩梦。葡萄牙人立即控制了这个区域，他们建造堡垒、架起枪炮，把喀拉拉邦海岸完全封锁起来。印度的原住民们也很快变成了奴隶，他们被屠杀、被驱逐、被皮鞭抽打着没日没夜地去种植和采收胡椒。原本祥和宁静的喀拉拉邦很快就成了人间炼狱，没人进得来，也没人出得去，而这仅仅是噩梦的开始，因为香料的炙手可热，殖民时代也拉开了序幕。

喀拉拉邦被占据了大约十年之后，葡萄牙人开始不满足于胡椒所带来的收益了，他们还想找到另外一种让欧洲贵族欲罢不能的香料，那就是肉桂。

肉桂是从哪里来的？阿拉伯人一直对这条信息守口如瓶。有一个很有意思的故事，源于古希腊著名的历史学家希罗多德。希罗多德对肉桂的来源做出了解答，说有一种大鸟，会衔着肉桂树枝在悬崖上筑巢，巢穴很高人们根本接触不到。于是有人想了一个办法，把整头的牛羊杀死之后放在悬崖下面，大鸟会来吃肉，同时把吃不完的肉不断地搬回巢穴去。结果肉的重量就把鸟巢给压垮了，人们才得以从地上捡到肉桂。

我们今天看到这种说法自然是付之一笑，觉得很荒唐，但在当时这就是最让人信服的一种解释，而且很有可能就是阿拉伯人专门编造出来哄骗西方人的。

为了寻找肉桂的真正来源，葡萄牙人也费尽了心机。他们派出大量战船在海面上不断劫持阿拉伯商船，终于在其中的几艘船里发现了肉桂。于是葡萄牙人就在这条航线上守株待兔，然后悄悄尾随，看看他们究竟要去哪里进货。可没想到，这些阿拉伯商船越走越远，渐渐驶离近海，跑到茫茫的印度洋里去了。

直到有一天，一艘葡萄牙战船在跟踪时遭遇了风暴，失去了方向，像无头苍蝇到处乱撞，结果还真被它找到了一个避风港。等到风暴过去，他们才发现自己来到了一个岛上，而肉桂树林就一片片地长在上面。这个无意中被发现的岛就是斯里兰卡，也叫锡兰，在印度的南端，与印度大陆隔着一条海峡，这里就是肉桂的原产地。

前文在辨析中国桂花和月桂时，曾提到另外两种极易被混淆的香料，一种叫肉桂，另一种叫桂皮，虽然这两种香料都是树皮，但却来自于完全不同的树木。

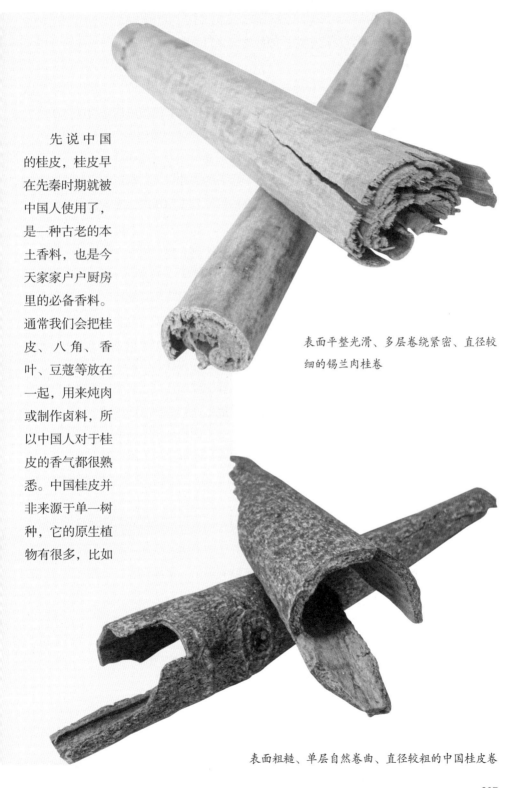

先说中国的桂皮，桂皮早在先秦时期就被中国人使用了，是一种古老的本土香料，也是今天家家户户厨房里的必备香料。通常我们会把桂皮、八角、香叶、豆蔻等放在一起，用来炖肉或制作卤料，所以中国人对于桂皮的香气都很熟悉。中国桂皮并非来源于单一树种，它的原生植物有很多，比如

表面平整光滑、多层卷绕紧密、直径较细的锡兰肉桂卷

表面粗糙、单层自然卷曲、直径较粗的中国桂皮卷

天竺桂、细叶香桂、华南桂等十几种,但这里面一定是没有桂花树的。桂皮的加工很简单,直接把树皮剥了晒干即可,所以干燥后的桂皮都是打着卷的,且表皮的色泽纹理和树皮一样,显得粗糙、斑驳。

再来看看斯里兰卡的肉桂,首先这种肉桂是来自于单一植物的,肉桂树一般都比较矮小,通常直径长到手腕粗细就要被砍伐剥皮了,因此干燥的肉桂卷要比干燥的中国桂皮卷更细、更薄,这是第一个明显的特征。肉桂的加工过程也比中国桂皮更复杂,先要用刀刮去表层的树皮,导致最终肉桂表面出现光滑均匀的浅咖啡色,而不是树皮本身粗糙的灰黑色,这是第二个特征。由于干燥后的肉桂极薄,制作者会将数层肉桂重叠在一起,然后手工将它们卷紧,所以最终的肉桂卷由层层肉桂卷成,像是一根根实心的小木棍,这是第三个特征。

在香气和口味上,斯里兰卡肉桂也与中国桂皮不同。入口咀嚼,肉桂是发甜的,几乎没有辛辣感,香气也要比中国桂皮柔和很多,所以我们会经常在一些西式的甜点、咖啡中看到肉桂粉,这是因为肉桂的香甜感与之非常契合,而如果把中国桂皮撒在里面的话,那就变成一道黑暗料理了。

总结一下,中国桂皮(*Cassia Cinnamon*)和锡兰肉桂(*Ceylon Cinnamon*)是完全不同的两种香料,尽管古往今来我们都习惯将二者统称为肉桂。中国桂皮来源广泛,质地较厚,加工简单,自然打卷,形态上很粗犷,香气浓郁且口感辛辣。而锡兰肉桂来源于单一物种,质地轻薄,表面光滑,人工多层卷绕,香气温和且更具甜味。

在古代香方中还会出现官桂、板桂、企边桂等不同的名字,这类桂皮都应归属于中国桂皮的范畴,只是由于生长年限、取材部位或加工方式的不同而做出的区分。此外还会把桂树的干燥嫩枝称为桂枝,把刮掉表皮的桂皮称为桂心,把桂花树称为青桂等,在合香时一定要注意分辨。

葡萄牙人找到了胡椒和肉桂,一举击碎了阿拉伯世界的香料垄断,香料大发现也摇身一变,变成了地理大发现,直接导致了世界地图的重新绘制。葡萄牙获得的暴利也让其他的西方国家眼红不已,荷兰、英国正鼓起船帆、架起大炮,向着遍地黄金的东方奔袭而来,一场争夺香料的战争一触即发。

34. 公母丁香与中式口香糖

达伽马从印度满载着香料回到了葡萄牙,经过核算,这些香料的价值相当于整个航行费用的六十多倍,暴利程度令人咋舌。因此葡萄牙国王立即宣布了两件事,第一是严格保密，要让这条通往东方的航线永远烂在肚子里；第二就是立即加大投入，派出更多的远征船队驶向更加遥远的东方。

船队继续向东进行探索，很快便绕过了印度次大陆，在东侧的海域里，葡萄牙人发现了星星点点、大大小小、多到数不清的岛屿，这里就是今天的印度尼西亚。说到印尼，不论是沉香还是檀香，又或是龙脑香、龙涎香，有太多的香料都与这个国家密不可分。只不过印尼是在第二次世界大战之后才独立的，在此之前并没有"印度尼西亚"这个叫法，所以在《香乘》里中国古人对于这个区域的记载，大多是用苏门答腊、爪哇、婆罗洲等名字。而第一批到达这里的欧洲人，则把这些岛屿统称为"东印度群岛"。

东印度群岛究竟有多少个岛呢？按照官方的测算，大约有一万七千多个岛。对于五百年前的葡萄牙人来说，他们要在如此众多的岛屿中找到那少数几个盛产名贵香料的岛屿，其难度不亚于大海捞针。但在巨大财富效应和好奇心的驱使下，他们继续像无头苍蝇一样乱撞，继续劫掠所遇到的异国船只，然后严刑拷打、威逼利诱，寻找哪怕一丝一毫的线索。

终于，在达伽马登陆印度十四年之后，葡萄牙人向北越过赤道，在哈马黑拉岛西侧找到了一个圆形的小岛，该岛直径只有十公里左右，实际上是一座露在海面上的火山，它的名字叫特尔纳特岛，这里就是丁香的原产地之一。

彼时的印尼尚未统一，各路势力盘踞在大大小小的岛屿上，相互间多有攻伐，特尔纳特岛的苏丹也不例外，常年与邻岛打得不可开交。因此当荷枪实弹、船坚炮利的葡萄牙人出现的时候，苏丹并没有第一时间反抗，反而显得十分热情，主动提出要用岛上的香料来换枪炮，因为他太迫切地想要赢得战争。结果葡萄牙人没开一枪一炮就获得了丁香的贸易权，并在岛上修建了堡垒。这一下，葡萄牙帝国的极盛时期到来了。

丁香实在是太重要了，无论是在世界香料之中，还是在中国香文化之中，都有着举足轻重的地位。丁香是它的中国名字，英文叫"Clove"，因此丁香并不是音译，只是因为晒干之后的丁香，模样跟"丁"这个字很像，一头大一头小，也很像一枚钉子。这也意味着中国古人从未见过新鲜的丁香，因为新鲜的丁香并不是这个样子的。

丁香树就生长在特尔纳特岛的半山腰上，非常高大，用参天大树来形容毫不为过。采摘丁香需要攀爬到很高的树冠上，对当地居民来说是一套既古老又危险的技法。丁香树会开花，这些花很特别，在一根花茎上又分出了好几个头，每个头上又会分别长出一个花蕾，这种造型有点像中国古代的"九枝灯"。花蕾的样子也很有意思，国际足联世界杯的金色大力神杯就很像丁香花的花蕾，下面细长的托，顶部托起一个圆球。圆球裂开意味着丁香花绽放了，里面的花蕊就会四散开来。

丁香一定要在花朵绽放之前采摘，否则香气就不够浓郁了。花蕾最初是青色的，渐渐地会变成粉紫色，变色之时就是最佳的采摘时间。花蕾采下来之后，直接放在太阳下晒干，脱水之后就成了我们平时所看到的，深褐色像钉子一样的干丁香了。

有人会问，如果不摘下来呢？任由花蕾开花，最终丁香会结果么？会的，丁香的果实要比花蕾大得多，像一枚枣核，两头尖。果实也有香气，但是要比花蕾弱，且外壳坚硬，不便使用。因此在丁香价比黄金的年代，没有人会等它结果，除非是为了播种。说到播种，又有一段小历史。在大航海初期，为了防止香料的来源外泄，除了严密保管航线图以外，香料的种子也是绝对不能流出原产地的。所有的种子都会被加热、烹煮或是进行其他处理，即使被偷出去也无法发芽，这在很长一段时间里，保证了香料的价格居高不下。

垄断丁香贸易之后的几年，葡萄牙人与苏丹的合作还算顺利，互惠互利、公平交易，但随着欧洲其他国家的慢慢崛起，陆续有更多的香料岛屿被发现，竞争加大导致利润开始变薄，于是葡萄牙人又开始想入非非了。

他们依靠火力上的优势，再次展开了残酷的殖民统治，到了1570年，甚至杀掉了特尔纳特岛的苏丹王。这一下岛民们彻底不干了，群起而攻之，把葡萄牙人的堡垒围了个水泄不通，最终活活把葡萄牙人逼得举手投降了。从此贪婪的葡萄牙便失去了对丁香岛的统治，直到今天特尔纳特岛上还存有巨大的石碑，雕刻着岛民们举着刀剑、殖民者举着双手的画面。

了解了丁香的世界史，再来看看丁香的中国史，对于同样一种香料，中国古人又有着怎样不同的理解。在《香乘》中，关于丁香最早的一则典故发生在距今一千八百多年的东汉：

> 桓帝时侍中刁存年老口臭，上出鸡舌香与含之，鸡舌颇小辛螫，不敢咀咽，嫌有过，赐毒药。归舍辞决家人，哀泣莫知其故。僚友求舐其药，出口香，咸嗤笑之。

在汉桓帝一朝，有一老臣名叫刁存，官至侍中。上朝时刁存总是离皇帝很近，以便听候吩咐，可刁存年老之后却落下了个口臭的毛病，这就让皇帝感到很难受，但又碍于面子不好明说，于是便赐给他一些鸡舌香，让他含在嘴里。香很小，但却十分辛辣，古文里用了一个"螫"字，意为比起辛辣来更胜一筹，像是被蜜蜂蜇了一样，有点刺痛感。这一下可把刁存给吓坏了，他以为是自己犯了什么过错让皇帝赐了他毒药，既不敢咀嚼，也不敢吞咽。刁存回到家里嚎啕大哭、泣不成声，一副要与世诀别的样子，家里人都不知道是怎么回事。有同朝为官的好友看不过去挺身而出，勇敢地尝了尝这所谓的毒药，结果满口生香，瞬间明白了是怎么回事，把刁存好好地嘲笑了一番。

这个故事非常形象地描绘了中国古人第一次见到这种异域香料时，那种战战兢兢、诚惶诚恐的心情，而其中也包含了关于丁香的大量信息。

首先是"鸡舌香"之名，这是古人对于丁香的另一个称呼。中国人特别喜欢用鸡的各种器官来作比喻，如前文所说的相思子因为像鸡眼被叫作"鸡母珠"，虫漏沉香因为细如鸡骨被叫作"鸡骨香"，而鸡舌香也是如此，丁香小而尖锐，就像鸡的舌头。

但"鸡舌香"究竟是指的哪种丁香呢？由此还引出了另外一个概念。比如李时珍在《本草纲目》中如是说："雄为丁香，雌为鸡舌。"原来古人把丁香还分为了雌、雄两种，雄者为公丁香，雌者为母丁香，而母丁香才是鸡舌香。

一种香料竟然还分出了公母！如果我们没有了解过世界香史，没有见过特尔纳特岛上真正的丁香，恐怕很难理解其中的差别。但是现在我们知道了，像钉子一样的丁香，实际上是丁香的花蕾，这就是公丁香。而丁香的果实，有着枣核一样的外形，但香气却弱了很多的，才是母丁香。

关于母丁香，南朝时的药物学家雷敩，也在《香乘》中留下了这样的记录："丁香有雌雄，雄者颗小，雌者大如山茱萸名母丁香，入药最胜。"意思是母丁香比公丁香大很多，入香不行，但是入药却效果最佳，所以中药店里是专门有母丁香出售的。

刁存含在嘴里的鸡舌香究竟是公的还是母的呢？《本草拾遗》记载，"鸡舌香与丁香同种，花实丛生，其中心最大者为鸡舌，击破有顺理，而解为两向，如鸡舌故名，乃是母丁香也"，与李时珍"雌为鸡舌"说法一致，足以证明古人口中的鸡舌香即母丁香。

当我把母丁香含在嘴里，淡淡的丁香味弥散开来，含上片刻便能吐出香气，只是我并未感受到刁存所谓"螫"的感受，含得久了舌尖才微微有些发麻。但当我把公丁香含在嘴里时，却能立即感到辛辣刺激，舌尖有刺痛感，根本不敢咀嚼，这倒与刁存的感受如出一辙了。究竟是刁存过于敏感，还是我过于迟钝呢？答案并不重要，但公丁香无论是在香气还是辛烈程度上都要远胜母丁香，这一点是可以肯定的。

经过刁存这一事件之后，上朝奏事要口含鸡舌香竟成了一种礼制，被写进了《汉官仪》，自此丁香便成为了一种名贵的天然口香糖，可以用来治疗口臭。关于这一点还可以再引申一下，在中国香文化中"口气香"也是一大门类，它属于"身体香"的一个分支。因此口香糖并不是西学东渐的产物，早在汉代乃至更早的先秦时期就已经产生了。

关于"口气香"的故事在《香乘》中另有一则记载，题为"口气莲花香"。说的

公丁香，状如"丁"字

是欧阳修在颍州为官时，遇到一个青楼女子，发现女子能够口吐青莲花香，便心生好奇。恰好颍州有个僧人，大概是会些占卜之术，能够知道人的前世宿命，于是欧阳修就去问他这个女子的前世究竟是什么人。僧人回答，女子的前世是位尼姑，一连三十年每天都要诵读《妙法莲华经》，日日不辍，只可惜后来一念之差，功德散尽，以至于今生沦落青楼。欧阳修听罢，让人找来《妙法莲华经》去让女子诵读，结果女子只看了一遍就能倒背如流，如同每天都在练习背诵一样。故事虽为杜撰，但也侧面反映了古代上流社会对口气是十分在意的。

再如另一则题为"橄榄香口"：

橄榄子香口，绝胜鸡舌香。疏梅含而香口，广州廉姜亦可香口。

这里提到了四种可以香口的香料，橄榄、丁香、梅花、廉姜，大约就是中国古人常用的天然口香糖了。

母丁香，状如枣核

合香中丁香的应用也非常广泛。丁香的香气特殊，辨识度极高，有类似于梅子的酸爽香气。通常来说，"甜"这种香气是很容易获得的，比如鹅梨、安息香、没药、桂花、蜂蜜等皆有甜味，可一旦甜过了头就会让人觉得腻，这时就需要一定的"酸"来进行化解。但这种"酸"不是沉闷的"酸腐气"，而是带有凉意的酸爽气，丁香就是这种解腻香气的最佳选择。

因此古人在模拟各种花香的时候，大部分都会用到丁香。丁香的酸爽感一旦配合上其他具有花香蜜意的材质，会马上起到蜕变的效果，让整体香气更加灵动，不显甜腻。持久也是丁香的一大特色，我每次制作含有丁香的香品之后，手上的丁香味在两三天之内都是洗不尽的，当然也不用刻意去清洗它，随时可以闻到这种天然的香气实际上也是一种享受。因此丁香在香品中还担负着定香的职责。

但正因丁香的香气太盛，也有它的弊端，即对其他香气的压制性很强。故而在大多数的香方中，丁香的比例都很低，如果加入太多容易喧宾夺主。

在我所创作的香方之中，有一款得意之作便得益于丁香与花香的搭配，我给它取了一个名字叫"青梅煮酒"。这个名字会让人立即联想到曹操与刘备青梅煮酒论天下英雄的情境，铜鼎之中热酒翻腾，青梅在酒中上下沉浮，但它的酸甜却已穿透酒香，混合在了缭绕的烟雾中，还未饮下就让人口舌生津。而后觥筹交错，热酒下肚，温暖与甘甜会相继呈现，而当酒尽梅熟之时，一场倾盆大雨从天而降，让一切的纷争与喧嚣都尽归尘土。此等意境便是当年创作"青梅煮酒"时的灵感来源，而它的香气也的确没有让我失望，在配方之中，丁香就是灵魂一般的存在。

细数了中国古人眼中的丁香，让我们再把目光转回到特尔纳特岛上，来看看葡萄牙人最后的命运究竟如何。葡萄牙人失去了对岛屿的控制权，这并不仅仅是一个偶然。虽然葡萄牙这个老牌的海上帝国，在大航海时代初期锋芒毕露，已经独霸东方将近一个世纪之久，但终究逃不过兴亡更迭的命运，也该到了谢幕的时候。欧洲的后起之秀们纷至沓来，位于印度以及各个岛屿上的葡萄牙据点相继落入敌手，而接手特尔纳特岛的第二代西方强盗就是荷兰。

荷兰当时手里还有另外一个盛产丁香的岛屿——安汶岛，也是今天安汶沉香的原产地。按常理来说，手里拥有的丁香岛屿又多了一个，这是件多好的事情啊。可荷兰人却不这么认为，这就是世界上最会做生意的荷兰人与常人思维所不同的地方。荷兰人一眼就看透了香料贸易的本质，他们深知要想通过香料赚钱，不是靠量，而是要靠物以稀为贵，只有不断地限制产量才能不断地推高香料在欧洲的售价。荷兰人当即决定，彻底清除特尔纳特岛上的丁香树，让全世界唯一能产出丁香的只有安汶岛。

怎样才能把特尔纳特岛上的丁香树全部砍掉呢？当然不能蛮干，葡萄牙人触犯众怒就是前车之鉴，于是聪明的荷兰人想出了一个办法，他们对苏丹王说，欧洲现在已经不需要丁香花蕾了，流行趋势已经改变了，现在的欧洲正在大量需求丁香的树皮、树叶和树根。

井底之蛙的苏丹王哪里知道欧洲的香料行情，便言听计从，开始砍树、剥皮、挖根，主动将丁香树斩尽杀绝。荷兰人的目的达到了，欧洲的丁香价格又翻了几番。

而留给我们思考的问题是，那些剥下来的树皮、树枝都去哪儿了呢？肯定不会运往欧洲，因为没人要这东西。但还有一种可能，就是聪明的荷兰人并没有把它们丢进海里，而是送往了自古以来就善用丁皮、枝杖的中国，当然这只是一种猜想罢了。

荷兰人聪明归聪明，但这个由商人组成的国家要比葡萄牙人更加凶残，他们的眼中只有利益却没有人性。随着荷兰的崛起，更加残酷的屠杀与殖民席卷而来，而那个让所有被殖民国家都望而生畏的名字"东印度公司"，也即将如同恶魔般降临。

35. 荷兰人的郁金香和豆蔻年华

说起荷兰，通常我们会想到三个代表性的关键词："风车""橙色""郁金香"，了解了这三个词也就了解了荷兰。

荷兰位于莱茵河入海口的冲积平原，有一半国土都低于海平面，是名副其实的"低地之国"。最低的地方是鹿特丹，低于海平面达六七米之多，所以荷兰人如果不想整天被泡在海水里的话，就必须筑起堤坝阻挡海水倒灌。但堤坝固然能挡住大部分的海水，却不能做到万无一失，很多时候还是需要把灌进来的海水再抽出去，于是诞生了第一个关键词——风车，风车最初的用途就是抽水。当然除了抽水之外，风车还可以用来加工各种原料，甚至可以说16世纪欧洲的霸权之所以会落到荷兰手中，风车功不可没。

自古以来，这里一直都没有出现长期的独立政权，最早归罗马统治。西罗马灭亡之后又归了法兰克王国，法兰克分裂之后又归了神圣罗马帝国，最后在16世纪归属了西班牙，总之它一直扮演着追随者的角色，向来都是欧洲各大王朝的附属领地，所以彼时并没有"荷兰"这个国家，大家都叫它尼德兰地区。

为什么在漫长的历史中尼德兰人从来都不去争取独立呢？这实际上跟它的地理环境有关，因为这么一个低洼之地，不论是搞建设、搞种植，又或是搞畜牧都不合适，土地的利用率实在太低，所以当地人自古以来就没有什么野心，能把自己的小日子过好就算不错了。但尼德兰人非常聪明，除了捕鱼，他们还找到了另一种生计，那就是做贸易，因为这里有纵横的水系和不封不冻的港口，在交通上有着巨大的优势。渐渐地，尼德兰人的主业变成了做生意，大部分居民也都成为了商人，也让这个低洼之地摇身一变，变成了一个物流中心和加工中心。

基于这些天然的优势，随着大航海时代的来临，尼德兰这个之前根本无人问津的小地方一下子就火了。葡萄牙、西班牙从东方、美洲运回来的大量物资都要在这里进行加工，然后再沿着河流或海路运送到欧洲各个国家。一时间，尼德兰的港口被挤得水泄不通，风车从早到晚呼呼地转个不停，对各种运来的香料、食物、木材，进行切片、磨粉、包装等加工。

此时风车起到了远比抽水更为重要的作用，这也得益于尼德兰地区的特殊气候，这里长年盛行西风，一年四季大风不停，风力资源特别丰富。无穷无尽的风能替代了大量的劳动力，让根本没有几个人的尼德兰，不靠骡子不靠马就能承担起几乎整个欧洲的加工业务。

尼德兰人的好时代终于到来了，再加上他们本身就是商人，已经做了几百年的生意了，经验丰富、头脑精明，更善于把握时机。据说当年葡萄牙发现印度之后，里斯本的小酒馆里就潜伏了大量刺探情报的尼德兰间谍，而获取这些情报并不是为了战争，只是为了赚钱。

在巨大的时代红利面前，尼德兰人自然是赚得盆满钵满、不亦乐乎，他们一门心思赚钱，根本不关心什么政治啊、独立啊、民主啊、霸权啊这些"无聊"的问题。因此不论谁来统治尼德兰都可以，没有人会反对，甚至还主动希望别的国家来代为管理，自己专心做生意就好。所以到了 16 世纪，西班牙接管了尼德兰，尼德兰人表示很乐意，西班牙国王重新划分了尼德兰的行政区域，尼德兰人也表示没有问题，再后来西班牙又派来了总督，尼德兰人也乖乖地服从总督的管理。总之尼德兰人似乎一直都是这种逆来顺受的态度。

一直到西班牙出了一个不靠谱的国王，名叫菲利普二世，他居然下令禁止尼德兰参与香料贸易，而在此之前尼德兰一直都是欧洲的香料贸易集散地。香料贸易在当时有多么暴利不言而喻，这一下子可不得了，动了尼德兰人的政权和土地都没有关系，但是如果谁动了尼德兰人的钱包，谁就捅了马蜂窝！

于是乎，尼德兰人被激怒并开始反抗，他们要建立自己的海军，他们要亲自去称霸海洋，他们不想再有任何人来干扰他们的生意，因此他们要独立！一场商人的大暴动就此拉开序幕。

搞独立总要有个领袖吧，结果就选了一个在当时威望很高的贵族，由他来带领尼德兰人民反抗西班牙的统治，他的名字叫奥兰治亲王。奥兰治即"Oranje"（荷兰语中"橙色"的意思）的音译，荷兰的第二个关键词"橙色"便由此而来。

尼德兰人终于在 1588 年取得了独立，成为了一个真正意义上的国家！而这一年的中国，正值明朝万历十六年，就在一年多以前，万历皇帝已经不上朝了。

独立后的荷兰很有钱，多年的香料贸易让国库极度充盈，再加上造船业本身就很发达，荷兰人很快就拥有了一支强大而先进的海军，一切都堪称神速。独立仅仅七年之后，荷兰战舰就绕过好望角到达了东印度，接下来没多久又在马六甲海峡两次大败葡萄牙，成为了东方贸易新的垄断者。

垄断导致财富呈几何级增长，但荷兰人显然要比传统的帝国主义更具有理财的天赋，除了老一套的扩张船队、扩大殖民之外，他们还玩起了金融。

1602 年，阿姆斯特丹证券交易所正式成立了，这是全世界第一家证券交易所，而且不仅对本国人开放，外国人也可以来进行股票交易，这甚至比今天的部分证券市场都要开放。几年之后，荷兰人又开办了第一家银行，于是一套完整的现代金融体系就此诞生。而同时期的中国，万历皇帝已经连续十五年不理朝政了。这就是西方列强崛起和中华文明没落的一个瞬间，后来一切的恶果其实早现端倪。

荷兰人玩金融虽然让财富再次出现了爆炸性增长，但也导致了金融泡沫的产生，这里要提到最后一个关键词"郁金香"了。有一个金融名词就叫"郁金香效应"，实际上是指人类所遇到的第一次金融泡沫。简单来说，荷兰人恶炒郁金香跟之前阿拉伯人恶炒香料是不一样的，之前没有金融体系，炒作无非就是哄抬价格，最终还是要实打实地货物交易。但商品一旦被证券化，炒的东西往往就成了一纸合同，或者说是一种预期、一个概念，根本没有实物的支撑，再加上郁金香除了观赏性之外可以说几乎没有任何价值，所以这个泡沫就越吹越大。

当时炒的主要是郁金香的球茎，看起来像是一颗洋葱。在最高峰的时候，一颗稀缺的球茎就能卖到相当于今天的数万美金，且供不应求。如此荒唐的炒作结果肯定很惨，跟所有的泡沫破灭时一样，接最后一棒的人倾家荡产，国家也遭受了重创，这其实也是后来荷兰没落的一个重要因素。

类似于这种荒唐的泡沫，中国也曾发生过，大约在1984、1985年左右，长春就发生了民众恶炒君子兰的现象，那可比今天的炒股、炒房厉害多了。君子兰是一种普通的观赏植物，但在当时一盆君子兰的价格可以炒到成千上万，而一名普通工人的月工资才三四十块钱。据说还有港商不远千里跑到长春，要用丰田汽车来换一盆君子兰的，所幸最后由政府直接干预，才遏制了恶炒君子兰的势头。

很多人可能会不理解，如此明显的没有实际价值的商品为什么会有人去炒呢？其实答案就是人性，人性在暴利和诱惑面前总是千疮百孔，无关于时代，无关于种族，也无关于国界，看似如此荒唐的事情，曾经会发生，今天会发生，未来还是会发生。

关于郁金香要特别说明的是，有人说这种花是产自中亚的，也有人说是产自中国西藏一带，虽然具体已无法考证了，但郁金香一定不是荷兰产的，而是在16世纪才传入欧洲的。前文讲龙脑香时，提到了唐朝皇帝出巡行宫，要"以龙脑郁金籍地"，花蕊夫人的宫词也提到"青锦地衣红绣毯，尽铺龙脑郁金香"，但中国古人所说的"郁金"并不是荷兰的郁金香。

对于《香乘》中提到的"郁金"这味材料，我个人有三种理解。第一种理解出自《香乘》卷二"郁金香考证"：

> 郁金生大秦国，二月、三月有花，状如红蓝，四月、五月采花即香也。

此条记载出自《魏略》，意味着汉魏时期的郁金指一种花朵，根据花期判断，应是红蓝花，《博物志》亦有记载："张骞得种于西域，今魏地亦种之。"也有观点认为文中郁金指藏红花，但花期和入香部位（藏红花仅取柱头为用）与记载不符。

第二种理解是姜科姜黄属植物的根茎，其中主体块状根茎被称为莪术、姜黄，而根须上单独结成的纺锤形根茎则被称为郁金。它们皆是中医上的常用药材，具有活血止痛、行气解郁等功效，并普遍具有清凉的辛香气，有一定的杀菌抗菌效果，从这一点来说，与龙脑香一起铺地的应属此类。

第三种则是蔷卜，学名木兰科含笑属黄兰，也被称为"郁金"，其花香清丽，惹人喜爱。因此在中国古人的香方中，具体要用哪种郁金来入香，还需要结合实际的香方构成与制作方法来仔细考量。

了解了这段荷兰逆袭的历史，再看看荷兰人进入东印度群岛之后，又有了哪些新的香料发现。

在东印度群岛东侧，有一片非常袖珍的火山群岛，厚厚的火山灰铺满了整个岛屿，加上这里降水丰沛，排水又恰到好处，便成就了一种独一无二的特产——肉豆蔻。荷兰人率先发现了这里，即今天印度尼西亚的班达群岛。肉豆蔻与胡椒、肉桂一样，在

成熟后自然裂开的肉豆蔻，露出鲜红的内皮

当时的欧洲昂贵得无以复加，有一个很大的原因是肉豆蔻可以预防传染病。其实并非肉豆蔻本身有多大疗效，而是它的香气可以驱赶跳蚤、虱子和蚊虫，传染途径被切断了，传染病自然就能得到控制。所以中世纪欧洲的贵族们，常会把肉豆蔻做成小香包随身佩带，像是护身法宝一般。

在班达群岛，肉豆蔻果实像是成熟的枇杷，黄澄澄的，一枚枚地悬挂在树上。肉豆蔻果实的奇特之处在于，它成熟之后会自动裂开，让里面那颗鲜红的果核暴露出来。"鲜红"二字没有任何夸张，就是像鲜血一样浓艳纯正的红色。但这种红色物质其实并不是果核，而是包裹在果核外面的一层皮，姑且称它为内皮。需要把这层内皮剥去，然后敲碎果核坚硬的外壳，最后的核中之核才是真正的肉豆蔻。因此，肉豆蔻的果实是分了好几层的，果皮、果肉、内皮、内壳、种仁，一共五个部分，最最里面的那颗小小的核心才是香料所在，因此别看满树都是果子，实际上产量极小。

艳山姜待放的花蕾

说到豆蔻，中国人最熟悉的词就是"豆蔻年华"了，专门用来形容十三四岁小姑娘那段青春勃发的年纪。相传杜牧在扬州的青楼看上了一名年少的歌妓，深感这年华之美啊，于是写出名句"娉娉袅袅十三余，豆蔻梢头二月初"。杜牧所说的豆蔻，真正的名字叫作艳山姜，是姜科山姜属植物。艳山姜的花朵比较奇特，农历二月，含苞待放的花蕾一串一串，每一颗都白里透红，圆滚滚的，像是马上要被胀开了一样，显得特别丰满娇嫩，的确有那种蓬勃而发，下一秒就要肆意绽放的青春气息。因此杜牧才会做出如此比喻，后世才会把女性这一妙龄阶段称之为"豆蔻年华"。但需要注意的是，这里的"豆蔻花"与班达群岛的肉豆蔻没有任何关系。

豆蔻大约可以分为四种：草豆蔻、白豆蔻、红豆蔻和肉豆蔻。中国古人通常所说的豆蔻指的是草豆蔻，包括艳山姜也只是与草豆蔻类似而已，实际上两者并非同一植物。在《香乘》中，对于"豆蔻香"的考证如此说：

> 豆蔻生交址，其根似姜而大。核如石榴，辛且香。

豆蔻香生于热带地区，姜科属，根很大，果实像石榴籽一样密密麻麻地挤在一起，香气辛辣且浓郁，这些描述都符合草豆蔻的特征。其他的比如红豆蔻，则是高良姜的果实了。诸如此类容易混淆的物种，在合香时一定要注意分辨。

把目光转回班达群岛，荷兰人很快控制了这里，但他们要比葡萄牙人凶残得多，因为在他们眼里只有金钱，却没有人性，这与尼德兰人对待政权毫无兴趣一样，他们对待生命也是如此。

为了完全控制住肉豆蔻，荷兰人采取了骇人听闻的屠杀政策，这种屠杀并不是为了震慑人心、杀鸡儆猴，屠杀的目的非常明确，就是要灭绝班达群岛上的原住民。荷兰人嫌自己的动作太慢，还雇佣了日本武士登岛一起参与屠杀，一时间部落的首领们一个个被砍去头颅悬挂在树上，岛民们也是尸横遍野，整个群岛顿时血流成河，染得海水殷红一片。最后，原本有一万五千人的班达群岛，被杀得只剩下一千人，十不留一，这种做法与他们灭绝特尔纳特岛上的丁香树一样，残忍而决绝。屠杀之后，荷兰人主宰了一切，他们在岛上建城堡、架火枪、装大炮，再从岛外输送奴隶进岛种植肉豆蔻，俨然把班达群岛变成了一座监狱式的工厂。

为何要用"工厂"来形容呢？因为此时岛上的荷兰人已经不属于某个国家或者某支军队了，他们属于一个公司，一家由政府作为股东，向全国民众募资，拥有着无上的权力，同时也是人类历史上第一家股份公司，它的名字叫"荷兰东印度公司"。直到今天，班达群岛上的荷兰城堡依然在草木丛生之中若隐若现，而在城堡的断壁之上，还刻着这家公司的标志，也就是"东印度公司"的荷兰语缩写"VOC"。这个三个字

1790 年荷兰东印度公司铸造发行的铜币，正面为双狮徽记，背面印有"VOC"字母

母的组成也很诡异，V 居中，O 和 C 分别位于 V 的左右两翼上，看起来就像是一只尖嘴的狐狸，扑闪着狡诈的眼光，让人看着就心生畏惧，不过这倒也十分符合荷兰人的嘴脸。

36. 香草与安息香的秘密

尽管荷兰人很精明，尽管世界曾一度被他们所掌控，但大历史的洪流不容逆转，所向披靡的"VOC"舰队竟然败给了中国"海盗"郑芝龙，从而失去了在中国南海的控制权，加之其他西欧国家对于垄断的反击，加之过度依赖金融而造成的财务危机等原因，衰败的荷兰很快就被崛起的大英帝国所取代了，以至于后来在中国烧杀劫掠的八国联军中，已经没有了葡萄牙、荷兰这两个被淘汰帝国的身影了。关于日不落帝国的辉煌，篇幅有限不再细说，我们来讲一个跟香料有关，也跟这一次霸权交接有关的小故事。

还记得那个盛产肉豆蔻的班达群岛么？在距离班达群岛不足十海里的地方，还有一个小岛上也生长着肉豆蔻，它的名字叫如恩岛。最先发现这个岛的其实是英国人，只是那时的荷兰太过强大，直接就把这个岛给抢占了。而五十年之后，有仇必报的英国人终于崛起，他们首先要拿回来的就是如恩岛。

英国国王查尔斯二世派遣舰队向如恩岛奔袭而来，荷兰人很害怕，他们知道此时已经完全不是英国人的对手了，但是商人的秉性让他们实在无法割舍这座香料岛屿，所以思来想去，想出了一个可以保全如恩岛的"好主意"。

在美洲，荷兰也有一些殖民地，其中就有一个岛叫作"新阿姆斯特丹"。欧洲人给殖民地命名总是这样没有创意，他们习惯套用本土的某个地名，然后在前面加一个"NEW"，比如新西兰叫作"NEW ZEALAND"，这个"ZEALAND"就是荷兰本土的泽兰省，新阿姆斯特丹也是这样。于是荷兰人就对英国人说，别抢我的如恩岛了，干脆我把新阿姆斯特丹让给你得了，因为当时这个小渔村所能产生的效益还远远不及香料岛屿。

英国人老实，没想那么多就接管了新阿姆斯特丹，并给它改了个英国名字，套用了英国本土"约克郡"的地名，叫作"NEW YORK"，也就是今天的纽约（曼哈顿区）！用纽约换了一个小岛，这恐怕是荷兰商业史上做过最烂的一笔交易了。尤其是在后来香料贸易开始变得不再那么暴利时，当肉豆蔻的价格暴跌到冰点时，可想而知荷兰人该有多么后悔。

讲完东半球的香史，该回过头来看看西半球的美洲大陆了，不知大家有没有注意到，我们几乎历数了大航海时代各大强悍的欧洲帝国，但唯独漏掉了一位重要的成员，它就是西班牙。

其实早在15世纪，西班牙就与葡萄牙并称"海上霸主"了，两个国家的实力不分伯仲，并且都在奋力地寻找通向印度的航线。但当时的教皇对此深感不安，他非常担心这两个国家因为抢夺航线而大打出手。在中世纪的欧洲，国王的权力有限，在诸多国际事务上，教皇才是一言九鼎的人。因此教皇定下规矩，葡萄牙只能往东去寻找印度，而西班牙只能往西去寻找印度。

可印度明明在东方，往西怎么可能找得到呢？这不是南辕北辙么！但对于那个时代的人类而言，连地球到底是不是圆的都还无法证明，世界并没有清晰的东西之分。所以西班牙人并不知道走错了方向，他们谨遵教皇之命，派遣船队向西而去。

西边是茫茫的大西洋，航行难度非常大，远比葡萄牙人沿着非洲海岸摸石头过河困难。整个航行中也充满了恐惧，因为大多数人都认为地球是有边际的，也许走着走着就会掉进深渊。而历史总是极其相似，往往在这种至暗的时刻都会出现一位伟人来指引光明，果不其然，西班牙也出现了一个如雷贯耳的名字——哥伦布。

哥伦布乘风破浪跨越大洋，在两个多月之后，也就是1492年10月12日发现了一片新的大陆，他兴奋极了。这片大陆上是有原住民的，褐色的皮肤，黑色的头发，黑色的眼珠，头上插着鸟羽，手里拿着长矛，跟传说中东方人的特征十分符合，所以哥伦布认定，他找到了印度，这些原住民就是印度人。由于印度被称为"INDIA"，所以这些人就成了"印第安人"。

今天连孩子都知道这是一个可笑的错误，但当时的西班牙人却并不知道，不但当时不知道，在之后的十几年之间都没人认识到这个错误，包括达伽马在六年之后发现真正的印度时，他也只是认为和哥伦布发现的是同一块大陆，只不过他们一个在东边，一个在西边罢了，于是人们为了以示区分，就把印度分成了东印度和西印度。比如今天加勒比海上的群岛被称为西印度群岛，实际上跟印度没有半点关系。

一直到有个意大利人出现，他跑到所谓的西印度去考察，才发现这里根本不是印度，而是一块完全未知的大陆，世人方才恍然大悟。这个意大利人名叫阿美利哥，人们就用他的名字命名了美洲——America。只可惜此时哥伦布已经病逝了，他至死都不知道真相。

美洲分为三个部分：北美洲、中美洲和南美洲，西班牙首先登陆殖民的是中美洲，也就是南北美洲之间最狭长的地方。今天这里有很多国家，墨西哥、巴拿马、哥斯达黎加、洪都拉斯等，以及数不清的所谓"西印度群岛"。

在今天的墨西哥境内，西班牙人发现这片土地上生活着一个很古老的民族，他们建造的巨大神庙就像是埃及金字塔一样，只是顶部是平的。至于他们究竟是玛雅人还是阿兹特克人又或是某某种族的后裔，我们且不去讨论，但这些原住民却把当地的一种植物奉为圣物，视若珍宝。这种植物是一种香料，而且是一种崭新的香料，不但欧洲人没见过，亚洲人没见过，就连阿拉伯人都没见过，它只属于中美洲。它的名字叫"Vanilla"——香草。

今天我们对于香草应该是非常熟悉了，尤其是喜欢吃甜品、喝咖啡的朋友，香草冰淇淋、香草巧克力、香草拿铁等，香草的身影无处不在。但是真正的香草究竟是什么？它是一种花，还是一种叶子，又或是一种果实，可能就少有人知了。

香草其实和胡椒一样，是一种顺着大树往上攀爬的藤本植物，属于兰科香荚兰属，因此它的花朵构造特殊，类似于兰花。兰花是很难通过昆虫来实现自然授粉的，所以兰花的结果率通常很低，我想养过兰花的朋友们大多都没见过兰花的果实吧。

剖开的香草荚，可见细密如鱼子般的香草籽

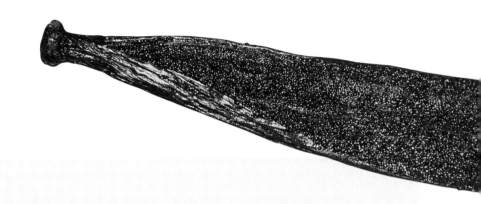

　　香草更是如此，它必须通过墨西哥当地一种特殊的蜜蜂才可以授粉。蜜蜂授粉之后，又需要好几个月，香草才能结出一根根豆荚，有点类似于我们平时吃的豇豆，只是更加扁平，也更短一些，而这些豆荚，包括豆荚里像鱼子一样小的豆子，才是真正的香草。

　　香草注定是稀缺的，它只在墨西哥才有产出，因为人工授粉的方法直到大约三百年后才被一个奴隶偶然间发现，而在那之前即使把香草移栽到其他地方去种植都是没用的，没有独一无二的墨西哥蜜蜂就不会有香草的存在。

　　豆荚采下来后，不能像胡椒那样暴晒，而是需要风干。风干的意思是通过空气的流动让水分逐渐流失，是一个缓慢的过程，也对通风的环境、湿度、温度有更高的要求。豆荚风干之后，还需进一步地醇化，与沉香、檀香一样，香草也需要一个潜移默化、暗自蜕变的过程，把它装进密闭的容器，在阴凉干燥的地方静置数月。

　　即使在今天，香草从开花到结果再到窖藏，整个过程仍然需要近两年的时间，其间人工授粉、采摘加工这些人力成本姑且不提，仅是时间成本就高得离谱，这也是香草价格居高不下的原因。受制于高昂的价格，天然香草并不能被普遍使用，日常生活中见到的香草口味食品大部分都是添加了香草精和香兰素，天然香草则多被用于高端的饮食业和香水业。

　　说完墨西哥的香草，再来说说中国的香草，首先要明确一个点，香草被西班牙人发现的时候，同时代的中国已经是明代了。而《香乘》也是在明代成书，记载的主要是从秦汉到唐宋的香方，故而书中出现的"香草"并不是来自墨西哥的香草。

　　"香草"这个词，显然是翻译得太过随意了，因为在中国香文化里，香草的范围实在太大，广义上讲有香气的草本都可以叫作香草。比如屈原被称为"香草美人"，就是因为像佩兰、花椒、白芷等有香气的材料都会被称为香草。后来越发广泛，像零陵香、茅香、香茅草之类，它们也都有"香草"的别名，所以在古方当中看到有"香草"这味材料时，一定要详加辨别。

关于墨西哥，还有一种物产值得一提，它虽然不是香料，但对于我们今天的生活来说却无比重要，那就是辣椒。中国原产的"椒"是指花椒，而不是辣椒。在西班牙人发现美洲之前，无论是中国人还是欧洲人，都从未见过辣椒这个物种。

辣椒传入中国的时间也是在明代，在明人高濂的《遵生八笺》中有云："番椒丛生，白花，果俨似秃笔头，味辣色红，甚可观。"番椒，即外国的椒，花是白色的，果实像秃了的笔头一样，味道辛辣、颜色红艳。最后三个字很有意思，"甚可观"，意思是说辣椒非常好看，值得观赏，却没有说"甚好吃"。可见辣椒在明代传入中国后，人们还不怎么敢吃，大多被当成盆景作观赏用，一直到清朝康乾时期，辣椒才大规模地走上饭桌。因此辣椒于中国而言，是一个非常年轻的物产。

讲完了整个世界香史，终于该来解答最开始的那个疑团了。这是一个困扰了中国制香师千百年的问题——金颜香和安息香究竟是不是同一种香料？

现在大家的脑子里，应该有一张非常清晰的世界香料地图了，有了这个基础，问题也就可以迎刃而解了。前文曾说，安息香之"安息"指古安息国。据史料记载，安息国在1世纪左右到达极盛状态，整个伊朗高原和两河流域皆为其领土，又被称为"帕提亚帝国"，与彼时的大汉王朝、罗马帝国、贵霜帝国并称为欧亚四大帝国，后为波斯所取代。这一区域虽然从未被邻居阿拉伯文明彻底征服过，但一直都是阿拉伯人去往中亚和印度的前进基地。而阿拉伯人在古代贸易中的地位以及阿拉伯人做生意的秉性我们已经非常清楚了，于是就出现了另一种可能，安息国是否真的出产安息香呢？会不会是为了隐瞒香料的真实来源，和后来蒙骗欧洲人一样说肉桂是大鸟叼来的呢？不得不说，这种可能性是存在的。

由于安息香是一味常用香料，我每隔数月都会从各个原产地采购安息香。但目前能够买到安息香的通常只有两个区域，一是中南半岛，二是云南南部。其他区域也有安息香，但不能成为主流，要么是产量太小，要么是品质不佳，比如印尼苏门答腊岛也产安息香，但香气不佳，有刺激性，多用于提取食品芳香剂而不用于制香，诸如此类且不做讨论。当然我指的是正宗的安息香，而不是现在很多药店里兜售的，由各种碎料和砂土黏合起来的低劣品。仅此一点至少能够说明，今天安息香的主产区并不是古安息国所在的伊朗。

再来看看《香乘》上关于安息香的记载，一条摘自《汉书·西域传》的文字如此描述：

> 安息国去洛阳二万五千里，北至康居。其香乃树皮胶，烧之通神明，
> 辟众恶。

安息国远在西方，疆域甚广，往北直抵康居国，当地的安息香是一种树皮里的胶质，点燃后的香气可以通达神明，扫除污秽邪恶。这则记载意味着汉代人认为安息香是产自安息国的，这个安息国就是与汉朝并存的"帕提亚帝国"。

紧接着又有一则记载，来自于唐代古籍《酉阳杂俎》：

> 安息香树出波斯国，波斯呼为辟邪树。

唐人所云"波斯"与汉人所云"安息国"基本为同一区域，即今伊朗高原一带。这说明唐人跟汉人的观点一致，安息香由西亚而来，此物能够辟邪。

然而到了明代的《大明一统志》中却突然换了说法：

> 三佛齐国安息香树脂，其形色类核桃瓤，不宜于烧而能发众香，人取
> 以和香。

这是最贴近今天实际情况的一则记载。首先三佛齐国是 7 世纪兴起于苏门答腊岛的国家，随后不断扩张，鼎盛时期已控制马来半岛和爪哇岛等大部分地区，这里既是今天苏门答腊安息香的主产区，也是彼时整个东南亚安息香的集散地；其次形状颜色很像核桃的瓤，也就是核桃仁，这是因为安息香会因风化形成一层有色外壳，但如果破碎开来，里面的肉却是雪白的；最后说安息香不适合直接单烧，但却适合做合香。这一点也准确无误，如果直接点燃，安息香会很快化为液体，非但不香还有类似燃烧塑胶的气味，而少量地用于合香之中却香甜温馨，如丝绸般柔美。比如在"木犀印香"之中，安息香就让龙脑和桂花这两种截然不同的香调无缝连接，完美地融合在了一起，这就是它"能发众香"的特效。

当我们把这三段不同时代的记载放到一起，事情就变得很有意思了，说明中国人在唐代及以前都认为安息香是出自安息国的，但是到了明代，却变成产自东南亚了。

究竟是何缘故呢？我想这绝对不是一个偶然，而是时代的进步让真相浮出了水面。我们不妨大胆推测，当郑和船队到达了三佛齐，发现这里汇聚的南洋安息香与阿拉伯商人贩卖到中国的安息香极其相似，而在阿拉伯商人口中，安息香一直都是产自安息国的。中国人恍然大悟，原来自己也被阿拉伯人蒙骗了好几百年。

当然古安息国的确有安息香出产，据明洲先生对《香乘》中"安息香，梵书谓之

拙贝罗香"这一记载的考证，安息香"从梵文来源判断可能为产于北印度、西亚及中东的安息香（gugal 或者 guggul），为 Commiphora wightii 的树脂（现在也被称为印度没药）"，这便是汉唐时期来自西亚地区的安息香了，为了便于理解，下文我们将其称为"老安息香"。

但渐渐地，阿拉伯商人发现在东南亚另有一种树脂，据考证为安息香科植物白花树［Styrax tonkinensis（Pierre）Craib ex Hart.］的干燥树脂，这种植物分布在泰国、越南、柬埔寨，还包括中国云南、广西南部等地，也就是今天最为常用的"泰国安息香"。它与老安息香外形相似，品质却高出很多，一经上市就受到了极大的欢迎。东西越好自然卖得越贵，利润也就越高，尤其是香料这种属于贵族阶层的奢侈品，高价并不会影响销量。因此这种树脂就成了老安息香的替代者，下文我们称之为"新安息香"。

新安息香的产地离中国很近，尽管彼时从马六甲海峡通往中国各大港口的贸易路线仍由阿拉伯人控制，但倘若这个信息被中国人知道了，跳过阿拉伯人直接去进货也是极有可能的。因此阿拉伯人再次守口如瓶，依然号称这种树脂是从遥远的安息国跋

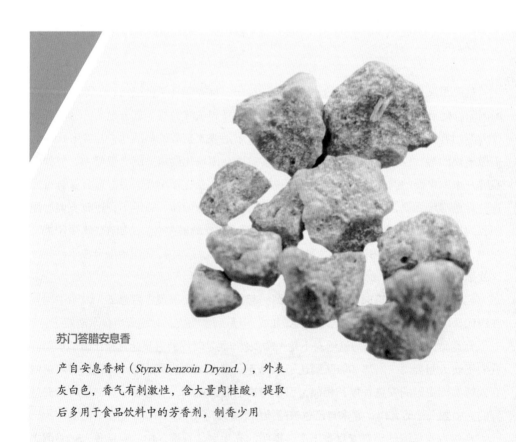

苏门答腊安息香

产自安息香树（Styrax benzoin Dryand.），外表
灰白色，香气有刺激性，含大量肉桂酸，提取
后多用于食品饮料中的芳香剂，制香少用

泰国安息香

有橙红色风化外皮，内部雪白，香气甜美
柔和，如今制香所用的主要品种

滇南安息香

产自云南南部，香气较泰国安息香略显清
淡，皮壳呈淡黄色，亦可入香

山涉水而来，只是品种更好了，价格也更贵了。

新安息香唯一的缺点是产量太小，常常供不应求，有钱赚不到这可如何是好？聪明的阿拉伯人又想起了老安息香，便把它们掺杂在一起出售，既拉低了成本，又保证了供应，可谓是一举两得！所以在新安息香上市之后很长的时间里，中国人所购入的常常都是新老混杂的安息香。

再来看看金颜香又是从哪里来的。《香乘》中关于金颜香最早的记载来自元人李材所撰《解醒录》，题为"贡金颜香千团"：

> 元至元间，马八儿国贡献诸物，有金颜香千团。香乃树脂，有淡黄色者，
> 黑色者，劈开雪白者为佳。

"马八儿国"位于今印度东南海岸，是连接东西方海路的必经之地。元朝时马八儿国前来进贡，贡品中有金颜香"千团"，"团"应指圆形的团状物，这种状态与没药近似，而明显区别于块状、片状的新安息香。然而后半句"劈开雪白者"又完全是新安息香的显著特征，这岂不是自相矛盾？唯一的可能就是这批贡品并非马八儿国自产，也是海洋贸易的产物，其中被掺杂了不同的品种。

又有引自明代古籍《方舆胜略》中的一段记载：

> （金颜）香出大食国及真腊国。所谓三佛齐国出者，盖自二国贩去三
> 佛齐，而三佛齐乃贩至中国焉。

这里明确说明金颜香的产地不是唯一的，大食国和真腊两个相距十万八千里的地方竟然都有产出。但无论是哪里的金颜香，都会在三佛齐国进行统一集散，最后再运往中国。因此中国人所见到的金颜香已是大食金颜香和真腊金颜香的混合物了。

说到这里，大家一定有所发现，金颜香的来龙去脉似乎和新老安息香的交替过程是一样的，来自不同产地，被集散、被混合、再出售。

我在马来西亚考察期间，曾听当地华人说起一种名为"甘文烟"的祭祀香，用以祭拜"拿督公"和"地主公"。据说原始的甘文烟是一种天然树脂，采自当地深山中的高大乔木，将树脂捏碎直接撒在炭火上或与木粉混合燃烧，其香气被认为最能接近神灵。而"甘文烟"实际上是马来语"Kemenyan"的音译，当地人的发音则与金颜香有些相似。我特地找到了原始的"甘文烟"树脂，清理杂质后发现其香气与我日常所用的泰国安息香十分相似，仅有皮壳颜色上的差异。而在泰语中，安息香一词"กำยาน"的发音为"Kenyang"，更加接近"金颜"的发音。

　　因此我们可以得出结论，在东南亚人民的口中，他们本土所产的这种树脂其实一直都被叫作"金颜"，从未变过，实际上就是安息香科植物白花树的干燥树脂，即阿拉伯人当年编造的新安息香。而在三佛齐港口被混入其中的，则是来自西亚的其他树脂，虽然我们不能确定混入者就是老安息香，但根据马八儿国"团"形金颜香贡品推测，大概率都是没药类香料。

　　综上所述，汉唐时期的安息香的确是来自古安息国的，但在唐以后，安息香出现了新老混杂的情况，其中的新安息香就是金颜香。至明代，真相大白。因此明代以前的香方中如出现金颜香，要考虑用没药类树脂，而在明代香方中不论是安息香还是金颜香都可以使用今天的泰国安息香，便不会有太大出入。

　　当然，香料的考证是一门非常复杂的工作，涉及对各个国家历史、文献的研究，也需要无数香学爱好者的共同努力，我在这里只是略表皮毛、抛砖引玉罢了。

　　"世界香史"系列至此完结，我们也来简单总结一下吧！

　　首先，希望大家通过这次环球旅行能够认识到，中国香文化是无法孤立存在的，因为大部分的香料是来自于世界的。如果我们不了解世界，如果我们只是把视野局限在中国，这无异于坐井观天，我们会遇到许多根本无法解答的问题，也会产生很多的混淆和误解；其次，尽管今天很多香料都已唾手可得，通过网络、药店等渠道都可以购买，但千万不要天真地认为这些香料都是准确无误的，从古至今，香料经历了太多的变迁，也产生了太多的叫法，我们只有去追根溯源，潜心研究香料背后的文化，才能真正做到慧眼识真；最后，越来越多的朋友开始实践制香了，这让我感到无比欣慰，但我依然要说，任何手工无非就是一个熟能生巧的过程，而走在手工之前的，一定是足够的知识积累和鉴别经验，这才是制得一款好香的先决条件。

香料索引